**얼굴을 알아보지 못하는
사람들의 뇌**

DO I KNOW YOU?

Copyright © 2024 by Sadie Dingfelder
All rights reserved.
Korean translation copyright © 2025 by Woongjin Think Big Co., Ltd.
This edition published by arrangement with Little, Brown and Company, New York, New York, USA. through EYA Co.,Ltd

이 책의 한국어판 저작권은 EYA Co., Ltd를 통한 Little, Brown and Company USA 사와의 독점계약으로 주식회사 웅진씽크빅이 소유합니다.
저작권법에 의하여 한국 내에서 보호를 받는 저작물이므로 무단전재 및 복제를 금합니다.

안면인식장애 저널리스트가 파헤친 놀라운 신경다양성의 세계

얼굴을 알아보지 못하는 사람들의 뇌

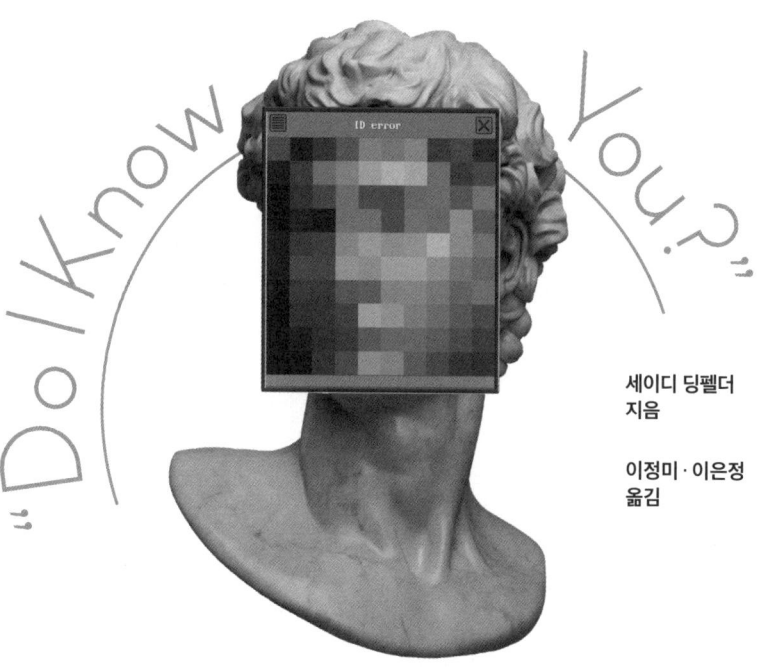

세이디 딩펠더
지음

이정미 · 이은정
옮김

웅진 지식하우스

일러두기

『얼굴을 알아보지 못하는 사람들의 뇌』는 논픽션 작품이다. 이 책에 담긴 대화 중 일부는 실제로 이뤄진 것이며, 나머지는 재구성했다. 등장인물의 이름이나 신원이 드러날 수 있는 특징, 타임라인은 일부 변경했다. 이 책에서 언급하거나 논의한 접근법, 기술, 치료법은 저자의 경험과 의견을 반영한 것일 뿐 권장 사항이 아니며 의학적 조언으로 받아들여서는 안 된다.

추천사

안면인식장애가 있는 저자의 눈을 통해서 뇌의 비밀이 폭로된다. 사람들의 얼굴이 다르게 생긴 이유도 세상이 입체로 보이는 것도 모두 뇌가 만들어낸 현상일 뿐. 우리가 서로 다르게 보이는 것은 실제로 다른 존재라서가 아니라는 깨달음이 가슴을 먹먹하게 한다. 뇌의 한계를 1시간 내에 넘어서고 싶은 독자들에게 추천하는 한 권의 책.

— 김대수, 카이스트 생명과학과 교수이자 『뇌과학이 인생에 필요한 순간』 저자

세이디 딩펠더는 인간의 신경학적 다양성, 즉 신경다양성에서 새로운 지평을 열었다. (…) 세상을 바라보는 방식을 다시 생각해볼 수 있게 해주는 흥미로운 이야기가 담겨 있다.

— 존 엘더 로비슨John Elder Robison, 『나를 똑바로 봐』 저자

뇌과학에 대해 배우면서 큰 소리로 웃을 수 있는 책을 찾기란 쉽지 않은 일인데 『얼굴을 알아보지 못하는 사람들의 뇌』가 바로 그런 책이다. 세이디 딩펠더가 세상을 경험하는 자신만의 독특한 방식을 탐구하는 동안 우리 모두는 우리가 보고, 기억하고, 상상하는 다양한 방식을 발견하게 된다.

— 수전 R. 배리Susan R. Barry, 『3차원의 기적』 저자

시각기억이 없는 세이디 딩펠더의 세계를 발견해보자. 당신의 사고 과정이 다른 사람의 사고 과정과 완전히 다를 수 있다는 사실을 알고 나면 큰 통찰을 얻게 될 것이다.

─ 템플 그랜딘Temple Grandin, 『템플 그랜딘의 비주얼 씽킹』 저자

뒤늦게 발견한 신경다양성에 대한 사적이고도 솔직한 초상, 어렵게 얻은 자기인식과 풍부한 유머로 가득하다.

─ 데번 프라이스Devon Price, 『모두가 가면을 벗는다면』 저자

세이디 딩펠더는 뛰어난 유머 감각뿐 아니라 독특한 개성을 지닌 재미있는 사람이다.

─ 데이브 배리Dave Barry,
퓰리처상 수상 칼럼니스트이자 『루시에게 얻은 교훈Lessons From Lucy』 저자

뛰어난 과학 기자가 다른 사람의 정신세계가 아닌 자신의 정신세계를 탐구하기 시작할 때, 특별한 통찰이 담긴 이야기가 펼쳐진다. 딩펠더는 현대 심리학과 뇌과학이 이해하는 자신의 주관적 현실을 생생하게 보여준다. 이 책은 매혹적인 통찰로 가득 차 있으며, 따뜻하고 유머러스하게 이야기를 풀어낸다.

─ 마이클 S. 가자니가Michael S. Gazzaniga, 『의식 본능The Consciousness Instinct』 저자

친구들이 '괴짜'라고 부르는 자신의 독특한 성격이 사실은 신경발달상 몇 가지 특이한 징후라는 사실을 알게 된다면 어떨까? 자신의 심리적 프로필을 깊이 탐구하는 이 책에서 독자들은 그녀의 넘치는 호기심과 열정에 순식간에 매료된다. 딩펠더는 가장 유명한 과학적 접근법인 '자기 실험'의 걸작을 선보인다.

─ 알렉산드라 호로비츠Alexandra Horowitz, 『개의 마음을 읽는 법』 저자

세이디 딩펠더의 『얼굴을 알아보지 못하는 사람들의 뇌』는 신경다양성에 대한 찬가로, 깨달음을 주는 동시에 유쾌하다. 세이디는 과학을 흥미롭고 기이하며 재미있게 만드는 재능을 가진 메리 로치Mary Roach의 뒤를 잇는 과학 기자다. 정말 재미있는 책이다!

─ 수재나 캐헐런Susannah Cahalan, 『브레인 온 파이어』 저자

보고, 기억하고, 연결되는 것의 본질을 탐구하는 유쾌하고도 흥미진진한 여정.

─ 데이비드 이글먼David Eagleman,
스탠퍼드대학교의 신경과학자이자
『무의식은 어떻게 나를 설계하는가』, 『우리는 각자의 세계가 된다』 저자

특이한 내 뇌가 없었다면 이 책은 세상에 나오지 못했을 것이다.
별난 내 뇌에게 이 책을 바친다.

차례

서문	나에게 늘 낯선 얼굴들	12
1장	낯선 남자를 남편으로 착각할 수 있을까	25
2장	언제든 알아볼 수 있어야 하는 사람	41
3장	얼굴은 이상하다, 모두 다르다는 점에서	61
4장	얼굴인식에 특화된 초인식자들의 뇌	87
5장	우리 뇌의 로제타석: 뇌는 어떻게 얼굴을 인식하는가	103
6장	얼굴인식의 키, 방추상얼굴영역	111
7장	입체를 볼 수 없는 운전자, 도로로 나가다	141
8장	입체맹의 세계	163
9장	7테슬라 MRI가 밝혀낼 비밀	187
10장	양 눈의 정보를 한 이미지로 통합하는 일	207

11장	3차원으로 보는 방법	229
12장	아판타시아: 이미지를 상상할 수 없는 사람들	253
13장	시각적 기억을 배울 수 있을까	279
14장	박쥐가 된다는 건 어떤 느낌인가	301
15장	일화기억과 의미기억	327
16장	다르게 보는 나도 나다	345

부록 자녀에게 안면인식장애가 있다면	370
감사의 글	374
참고 문헌	377

서문
나에게 늘 낯선 얼굴들

남편이 주립공원에 내려주었을 때 나는 마치 유치원에 처음 가는 아이 같은 기분이었다. 남편은 "즐겁게 놀아!"라고 말하며 차를 몰고 떠났다. 오늘 함께 하이킹을 가기로 한 여성들이 한데 모여 있다가 나를 묘한 눈으로 쳐다봤는데, 그 이유를 알 것 같았다. 남편에게 차를 얻어 타는 마흔두 살의 여자가 어디 흔한가. 친구를 사귀기 위해 여기 왔지만, 그저 도망가 숨고 싶은 마음뿐이었다.

그러나 애써 아무렇지 않은 척하며 무리로 다가가 자기소개를 했다. 멤버들도 친절하게 자기소개를 했는데, 나는 그들의 이름과 특징을 연결해보려고 애썼다. 진Jean은 청바지를 입고 있지만 아마 다른 바지들도 갖고 있을 것이다. 샌디Sandy는 모래 빛깔의 금발이었지만, 그 주변에 서 있는 이들 중 최소 다섯 명이 비슷한 머리색이었다. 데일Dale이라는 여성이 자기소개를 했다. 그녀가 눈에 띄는 앞니나 다람쥐같이 통통한 볼을 가졌다면 좋았을 텐데(저자가 '데일'이라는 이름을 듣고 디즈니 애니메이션 〈칩과 데일〉의 다람쥐 캐릭터를 떠올린 것으로 보인다 – 옮긴이).

 나는 오늘 만날 여성들의 페이스북을 방문해 열심히 공부해두었는데, 성적이 좋지 않아 실망스러웠다. 앞면에는 사진을 담고 뒷면에는 이름과 특색 있는 정보를 담은 플래시 카드까지 만들어 연습했는데 말이다. 기억을 되살리기 위해 배낭에서 꺼내 볼 수도 있겠지만, 그러면 이상하게 보일 것이다.

 마침내 내가 알아볼 수 있는 사람이 보였다. 캐시는 작은 체구의 70대 여성으로 길고 헝클어진 곱슬머리를 하고 있었다. 페이스북 프로필 사진에서 그녀는 르네상스 축제에서 대나무 플루트를 연주하고 있었다.

 "어디서 뵌 적이 있는 것 같아요." 엄밀히 말해 거짓말은 아니었다. "플루트나 리코더 연주를 하시나요?"

 "아니요." 그녀는 약간 짜증 나 보이는 얼굴로 대답했다(나중에 알게 된 사실이지만 그녀는 그냥 그 플루트를 들고 포즈를 취했던 것이다).

 가슴이 뛰면서 이른 봄 추위에도 불구하고 얼굴이 뜨거워졌다. 주차장 한쪽에 간이 화장실이 있었다. 그냥 그쪽으로 가서 그들이 떠날 때까지 숨어 있으면 아무도 눈치 못 채지 않을까?

 바보 같은 미소를 지으며 대화를 두루뭉술하게 이어가고 고유명사 사용을 피해가며 장애를 숨기고 싶다는 유혹도 있었지만, 더는 그러지 않겠다고 자신에게 약속했다. 나는 내 장애에 솔직해지고 싶었다.

 "저기, 저는 얼굴을 잘 알아보지 못해요." 가파른 언덕을 오르면서 나는 샌디에게 (샌디 맞겠지?) 말했다.

"아, 저도요!" 그녀가 대꾸했다. "저는 이름을 기억하는 게 참 어려워요."

아무도 모르게 나는 눈을 굴리며 한숨을 쉬었다. 내가 겪고 있는 문제는 이름을 잊어버리는 것보다 훨씬 더 심각하다. 나는 얼굴을 잊어버린다. 게다가 신경학적 장애와 특성이 복합적으로 작용하기 때문에 사람들, 즉 이름뿐 아니라 존재 자체를 잊어버린다. 누군가의 이름을 겨우 기억해내면 너무 신이 나서 모든 사람에게 그를 소개해야 직성이 풀릴 정도다. 하지만 내가 사람들 사이의 관계를 기억하지 못하기 때문에 종종 난처한 상황에 처하기도 한다("세이디, 나도 조시를 잘 알아요. 내 동생이거든요").

40여 년 동안 내가 조금 특이하다는 것은 늘 알고 있었지만, 내게 그토록 어려운 일을 다른 사람들은 쉽게 해낸다는 사실은 깨닫지 못했다. 내 관점에서 보면 인구 중 98퍼센트가 얼굴을 인식하는 데 아주 뛰어난 사람이다. 방추상얼굴영역fusiform face area, FFA이라는 특수한 뇌 영역 덕분에 당신은 왼쪽 눈, 오른쪽 눈, 코, 입, 눈썹, 볼, 주근깨, 보조개, 헤어 라인 등 수많은 특징을 동시에 받아들이고 그들 간의 관계를 처리하면서 독특한 특징을 파악할 수 있다. 그런 다음 다양한 각도와 모든 조명 조건에서 각 얼굴을 인식할 수 있게 해주는 얼굴의 3차원 모델을 만든다. 별다른 노력 없이도 최첨단 컴퓨터보다 더 빠르고 정확하게 머릿속의 그래픽을 만들어내는 것이다('난 못 해, 그렇게 할 수 있는 사람은 어디에도 없을 거야.'라는 생각이 든다면 당신도 나와 같은 증상일 수 있다). 그러므로 가끔 누군가의 이름을 잊어버릴 수는 있지만, 영화 속 주인공이 모자를 쓰거나 심지어 분장을 해도 영화를 이해하는 데 아무런 문제가 없을 것이다.

하지만 나는 영화 〈귀여운 여인〉을 보면서 이렇게 말한다. "저 여자는 누구지? 그 매춘부는 어떻게 된 거야?" 영화에서 주인공의 모습이 바뀌는 건 흔한 일이라 줄거리를 따라잡는 데 애를 먹었는데, 최근에야 그 이유를 알게 됐다. 나는 흔히 안면인식장애 faceblindness라고 불리는 얼굴인식불능증 prosopagnosia을 가지고 있다. 즉 얼굴인식에 특화된 소프트웨어 중 일부가 부족해서 대부분 사람이 멋진 바위나 사랑스러운 반려 고슴도치를 인식하는 데 사용하는 일반 프로그램을 사용한다.

나는 숨을 깊이 들이쉬며 샌디에게 이 사실을 설명할 준비를 했다. 하지만 또 망설였다. 어쩌면 샌디와 내가 같은 이야기를 하고 있는 건 아닐까? 얼굴인식불능증을 알기 전에는 나도 사람들에게 이름을 잘 기억하지 못한다고 말하곤 했다. 어쩌면 샌디도 안면인식장애가 있거나 전혀 다른 신경학적 장애가 있어 이름을 기억하는 데 어려움을 겪는지도 모른다.

그나저나 나는 왜 그렇게 나 자신이 유별나다고 생각하는 걸까? 누구나 뭔가 문제를 안고 있지 않을까? 과학자들은 미국인 중 약 600만 명이 안면인식장애를 가지고 있으며, 이들 중 대다수는 진단을 받은 적조차 없는 것으로 추정한다. 하지만 이런 수치는 가장 흔히 볼 수 있는 시각장애나 인지장애와 비교하면 턱없이 낮다. 전 세계 색맹 인구는 3억 명에 달하고, 스스로 인지하지 못하는 특이한 뇌 구조를 가진 사람들도 수억 명이다. 개인적으로 나는 30대가 돼서야 ADHD(주의력결핍과잉행동장애) 진단을 받은 두 사람을 알고 있다. 또 다른 지인 한 명은 마흔 살이 돼서야 난독증이 있다는 사실을 발견했는데, 틱톡의 소름 돋는 알고리즘이 관련 영상을 추천해주면서 자신이 난독증임을 알게 됐다. 또 한 동료는 열두 살이 돼서야 후각이 없다는 사실을 깨달았다. 다른 사람들이 냄새에 대해 언급할 때 그녀는 자신이 그저 '냄새를 잘 못 맡을' 뿐이라고 생각했고, 옆에 놓인 난로 위에서 플라스틱이 타면서 나는 지독한 냄새를 알아채지 못할 때까지는 누구도 그녀에게 문제가 있다는 것을 깨닫지 못했다.

나는 다른 사람들이 절대 하지 않는 실수를 내가 종종 저지른다는 사실을 오랫동안 알아차리지 못했다. 낯선 사람의 차에 타거나, 남동생네 방 세 개짜리 집에서 길을 잃거나, 누군가와 만날 약속을 잡아놓고는 막상 약속 상대가 나타나면 놀라는 일이 40년간 지속됐다. 불확실성, 즉흥성, 엉뚱한 사고들이 내 삶의 일부였고 다들 이렇게 살아간다고 여겼다. 그러다가 내게 일어나는 우스꽝스러운 일들을 글로 적어보면서 뭔가 이상하다는 사실을 깨달았다.

그래서 나는 약간의 조사를 거쳐 한 연구에 자원했으며 충격적인 사실을 발견하고 말았다. 나는 단순히 사람을 기억하는 데 조금 서툰 정도가 아니라 실제로 얼굴을 인식하지 못하는 안면인식장애를 가진 사람이었다. 정규 분포 곡선으로 치면 나는 왼쪽 끝에 있으며, 평균보다 2 표준편차 낮은 하위 2퍼센트에 속한다. 즉 얼굴을 인식하는 내 능력은 일론 머스크Elon Musk의 브랜딩 실력만큼이나 형편없다.

이런 진단을 받았을 때 나는 그 사실을 받아들였다. 하지만 아버지는 그렇지 않았다. 아버지는 내 뇌에는 아무 문제도 없다면서 "바꿀 수 없는 걸 왜 걱정하니?"라고 말하기도 했다.

앞서 나아가고, 문제를 헤쳐나가고, 해결책을 찾고, 그 모든 게 쉬운 것처럼 보여야 한다. 이것이 딩펠더 가문이 추구하는 삶의 방식이며, 내게는 그 방식이 잘 맞았다. 그런데 한 가지 작은 문제가 있었으니, 효과적인 거짓말쟁이가 되려면 자기 자신도 속일 수 있어야 한다는 것이었다. 하지만 신경학적으로 정상이라고 생각했던 내 모습에서 결점이 드러나기 시작하자 나는 그 사실을 외면할 수 없었다.

평생에 걸쳐 조용히 내 삶을 형성해온 이 '장애'를 어째서 난 알아차리지 못했을까? 나 자신에 대해 모르는 것들이 또 있지 않을까?

알고 보니 참 많았다.

앞으로 이어질 여러 장에서 미국 전역의 신경과학 연구소들을 방문할 것이다. 나는 fMRI functional magnetic resonance imaging(기능적 자기공명 영상) 기계 안에서 약 서른 시간을 보내고, 가끔 머리에 전극을 붙이기도 하면서 컴퓨터 기반 테스트를 받는 데 수십 시간을 보낼 것이다. 그리고 내 뇌가 어느 순간 예상치 못한 방향으로 우회해 발달했다는 사실을 알게 될 것이다. 과학자들은 나에 대한 논문을 쓸 것이다! 나는 안면인식장애뿐 아니라 입체맹 stereoblindness(두 눈이 협응해 하나로 융합된 3차원 상을 만들 수 없어 입체적으로 볼 수 없는 장애 – 옮긴이)도 겪고 있다. 게다가 아판타시아 aphantasia(심상을 볼 수 없는 것, 즉 상상을 통해 이미지를 떠올릴 수 없는 것)와 심각한 자전적 기억 결핍 severely deficient autobiographical memory, SDAM, 그 외에 아직 이름조차 붙여

지지 않은 장애도 있는 듯하다.

자, 이제 내가 겪은 중년의 위기로 당신을 초대한다. 빠른 자동차나 매력적인 수영장 관리인에 대한 얘기는 없지만, 평생 나를 괴롭혀온 질문들, 즉 알 수 없는 미스터리와 같은 질문들에 대한 답은 있을 것이다. 왜 나는 운전하는 법을 배우지 않았을까? 왜 아무도 내게 데이트 신청을 하지 않았을까? 어린 시절의 나는 왜 그렇게 외로웠고, 어른이 돼서는 어떻게 그 많은 친구를 사귈 수 있었을까(그러면서도 왜 여전히 외로운 걸까)?

시각, 기억, 상상에 대해 알게 된 사실이 나를 매료시킬 것이다. 매 순간 우리 뇌 안에서는 수백만 가지 기적이 일어나고 있다! 내 뇌가 그런 기적에 미치지 못한다는 사실을 발견하고서 나는 과거의 주요 사건들을 재해석하고, 내가 겪은 줄도 몰랐던 상실을 애도할 것이다. 꼬치꼬치 캐물어 부모님을 성가시게 하고, 과도한 눈물로 남편이 걱정하게 하고, 자주 오해를 받았고 지금도 여전히 그렇게 느끼곤 하는 어린 시절의 나, 상처받은 내면아이를 안쓰러워할 것이다.

나는 나 자신을 더 명확히 이해하려고 애쓰면서 다른 사람들에 대해서도 알게 됐다. 이 세상에는 숨겨진 신경다양성neurodiversity이 놀라울 정도로 많다. 가장 친한 친구, 배우자, 상사의 의식적인 경험은 나와 완전히 다를 수 있으며, 그 사실을 전혀 알지 못할 수도 있다!

어떤 사람들에게는 흰색과 금색으로 보이고 또 어떤 사람들에게는 검은색과 파란색으로 보이는 것으로 입소문이 났던 드레스 사진을 기억하는가? 우리는 모두 같은 이미지를 보고 있지만 완전히 다른 것들을 보고 있다. 이런 현상은 우연히 일어난 게 아닐뿐더러 심지어 늘 일어난다. 세상은 모호한 정보로 가득 차 있고, 뇌가 다르다 보니 판단도 다를 수밖에 없다.

그다음으로는 사람들의 다양한 내적 삶이 있다. 사람들이 깨어 있고 살아 있음을 경험하는 방식은 정말 놀라울 정도로 다양하다. 믿기 어렵다면 주변 사람들에게 다음과 같은 질문을 해보라.

당신은 내적 독백을 하는가?
당신은 마음의 소리를 듣는가? 그 소리는 자기 자신의 목소리인가? 당신 자신의 생각을 엿듣는 것 같은 느낌인가, 아니면 자신이 하고 있는 일에 대해 가치 평가를 하는 느낌인가?
(나는 어떨까? 대부분의 경우 내 마음은 조용하다.)

소설을 읽으면서 당신은 마음속으로 '상상'하는가?
배경을 시각화하고 표현이 풍부한 묘사를 즐기는가?
(당신은 운이 좋다! 나는 종이에 적힌 단어밖에 보이지 않는다. 줄거리를 파악하기 위해 묘사가 담긴 구절은 대충 훑어보는 경우가 많다.)

과거의 중요한 순간을 시각적으로나 감정적으로 생생하게 떠올릴 수 있는가?
다시 떠올린 그 기억들은 컬러인가, 아니면 흑백인가?
그 기억들을 1인칭 시점으로 경험하는가, 아니면 3인칭 시점으로 경험하는가?

그 기억들은 움직이는가, 아니면 정지해 있는가?

(내가 기억하는 과거는 나 자신에 대한 이야기뿐이다. 그 이야기에는 단어만 존재할 뿐 심상도 없고 감정도 거의 담겨 있지 않다.)

이런 내 경험이 믿기 어려울지도 모르겠다. 그런데 나도 당신의 경험을 믿기 어렵다. 사람들이 자기 의지로 환각을 경험할 수 있다고? 말도 안 돼!

예를 들어 요가 선생님은 "엉덩이뼈가 헤드라이트라고 상상해보세요"와 같이 말도 안 되는 요구를 하곤 했다. 그런데 나를 제외한 모두가 이 지시를 아무렇지 않게 따랐다! 오랫동안 나는 어린이 TV 프로그램인 〈리딩 레인보우 Reading Rainbow〉의 오프닝 크레딧이 독서가 만화를 보는 것과 같다고 생각하도록 아이들을 속인다고 믿었다. 그런데 신경전형인 neurotypical people, 즉 신경학적으로 전형적인 발달 단계를 거친 사람들은 자신이 읽고 있는 내용을 시각화한다고 한다(그래서 다들 그렇게 읽는 속도가 느린 거였다).

잠이 안 올 땐 양을 센다고? 내게는 양이 더 푹신하다는 사실만 다를 뿐 그냥 일반적인 숫자 세기와 다를 게 없다. 별로 깊이 생각해본 적도 없다. 누군가에게는 그저 은유적인 것이 또 다른 누군가에게는 아주 현실적인 것일 수도 있다.

게다가 신빙성이라는 문제도 있다. 내가 내 의식적인 경험을 설명한다고 할 때, 당신이 날 믿어야 할 이유가 있을까? 왜 내가 나 자신을 믿어야 할까? 어찌 됐든 간에 나는 수십 년 동안 나 자신을 신경전형인이라고 믿으며 스스로를 속여온 자기기만의 달인이다.

다루기 어려워 보이는 이런 문제들 때문에 1950년대의 심리학 분야는 내적 경험을 연구하는 일에서 멀어지고 말았다. 심리학자들은 과학자로서 진지하게 받아들여지기를 원했는데, 과학자들은 관찰하고 정량화할 수 있는 것들을 연구하기 마련이다. "내가 보는 빨간색이 당신이 보는 빨간색과 같은 색인가?"와 같은 질문은 철학자나 마약 중독자에게 맡기는 것이 적절해 보였고, "어떻게 하면 이 비둘기가 더 열심히 일하게 할 수 있을까?"처럼 흥미는 좀 떨어지지만 비교적 구체적인 문제들이 매우 엄격하게 다뤄졌다.

다행히 그런 경향이 바뀌어 과학자들이 내적 경험을 다시 연구하게 됐으며, 1990년대에 등장한 fMRI가 뇌 활동을 포착하는 것으로 그 시작을 알렸다. 그 이후로 심리학자와 신경과학자들은 우리가 머릿속에서 일어나고 있다고 주장하는 것들을 확실히 증명하거나 반박할 기발한 방법들을 다양하게 제시해왔다.

예컨대, 시각화 능력이 뛰어난 사람들에게 밝게 빛나는 형상을 상상해보라고 한 다음 그들의 동공이 수축하는지 살펴볼 수 있다(실제로 동공이 수축한다![1]). 그들을 fMRI 기계에 넣고 같은 과제를 부여하면 후두(시각) 피질이 얼마나 활성화되는지 확인할 수 있다(매우 활성화된다![2]). 또 책에서 폭력적인 구절을 읽게 하고 땀이 나는지 확인해볼 수도 있다(그들은 나 같은 사람들에 비해 확실히 땀이 더 많이 난다[3]).

내적 경험을 더 진지하게 받아들인 이후 과학자들은 야생적이고 아름다우나 아직 잘 알려지지 않은 신경다양성이라는 대륙 전체를 발견해나가고 있다. 하지만 이런 정보를 알고 있다고 해도 모든 사람의 의식적인 경험이 나와 비슷할 것이라는 가정에서 벗어나기는 쉽지 않다.

그 이유를 설명하기 위해 비유를 하나 들어보겠다.

늙은 물고기 한 마리가 어린 물고기 떼를 지나가면서 이렇게 말했다. "얘들아, 물은 어때?"

"물이 뭐예요?" 어린 물고기들이 물었다.

이 어린 물고기들이 물이 무엇인지 이해하려면 물과 비교할 수 있을 만한 것이 필요하다. 예를 들어 공기, 우주의 진공상태 또는 녹아내린 초콜릿 속에서 헤엄을 치는 아주 이상한 경험 같은 비교 대상 말이다. 나는 녹아내린 초콜릿 바다에서 살고 있다는 사실을 이제 막 깨달은 물고기나 다름없다. 당신이 어떤 환경에서 헤엄치고 있는지 이해할 수 있도록 내 경험을 설명해보려고 한다.

초콜릿과 물의 차이를 물어보기에 가장 좋은 물고기는 양쪽 모두에서 헤엄쳐본 물고기다. 그래서 앞으로 이어질 장들에서 나는 신경전형성을 가진 일반적인 사람들의 세상을 경험해보려고 한다. 우선 얼굴 생김새의 차이를 빠르게 판단하는 방법을 배워보려고 한다. 또 아직 식품의약국FDA 승인을 받지 않은 가상현실 비디오 게임을 하면서 3차원으로 보는 법도 배우려고 한다. 아이들이 머릿속에 떠올리며 철자를 익히거나 암산을 하도록 가르치는 교육자들과 함께 시각화 능력도 키워볼 생각이다. 만약 아무런 효과가 없다면, 감각 차단 탱크sensory deprivation tank(무중력상태처럼 만들어 모든 감각을 차단하는 탱크 - 옮긴이)에 들어가 보거나 환각제를 시도할지도 모른다(환각제는 아무래도 내키지 않는다).

"하지만 세이디, 당신은 신경다양성을 존중한다고 하면서 자신의 신경다양성은 왜 억누르려 하죠?"라고 물어볼 수도 있다. 좋은 질문이다. 그리고 물어봐 줘서 고맙다. 내가 가진 모든 인지적·지각적 특성에는 장단점이 있다. 입체맹을 예로 들어보겠다. 두 눈이 함께 기능하지 않으면 공을 잡거나 울퉁불퉁한 길을 걷거나 고속도로에 진입하는 데 어려움을 겪는다. 그런데 한쪽 눈만으로 세상을 본다면 예술가로서 약간의 우위를 점할 수도 있다. 구스타프 클림트Gustav Klimt, 에드워드 호퍼Edward Hopper, 앤드루 와이어스Andrew Wyeth, 마르크 샤갈Marc Chagall, 프랭크 스텔라Frank Stella, 맨 레이Man Ray 등 여러 유명한 예술가가 정렬되지 않은 눈을 갖고 있었다는 증거가 있다.

이런 사실을 알고 있음에도 3차원으로 보는 법을 배워볼 생각이다. 나는 인생의 절반 동안 입체맹을 예술적 능력으로 전환할 수 있었겠지만, 내가 그릴 수 있는 것이라고는 만화 인어공주뿐이다.

물론 이 모든 것이 큰 실수가 될 수도 있다. 하지만 나는 내 이상한 뇌와 40년 이상 함께 살아왔다는 사실에서 어느 정도 위안을 얻는다. 예를 들어, 내가 시각화하는 법을 배운다고 해도 그 능력이 내 가엾은 영혼에 원치 않는 심상을 마구 쏟아붓는 일은 없을 것이다. 가끔 희미하게 스쳐 지나가는 해변의 일출을 상상할 수 있게 된다면 다행일 것 같다. 내가 더 어렸다면 아마 더 걱정했을지도 모르겠다.

어쨌거나 나는 성공하고 싶다. 98퍼센트에 속하는 다른 사람들이 어떻게 사는지 조금이나마 엿보고 싶다. 누가 누구인지 확실히 안다는 것은 어떤 느낌일까? 3차원으로 본 나무는 어떻게 생겼을까? 실제로 존재하지 않는 것들을 '본다'는 것이 혼란스럽지는 않을까? 말하기 전에 생각하는 것이 정말로 가능할까?

물론 나중에 내 선택을 후회하거나 마음이 바뀔 수도 있다.

그러나 일단 한번 가보자!

"일단 한번 가봅시다."는 일행보다 우리가 뒤처졌다는 걸 발견했을 때 샌디가 내게 한 말이기도 하다. 팬데믹으로 사회적 능력이 약화된 나는 당신이 방금 읽은 것과 거의 비슷한 말을 혼자서 헐떡이며 중얼거렸다. 숨이 차고 몸도 안 좋지만, 무엇보다 내 속도를 늦추는 것은 바로 입체맹이다. 깊이 감각depth perception이 없으면 가파르고 울퉁불퉁한 길을 걷기가 어렵다.

이럴 땐 입체시stereovision 강의가 필요해!

농담이다. 이 사람들은 내가 그래도 좀 정상이라고 생각해줬으면 좋겠다.

"먼저 가세요." 나는 네 발로 기다시피 하며 말했다. "저도 결국 도착할 거예요."

낯선 남자를 남편으로
착각할 수 있을까

세이프웨이에서 냉동 베이글 봉지를 들고 있는 나를 바라보던, 실망과 혐오가 섞인 남편의 눈빛은 평생 잊지 못할 것 같다.

내가 유대인인 만큼, 이 관계에서 베이글에 관한 한 내가 우위에 있어야 한다. 하지만 스티브의 표정에서 알 수 있듯이 그는 냉동 빵 제품을 아주 싫어한다. 나는 한발 물러서며 이렇게 둘러댔다. "어릴 때 먹던 거야." 그러고는 재빨리 냉동고에 도로 갖다 넣으며 말했다. "살 생각은 없었어. 그냥 보여주고 싶었어." 스티브는 믿지 않는 눈치였다.

몇 달 후 스티브가 세이프웨이의 시그니처 브랜드로 출시된 땅콩버터 한 병을 집어 드는 모습을 보고, 나는 완벽한 승리감을 느꼈다. 얼마 전만 해도 그는 집에서 직접 만든 견과 버터가 최고라고 하지 않았던가. 위선적인 남편 같으니라고!

"언제부터 기성 제품을 사기 시작한 거야?" 나는 카트에서 땅콩

버터 병을 집어 들고는 마치 살인 사건 재판의 증거물이라도 되는 양 흔들어 보이며 말했다.

이번에는 스티브가 역겨워하는 표정을 짓고 있지 않았다. 뭐랄까…… 두려움 같은 거라고 해야 할까? 무엇이 그를 겁에 질리게 했는지 확인하려고 돌아서려는데, 정말 이상한 일이 벌어졌다. 그의 얼굴이 약간씩 흔들리면서 불안정해 보이기 시작했다. 마치 보이지 않는 작은 용수철로 그의 이목구비를 머리에 고정해놓은 것 같았다. 그 순간 나는 이 남자가 내 남편이 아니라는 것을 깨달았다. 그는 스티브와 거의 똑같은 코트를 입고 있는 낯선 남자였다.

이렇게 끔찍한 착각을 하다니!

나는 아무 말 없이 병을 내려놓고는 도망쳤다.

계산대에 있는 스티브를 발견한 나는 당황스러움을 감추지 못했다. 그러나 나는 이미 이 경험을 파티에서 나눌 법한 재밌는 이야기로 각색해두었다.

"그 남자는 '와, 시장 조사 방식이 아주 공격적으로 변했네.'라고 생각할 거야." 내가 말했다.

스티브는 웃었고, 나는 기분이 좀 나아졌다. 그런데 집으로 돌아오는 동안 잠재의식 속에서 불안감이 고개를 들었다. '다른 사람들은 이런 실수를 하는 법이 없잖아.'

몇 년 후, 볼티모어 미술관에서 새로운 전시회를 취재할 일이 있었다. 나는 한 젊은 여성이 무심하게 갤러리를 둘러보다가 평정심을 잃게 하는 사진들 앞에 멈춰 서는 것을 지켜봤다. "오!" 그녀는 감탄하며 작품의 제목을 확인하기 위해 몸을 숙였다. 〈12개의 항문과 더러운 발12 Assholes and a Dirty Foot〉, 그림을 정확히 설명해주는 제목이었다.

그리고 몇 분 후, 그 작품의 아티스트가 갤러리에 모습을 드러냈다. "저분이 작가인가요?" 누군가가 반쯤 속삭이며 물었다.

그랬다, 바로 그였다. 가느다란 콧수염과 할리우드 미소를 가진 컬트 영화감독 존 워터스John Waters가 틀림없었다. 그가 예상보다 일찍 도착하는 바람에 내 계획을 약간 수정해야 했다. 원래는 전시 관람 시간이 끝나고 인터뷰하기로 했는데, 일정에 차질이 생기면서 흥미로운 상황이 벌어졌다.

미술관 홍보 담당자가 우리 둘을 서로 소개해줬고, 워터스는 전시된 작품을 내게 소개해주기 시작했다. 우리는 커다란 선화line drawing 옆에 멈춰 섰다. 진드기 그림인가……?

"아니요, 이건 사면발니입니다." 워터스가 말했다. "지금은 멸종 위기에 처한 종이에요. 알다시피 요즘 젊은 사람들은 음모를 기르지 않으니까요."

나는 '음모가 없어지니 사면발니도 없어짐'이라고 노트에 휘갈겨 썼다.

고개를 들어보니 많은 워터스 팬이 우리를 따라오고 있었다. 쇼맨십을 타고난 이 영화감독은 엿듣는 사람들을 은근히 의식하며 목소리를 높여 더 많은 사람이 무리에 합류하도록 유도했다. 어느새 우리는 30~50대 여성 10여 명에게 둘러싸였다. 온라인 의류 소매점에서 흔히 볼 수 있는 드레스와 두꺼운 목걸이가 많이 보였다. 내

차림새도 사실상 그들과 비슷했고, 안타깝지만 미술관 홍보 담당자 역시 그랬다. 나는 화려한 옷차림을 한 여성들을 훑어보며 미술관 출입증이나 클립보드 같은 단서를 찾았다!

초조하게 주위를 둘러보다가 큰 가방을 들고 '근무 중'인 듯한 분위기를 풍기는 한 여성과 눈이 마주쳤다. 내가 찾는 홍보 담당자가 틀림없어 보였다.

"자연광이 잘 들어와 사진 찍기 좋은 곳이 있을까요?" 내가 물었다.

"모르겠는데요." 그녀는 어깨를 으쓱하며 답했다.

이제 워터스는 이상하다는 듯 나를 쳐다보고 있었다.

"홍보 담당자가 어디로 갔는지 아세요?" 내가 물었다.

그는 입구 쪽에 있는 그녀를 가리켰다. 그는 마치 네온사인이라도 찾아내듯 군중 속에서 그녀를 쉽게 알아봤다.

"죄송해요, 제가 얼굴을 잘 알아보지 못해서요." 나는 어색하게 웃으며 말했다.

나중에 인터뷰 내용을 옮겨 적으면서 당시 상황 전체를 다시 들어봤다. 나는 혼란스러운 목소리로 물었고, 워터스는 별일 아니라는 듯 홍보 담당자를 찾아냈다. 내가 어설픈 농담으로 눙치려고 했는데, 농담이라기보다는 변명처럼 들렸다.

나도 안면인식장애일까

나는 2010년 《더 뉴요커》에 실린 올리버 색스Oliver Sacks의 기사를 우연히 접하면서 안면인식장애에 대해 처음 알게 됐다. 색스 역시 나처럼 사람들을 잘 기억하지 못하는 자신의 기억력장애가 단순한 건망증 때문이라고 오랫동안 생각해왔다. 그는 신경과 전문의였는데도 인생의 절반이 지나서야 자신이 신경학적 장애(또는 차이)를 겪고 있음을 알게 됐다.

그가 살아오는 동안 겪어온 순간들을 묘사한 글을 읽으며 나는 놀라움을 금치 못했다. 마치 내 이야기를 하는 것 같았기 때문이다. 나와 마찬가지로 색스도 자신과 함께 일하는 치료사를 공공장소에서 무심코 지나친 적이 있는데, 그녀는 그 일이 단순한 실수였음을 믿어주지 않았다. 또 한때는 그도 나처럼 자신을 사적 공간에 대한 감각이 부족한 이방인으로 여겼다.

이런 유사점이 있음에도 나는 내가 색스와 같은 장애를 가지고 있다고 진단하기를 주저했다. 무엇보다, 세계적으로 유명한 작가와 내가 같은 질환을 앓고 있다고 생각하는 것이 주제넘은 것처럼 보였다. 또 우리가 몇 가지 같은 경험을 하긴 했지만 우리 두 사람은 아주 달랐다. 색스는 이렇게 말했다. "저한테는 '수줍음', '은둔성', '사회적 무능력', '괴상함', 심지어 '아스퍼거증후군Asperger's syndrome' 등 다양한 꼬리표가 따라다닙니다. 이 중 상당 부분은 제가 얼굴을 인식하는 데 어려움을 겪으면서 생긴 결과이자 오해라고 생각합니다."[1]

나와는 전혀 어울리지 않는 특징들이었다. 나는 낯을 전혀 가리지 않고 매일 낯선 사람들과 대화를 나눈다. 가끔 내가 하는 것이라곤 낯선 사람들과 대화하는 것뿐이라는 생각이 들 때도 있다.

나는 읽고 있던 《더 뉴요커》를 쓰레기통에 던져버렸고, 2018년 가을까지 안면인식장애에 대해서는 다시 생각하지 않았다.

그사이 몇 가지 일이 일어났다. 후대에 전하거나 책으로 출판할 만한 재미있는 일화를 적어두려고 했지만, 자꾸만 글이 이상하게 나왔다. 예컨대 슈퍼마켓 이야기는 앞뒤가 맞지 않았다. 기자로 일하면서 누군가가 진실을 말하지 않을 때 직감적으로 알아차리는 본능이 생겼는데, 나는 나 자신에게 거짓말을 하고 있다는 느낌을 떨쳐낼 수가 없었다!

그러다가 존 워터스 인터뷰를 옮겨 적으면서 내가 얼굴을 잘 알아보지 못한다고 말한 부분을 듣게 됐고, 내가 찾고 있던 단서를 손에 쥔 듯한 느낌이 들었다.

나는 작업을 멈추고 예전에 근무했던 미국심리학회American Psychological Association(학회에서 외부로 전화를 걸면 발신자 번호 정보가 '아메리칸 사이코American Psycho'로 표시됐다)의 연구 데이터베이스인 (엄밀히 말해서 이제 내게는 접근 권한이 없는) 사이크넷PsycNet의 '사이크인포PsycInfo'에 접속했다. 검색창에 안면인식장애의 학술 용어인 '얼굴인식불능증'을 입력하자 1940년대까지 거슬러 올라가 1000건이 넘는 기록이 검색됐다! 연구, 논문, 책 목차, 사례 보고서 등 내가 생각했던 것보다 훨씬 많은 자료가 있었다.

나는 궁금했다. '이런 희귀한 장애에 대한 연구 자료가 왜 이렇게 많은 걸까?'

안면인식장애 테스트

세 남자가 거북하리만큼 무표정한 표정으로 나를 빤히 바라보고 있다. 마치 여권 사진처럼 얼굴 중심으로 촬영한 세 컷이 내 랩톱

화면에 약 5×8센티미터 크기로 나타나 있다. 모두 검은색 배경이고 머리카락 부분은 배경에 묻혔다. 얼굴이 똑같지는 않지만, 그들의 이목구비가 한데 어우러지면서 왠지 모르게 위협적으로 느껴지는 한 명의 백인 남성으로 보인다.

나는 20초 동안 응시했던 한 얼굴을 골라내기 위해 애쓰고 있다. 내게는 이 얼굴 고르기가 남극에서 특정 펭귄을 식별해내는 것과 다를 게 없다. 나는 케임브리지 얼굴 기억 테스트Cambridge Face Memory Test, CFMT에 실패하고 있었고, 그렇게 실패하는 것이 정말 싫었다.

"무엇 때문에 그렇게 신음하고 있는 거야?" 스티브가 물었다. 그는 침대의 내 옆에 누워서 체스 퍼즐을 풀고 있다. 그게 퇴근 후 휴식을 취하는 그만의 방식이다.

여느 컴퓨터광과 마찬가지로 스티브 역시 사람보다는 아이디어에 더 관심이 있는 것 같다. 15년 동안 같은 건물에서 살았지만, 이웃 주민 중 아는 사람이 다섯 명 정도밖에 되지 않는다. 친구도 서너 명에 불과해서 수백 명에 달하는 나하고는 비교조차 되지 않는다.

나는 기분 전환을 위해 스티브에게 얼굴 기억 테스트를 해보게 한 후 넌지시 지켜봤다.

그는 무표정한 사람들의 얼굴을 마치 오랜 친구들을 보듯 클릭하며 문제를 빠르게 풀어나갔다.

"어떻게 그렇게 하는 거야?" 나는 놀라고 약간 약이 올라서 물었다.

그는 내 고민을 전혀 눈치채지 못한 채 어깨를 으쓱하며 말했다. "몰라, 그냥 (손을 잠시 흔들며) 하는 거지, 뭐."

스티브는 72개 항목으로 구성된 테스트를 20분도 채 되지 않아

가볍게 통과했다. 나는 그 테스트를 통과하는 데 거의 두 배나 걸렸는데, 내겐 마법처럼 보이는 그 일을 그는 그저 당연한 일처럼 여겼다. 나중에 알게 된 사실이지만, 우리 둘 다 옳았다.

한번 테스트해보고 싶다면, 그 테스트의 한 섹션에 포함된 다음의 한 항목을 풀어보라.

20초 동안 응시하며 이 얼굴을 기억하세요.

질문 1 | 다음 중에서 중 익숙한 얼굴이 있나요? 주어진 시간은 3초입니다.

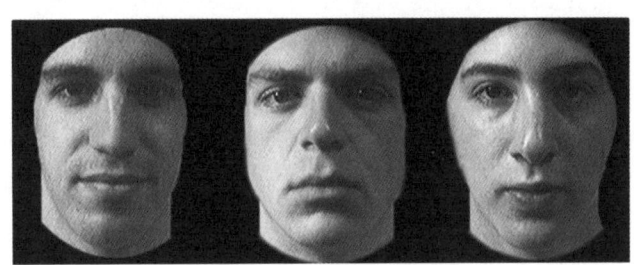

질문 1 | 그 중에서 익숙한 얼굴이 있나요? 주어진 시간은 3초입니다.

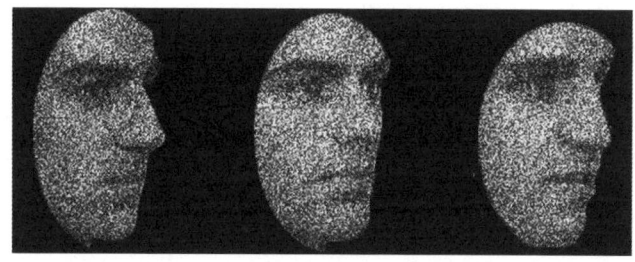

정답은 이 페이지 하단에 있다.* '질문 1'에 대해서는 신경전형적인 사람의 79퍼센트, 안면인식장애를 가진 사람의 47퍼센트, 초인식자super-recognizer(사람의 얼굴을 기억하고 구분하는 데 탁월한 능력을 발휘하는 사람 - 옮긴이)의 100퍼센트가 정답을 맞혔다(자세한 내용은 뒤에서 다룬다).

'질문 2'의 얼굴 사진에는 시각적 노이즈가 추가됐다. 이 경우 신경전형적인 사람의 68퍼센트, 안면인식장애를 가진 사람의 38퍼센트, 초인식자의 97퍼센트가 정답을 맞혔다.

전체 테스트를 마쳤을 때 스티브의 점수는 80퍼센트로, 평균 수준이었다. 여러 연구 자료에서 얼굴인식 능력은 유전성이 강하다는 사실을 읽었던 터라 테스트를 내 동생 사울Saul에게도 보내봤다. 내 테스트 점수가 형편없으면 남동생도 마찬가지일 거라고 생각

---

*   질문 1에서는 맨 왼쪽에 있는 얼굴이 정답이고, 질문 2에서는 맨 오른쪽에 있는 얼굴이 정답이다.

했지만, 사울은 정상 범주에서도 '높은' 편에 속하는 89퍼센트라는 점수를 받았다.

내 점수는 58퍼센트였다. 평균보다 낮으리라고 예상은 했지만, 말 그대로 머리에 총상을 입은 사람들과 같은 범위에 속하는 점수를 받을 줄은 몰랐다.

테스트 템플릿을 보내준 하버드대학교의 조 드구티스Joe DeGutis 박사에게 내 점수를 보낼 때 나는 사과의 말을 덧붙였다.

"제가 더 열심히 했어야 하는데, 아마 피곤했나 봐요."

드구티스는 내가 이메일을 통해 소통해온 여러 과학자 중 한 명인데, 가벼우면서도 전문적으로 들리기를 바라며 그에게 이런 질문들을 던졌다.

사람들은 보통 서로를 어떻게 인식하나요? 만난 지 2초 만에 사람들의 생김새를 잊어버리는 게 정상인가요? 남편의 얼굴을 착각했다는 사실보다 땅콩버터 병의 라벨이 잘못됐다는 사실을 더 먼저 알아차리는 게 이상한가요?

나는 과학자들에게 내가 기자이며(사실이다), 기사를 작성하기 위해 질문하는 거라고(사실이 아니다) 밝혔다. 사실 내가 정말 묻고 싶은 건 따로 있었다. 전 지금 걱정해야 하는 상황에 처했나요? 제게 무슨 문제가 있는 건가요?

드구티스의 연구 조교인 앨리스 리Alice Lee가 좀 더 합리적으로 보이는 유명인 얼굴 테스트Famous Faces Test를 포함하여 몇 가지 추가 테스트를 보내줬다. 브래드 피트Brad Pitt, 그렇지. 힐러리 클린턴Hillary Clinton, 당연히 알지. 이사벨라 로셀리니Isabella Rossellini, 알다마다! 실제로 본 적도 있고 인터뷰한 적도 있다. 더 나이 든 모습의 로셀리니가 다시 나왔다. 교묘한 방식으로 문제를 바꿔도 나를 속일 수는 없지.

"유명인 테스트는 꽤 잘 맞힌 것 같아요."라고 리에게 적어 보냈다.

하지만 전혀 그렇지 않았다. 내가 이사벨라 로셀리니의 젊었을 때와 나이 들었을 때 모습이라고 생각했던 사진들은 사실 스칼릿 조핸슨Scarlett Johansson과 마거릿 대처Margaret Thatcher였다(미안해요, 이사벨라!).

나는 스티브에게 말했다. "영화배우들은 기본적으로 다 똑같이 생겼다는 게 문제야."

새벽 1시에 나는 얼굴인식불능증에 관한 논문을 더 다운로드하기 시작했다. 배울 게 너무 많아서 멈출 수가 없었다.

스티브가 눈에 힘을 주며 내 랩톱을 닫았다. "그만 자."

우주로 향하는 로켓

나는 《워싱턴 포스트》의 자매지인 《워싱턴 포스트 익스프레스》에서 일했다. 당시 광고 판매 수익이 많이 줄어든 상황이었고, 본사에서 우리의 존재를 잊어버린 탓에 아직 폐간되지 않았다고 생각하는 직원들이 많았다. 동료들이 민주주의를 수호하기 위해 애쓰는 동안 나는 워싱턴 D.C. 내셔널몰 공원의 모든 공중화장실에 대한 리뷰를 하고 있었다.

나는 그런 상황에서 누가 되지 않기 위해 7층에 있는 친구 데이비드 로웰David Rowell을 만나러 갈 때면 최대한 자연스럽게 행동하려고 했다. 로웰은 《워싱턴 포스트 매거진》의 편집자인데, 그의 자리가 어디인지 기억이 나지 않아서 아무 방향으로나 무작정 발걸음을 옮겼다. 나는 7층 전체를 꼼꼼히 살펴볼 작정이었고, 그런 전략은 의도치 않게 탕비실 상황을 자세히 파악하는 데도 도움이 됐다.

그날은 선택의 폭이 좁았다. 밤새 방치돼 있었을 작은 쿠키 한 접시가 전부였다. 그즈음 떠돌던 쥐에 대한 소문을 생각하면 먹지 않는 것이 좋을 것 같았다…….

"안녕, 세이디." 남부 특유의 느린 말투가 섞인 독특한 목소리가 들려왔다. 나는 쿠키로 가득 찬 입을 다문 채 로웰을 바라보며 미소를 지었다.

제프 베이조스Jeff Bezos가 《워싱턴 포스트》를 인수하고 얼마 지나지 않아 우리는 곰팡내 나는 낡은 건물에서 유리 벽이 많은 밝고 현대적인 사무실로 이사했다. 그리고 나서 소프트웨어 개발자들, 그러니까 캐주얼한 차림에 화려한 운동화를 신고 알록달록한 머리색을 한 젊은 소프트웨어 개발자들이 들어왔다. 구겨진 와이셔츠에 넥타이를 맨 로웰은 마치 영화 〈대통령의 음모〉 촬영장에서 어슬렁거리다가 애플 스토어에 들른 엑스트라처럼 보였다.

우리는 빈 회의실을 찾아냈고 내가 말했다.

"안면인식장애라는 희귀한 신경학적 장애가 있는지 알아볼 수 있는 하버드 연구에 초대를 받았어요."

그리고 드구티스와 그의 동료들은 사람들이 얼굴을 더 효율적으로 인식하도록 돕는 컴퓨터 기반의 훈련 프로그램을 테스트하고 있다는 설명을 덧붙였다. 내 계획은 보스턴에 가서 여러 테스트를 받은 다음 16주간의 훈련 프로그램을 이수하는 것이었다.

"정말 안면인식장애가 있다고 생각해요?" 로웰이 물었다.

나는 "아니요, 그런데 제 점수가 분명 평균 이하이기는 해요."라고 답했다.

아마도 피곤했던 탓에 테스트를 망친 것 같다고 설명했다. 내가 낮은 점수 덕분에 연구에 참여할 자격을 얻게 된다면 흥미로운 장애에 대한 글을 쓸 좋은 기회라고 생각했다. 내게 그 장애가 없다는 사실이 밝혀졌을 때 사람들이 너무 실망하지 않기를 바랄 뿐이었다.

로웰은 허락을 해주면서 보스턴행 비행기 티켓은 회사에서 부담하겠다고 말했다. 호텔에 대해 묻는 것을 깜박했지만 그 지역에 사는 친구들이 많으니 상관없었다.

가장 먼저 떠오른 생각은 대학 시절 절친이었던 두 명의 앤 중 한 명과 함께 지내면 되겠다는 것이었다. 각자의 머리색에 따라 레드 앤Red Ann과 브라운 앤Brown Anne으로 불렸던 이 친구들은 같은 기숙사에 살았고, 교육학을 전공했으며, 둘 다 대학 시절에 만난 남자친구와 결혼했다. 이제 두 사람은 보스턴 지역의 공립학교에서 근무하며 여러 자녀(아마 세 명? 네 명?)를 키우는 엄마가 됐다.

두 사람에게 이메일을 쓰기 시작하면서 몇 년 동안 그들에게 연락하지 않았다는 사실이 문득 떠올랐다. 갑자기 그런 부탁을 하는 게 무례한 것 같다는 생각이 들었고, 그들 대신에 친구인 팸Pam과 함께 지내는 것이 더 좋을 것 같았다. 대학 시절 팸과 나는 아주 친한 사이는 아니었지만 지금까지 꾸준히 연락하며 지내왔다.

"몇 가지 테스트를 봤는데 망치는 바람에 하버드에 가게 됐어! 더 많은 테스트를 받으러 보스턴으로 오래. 너희 집 소파에서 자도 될까?"

"물론이지. 오늘 밤에 통화하자." 팸이 답장을 보내왔다.

나는 이 이야기에 점점 흥미를 느끼기 시작했다. 뭔가 짜릿한 놀이기구를 타기 위해 기다리고 있는 것만 같은 기분이었다. 그때는 생각도 못 했지만, 내가 생각한 관람차는 사실 우주로 향하는 로켓이었다.

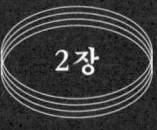

언제든 알아볼 수
있어야 하는 사람

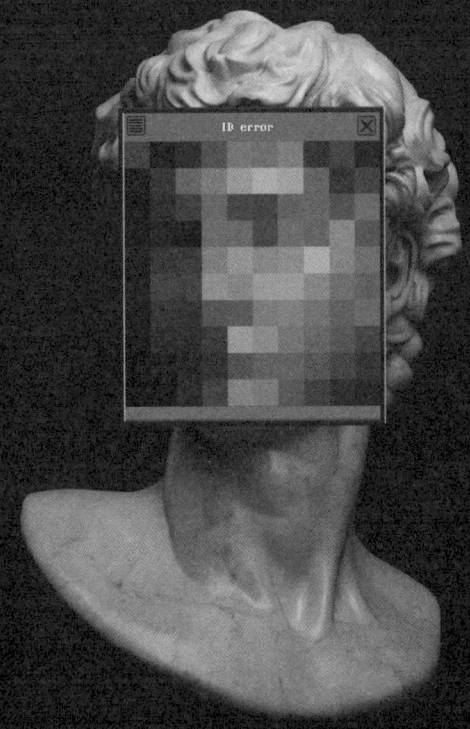

1944년 10월 22일, 연합군의 포격으로 동프로이센 전선의 독일군 주둔지 일대가 초토화됐다. 그 시각에 독일군은 군사 브리핑을 진행하고 있었는데, 그 자리의 모든 사람이 즉사했지만 서른여섯 살의 중위 H. A.는 살아남았다.

의식을 되찾은 H. A.는 몸을 질질 끌고 불타는 건물로 들어갔다가 전우들의 처참한 모습을 보고 다시 기절하면서 머리를 바닥에 부딪혔다. 독일군 야전 구급차에 실려 이송되던 도중 잠시 깨어났는데, 덜커덩거리는 구급차에서 머리가 천장의 강철봉에 부딪혀 다시 의식을 잃고 말았다(정확히 무슨 일이 있었는지는 알 수 없지만, 나치 청년대에서 들것을 고정하는 훈련을 제대로 받지 못한 의무병과 관련이 있을 것이다).

머리를 심하게 부딪혀 세 번이나 의식을 잃은 중위는 결국 병원에 도착했고, 그곳에서 젊은 정신과 의사인 요아힘 보다머 Joachim

Bodamer를 만났다.*

보다머는 전쟁 후 작성한 논문에서 중위 H. A.의 부상과 그로 인한 결손을 설명했다.[1] 그의 왼쪽 몸이 약해졌고, 왼쪽 다리는 완전히 마비됐다. 또한 양쪽 눈 모두 시야의 절반을 잃었고 색맹이 됐다. 이상하게도 그는 시간이 빨리 가는 것처럼 느끼는 이상한 발작을 겪었다. 하지만 보다머가 가장 주목한 증상은 그가 사람을 구별하지 못한다는 점이었다.

"H. A.는 자신을 찾아온 사람들을 알아보지 못했는데 그들이 말을 하기 시작하면 알아볼 수 있었다. 그는 청력이 크게 향상된 것을 느꼈고, 발소리만으로도 사람을 식별할 수 있었으며, 자신은 한 번도 실수한 적이 없다고 주장했다. 그는 항상 누가 다가오고 있는지를 알고 있었기 때문에 그의 장애는 그 자신뿐 아니라 누구에게도 영향을 미치지 않았다."

---

* 나는 보다머에 대해 읽으면서 그가 나치의 정신질환자와 장애인을 학살하는 프로그램에 관여한 것은 아닌지 궁금했다. 뮌스터대학교 명예교수인 잉고 케너크네히트Ingo Kennerknecht도 이 질문에 답하기 위해 노력했지만 결정적인 증거를 찾지 못했다. 하지만 정황증거가 보다머에게 유리해 보이지는 않는다. 1933년 나치 정부는 정신질환, 학습장애, 신체기형, 간질, 실명, 청각장애, 만성 알코올 중독을 보이는 사람들을 대상으로 강제 불임수술을 허용하는 유전질환 출산 방지법(미국 법을 모델로 한 법)을 통과시켰다. 이 프로그램에 따라 약 40만 명이 수술을 받았고, 5000명 이상이 사망했다. 이는 단지 서막에 불과했다. 1939년 보다머가 빈넨덴 주립정신병원에 합류한 지 2년 후 나치는 20만 명에 달하는 장애인을 대대적으로 학살하기 시작했다. 이 끔찍한 프로그램에는 많은 의사와 간호사가 광범위하고 적극적으로 참여해야 했다. 케너크네히트는 "정신과 의사인 보다머가 연루됐음이 틀림없다."라고 주장한다.

자신의 이론을 검증하기 위해 보다머가 H. A.에게 유명인과 조각상이 담긴 사진들을 보여줬는데, 그는 오직 한 사람만 알아봤다. 바로 히틀러였다. 그가 히틀러를 알아볼 수 있게 한 건 무엇일까? H. A.는 "콧수염과 가르마요."라고 답했다.

보다머는 H. A.의 아내에게 간호사 유니폼을 입고 간호사들 사이에 서달라고 요청한 후 H. A.에게 아내를 찾아보라고 했다. 그는 간호사들을 일일이 살펴본 후 한참을 고민한 끝에 한 명을 지목했다. 다행히 그의 아내였다. 그는 "그녀의 표정에서 뭔가 낯익은 것이 보였어요."라고 설명했다.

전쟁 초기에 보다머는 대구경 탄환에 머리를 관통당한 스물네 살짜리 보병을 본 적도 있다. 보다머는 그를 하사 S.라고 불렀다. 하사 S.는 2주 동안 시력을 잃었다가 보다머를 만날 때쯤 시력이 거의 정상으로 돌아와 있었다. 그런데 그가 보인 주요 증상은 사람들의 얼굴을 알아볼 수 없다는 것이었다. 기차역에서 마주친 자신의 어머니조차 알아보지 못할 정도였다.

동쪽에서는 러시아군이, 서쪽에서는 연합군이 압박해오고 있었다. 대기는 불타는 도시의 연기로 가득 차 있었다. 하지만 보다머는 이 두 환자에 대한 생각을 멈출 수 없었다. 얼굴처럼 특정한 무언가를 인식하는 능력을 상실할 수 있다면, 뇌에는 우리가 인식하는 모든 것을 별도로 처리하는 모듈이 있다는 의미일까? 우리의 의식 아래에서 뇌가 세상을 분해하고 다시 조립하는 활동을 하고 있는 것일까? 만약 그렇다면 우리가 객관적이라고 믿는 현실은 놀라울 정도로 허술하고 파편화된 것일 수 있다.

플라톤이 옳았을까? 우리의 인식은 단지 동굴 벽에 비친 그림자에 불과할까?

보다머는 이 기이한 증후군이 과학자들이 인간의 인식, 기억, 심지어 의식의 비밀을 풀어내는 데 도움이 될 수 있다고 썼다. 그런데 이 증후군을 어떻게 불러야 할까? 정신과 의사 보다머는 그리스어로 '얼굴'을 뜻하는 'prosop'과 '인식하지 못함'을 뜻하는 'agnosia'를 합쳐 만든 'prosopagnosia(얼굴인식불능증)'라는 단어를 제안했다.

나는 엄마의 얼굴을 알아보지 못했다

아흔 살인 우리 외할아버지는 같은 세대의 대다수 남성과 마찬가지로 제2차 세계대전에 깊은 관심을 갖고 있었다. 나는 나치의 의학사를 자세히 살펴보면서 최근 알게 된 내용을 그에게 이야기하고 싶었다. 그러나 추수감사절 다음 날 우리가 외가에 도착했을 때, 생후 4개월 된 조카 아리Ari가 모든 관심을 독차지했다.

나는 결코 그의 경쟁 상대가 될 수 없었다. 아리는 금발에 파란 눈을 가진 사랑스러운 아기 천사 같았다. 모두가 안아보고 싶어 했지만, 아리는 엄마 품에서 떨어지기가 무섭게 칭얼대기 시작했고 이는 울음을 터뜨리기 전에 나타나는 신호였다. 외할머니가 아리의 몸을 돌려 엄마인 캐서린을 바라보게 하자 눈에 띄게 진정됐다.

"엄마를 똑 닮았네." 외할머니가 기분 좋게 말했다. 나는 동의한다는 듯 중얼거렸지만 솔직히 아리와 그의 엄마가 닮았다는 생각은 들지 않았다. 캐서린은 팔다리가 길고 옅은 갈색 눈을 가진 미인으로 영화배우 블레이크 라이블리Blake Lively와 똑 닮았다. 아리는 통통했고 아기들은 모두 비슷하게 생겼다. 병원에서 아기들에게 바코드를 붙이는 이유가 뭐겠는가.

외할아버지가 아리의 강한 손힘에 감탄하고 있을 때, 갑자기 뒷문이 삐걱거리며 열렸다. 예상치 못한 손님, 바로 우리 엄마였다!

"엄마!" 내가 놀라며 말했다. "여긴 어떻게 온 거야?"

엄마는 콜로라도에 살고 있고, 올해는 외가에서 열리는 추수감사절 행사에 참석할 계획이 없었다. 적어도 나는 그렇게 알고 있었다. 혹시 마음이 바뀐 걸까? 나는 엄마를 안아주러 가려다가 멈칫했다. 뭔가 잘못된 것 같았다. 엄마가 입은 셔츠 때문이었을까? 아니다, 가슴이 문제였다. 가슴이 너무 커 보였다.

그런데도 이 여인은 우리 엄마와 똑같아 보였다. 긴 금발, 타원형 얼굴, 활기찬 에너지까지…….

그녀가 "안녕, 세이디!"라고 인사했다. 그제야 퍼즐 조각이 맞춰졌다. 그 사람은 엄마가 아니라 엄마의 동생이었다!

"카렌 이모, 머리를 염색하셨네요." 내가 말했다.

웃고는 있었지만 마음이 뒤숭숭했다. 나는 이곳 플로리다에 오면서 해변에서 읽을 연구 자료를 잔뜩 가져왔고, 오늘 아침에는 같은 결론에 도달한 여러 연구 자료를 읽었다. 그 결과에 따르면, 엄마는 언제든 알아볼 수 있어야 하는 사람 중 한 명이다.

이 주제에 대한 초기 연구 중 하나에서 연구자들은 생후 3일 된 아기들을 두 개의 창이 뚫린 스크린 앞으로 데려갔다.[2] 창 너머에는 아기의 엄마와 비슷하게 생긴 낯선 사람이 함께 서 있었고, 두 사람 모두에게 방향제가 흠뻑 뿌려진 상태였다.

아기들은 후각이 뛰어나 냄새로 엄마를 쉽게 알아차릴 수 있기 때문에 방향제를 뿌리는 절차가 필요했다. 하지만 시각은 아기들의 강점이 아니다. 신생아는 근시가 심하고 아직 물체와 배경을 구분할 줄 모르기 때문에 공감각synesthesia을 경험할 가능성이 크다. 신생아의 눈으로 세상을 보고 싶다면 LSD 한 알을 먹고 버터로 얼룩진 만화경을 들여다보기 바란다.

놀랍게도 실험에 참가한 아기 중 75퍼센트가 엄마를 알아봤다. 그렇게 판단할 수 있었던 이유는 그 아기들이 낯선 사람보다 엄마를 훨씬 더 오래 바라봤기 때문이다(25퍼센트에 해당하는 나머지 아기들은 시선이 거의 비슷하게 분산됐다).

아리가 보채기 시작했다. 친척들이 가득 찬 공간에서 자기 엄마를 발견하고는 손을 뻗었다. 나는 질투가 났다. 곧 마흔인 내가 이제 겨우 넉 달 된 아기에게 밀리고 있으니 말이다.

솔직히 말해 정말 당황스러웠다.

보다머의 발견이 과학계 전반에 퍼지면서 호기심과 의심이 뒤섞인 반응을 불러일으켰다. 비평가들은 보다머가 기술한 두 명의 얼굴인식불능증 환자가 얼굴을 식별하는 능력만을 상실한 것이 아니라고 지적했다. 중위 H. A.는 자동차를 식별하는 데 어려움을 겪었고, 하사 S.는 일반 의류조차 식별하지 못했다. 아마도 그들은 뇌 손상으로 비교적 흔히 발생하는 시각인식불능증visual agnosia을 겪고 있었을 것이다(다양한 사물을 인식하는 데 어려움을 겪는 시각인식불능증은 올리버 색스의 책 『아내를 모자로 착각한 남자』에서 주인공이 겪는 주요 문제다).

보다머는 다른 시각인식 문제와 비교했을 때 얼굴인식장애가 훨씬 더 심각하다고 주장했으며, 이는 뇌에 얼굴인식을 위한 특정 모듈이 존재함을 시사한다고 봤다. 그러나 순수한 얼굴인식불능증 사례가 더 설득력이 있을 것이라는 데는 모두가 동의했다.

수십 년 동안 과학계는 이렇다 할 단서를 찾지 못했다. 1970년대와 1980년대에 몇 가지 유망한 사례가 있기는 했지만, 결국 그 결과가 기대에 미치지 못했다. 예컨대, 얼굴과 새를 모두 식별하지 못하게 된 여성 탐조자bird-watcher(같은 탐조자로서 나는 어느 쪽이 더 나쁜지 모르겠다)와 안면인식장애로 소를 알아보지 못하게 된 농부가 있었다. 1993년이 돼서야 런던의 국립병원 연구진이 순수한 얼굴인식불능증 사례를 발견했다.[3] 뇌졸중으로 안면인식장애를 겪게 된 W. J.라는 환자였다.

W. J.는 자신의 상태를 매우 당황스러워했다. 그는 지인들에게 실례를 범하지는 않을까 걱정돼 은퇴 후 시골로 가 양치기로서 고독한 삶을 살았다(로맨틱 코미디 영화에 딱 맞는 설정이 아닐까? 나라면 휴 그랜트Hugh Grant를 캐스팅하겠다). 1년이 채 지나지 않아 W. J.는 이웃 사람들의 얼굴은 여전히 알아볼 수 없지만 양들을 구분하는 데는 문제가 없다는 사실을 깨달았다. 그는 양들의 얼굴만 보고도 모두 식별할 수 있었다.

W. J.의 주장에 회의적이었던 의사들은 그에게 낯선 양들의 이름을 외우게 하는 테스트를 진행했는데 W. J.는 그 과제를 완벽하

게 수행했다. 그러나 안타깝게도 사람들의 얼굴은 여전히 모두 똑같이 보였다.

동물의 얼굴은 구별하면서 인간의 얼굴은 인식하지 못하는 이 특이한 현상을 통해 과학자들은 인간의 얼굴인식이 뇌의 특정 모듈에서 이뤄지며, 이 모듈이 손상되면 뇌의 다른 부분이 그 역할을 대신할 수 없다는 가설을 세웠다.

비슷한 시기에 토론토의 한 연구팀은 모든 종류의 사물을 식별하는 능력을 잃었지만 얼굴만은 여전히 알아볼 수 있는 C. K.라는 남성을 발견했다.[4] 교통사고를 당한 이후 C. K.는 테니스 라켓을 펜싱 마스크로 착각하고 화살을 먼지떨이로 오인했다. 그러나 과학자들이 보리스 옐친Boris Yeltsin과 이멜다 마르코스Imelda Marcos의 사진을 보여주자 그는 주저 없이 두 사람의 이름을 댔다.

이처럼 얼굴인식에 특화된 뇌의 특정 영역이 존재한다는 증거가 서서히 쌓여가고 있었지만, 얼굴인식불능증 환자는 매우 드물었다. 이 장애는 의학적 호기심으로만 여겨져 시각과 기억의 신비를 밝혀낼 잠재력이 실현되지 않을 위험에 처해 있었다.

그러던 중 인터넷이 등장하면서 모든 것이 바뀌었다.

에드나 초이서Edna Choisser는 아들 빌Bill을 사랑했지만 그를 이해하지는 못했다. 빌이 긴 웨이브 머리에 수염을 덥수룩하게 기른 히피처럼 보이는 것도 큰 문제였지만, 그가 게이로 커밍아웃한 것은 더 큰 충격이었다. 그러다가 1970년대 초, 거리에서 마주친 빌이 아무 인사도 없이 자신을 지나치자 그녀는 더 이상 참을 수 없었다.

이제는 공공장소에서 나를 무시해? 성가신 사람 취급을 한 거야?

빌 초이서는 나중에 자신의 웹사이트에서 이 사건을 다음과 같이 기술했다.

> 어머니와 나는 서로를 향해 걸어갔고, 한적한 동네 상점가의 인도에서 60센티미터 정도밖에 안 되는 거리를 두고 서로를 스쳐 지나갔다. 이 사실을 알게 된 것은 어머니가 그날 밤 내게 이야기해줬기 때문이다. 어머니는 이 사건에 불쾌감을 느꼈고, 나를 용서해주지 않았다.[5]

그 사건 이후 20여 년 동안 초이서는 여러 의사를 찾아다녔지만, 그들 모두 초이서가 아주 건강하고 시력에도 이상이 없다고 말했다. 그는 어머니를 알아보지 못하는 문제를 해결하기 위해 여러 번 심리학자를 찾아갔다. 결국 1996년, 초이서는 초기 인터넷 게시판인 유즈넷Usenet에 글을 올렸다.

> 누군가의 얼굴을 바라보면 그 정보가 블랙홀로 빨려 들어가는 것만 같은 기분이 듭니다. 여러분 중에 저처럼 얼굴을 인식하는 데 문제가 있거나 그런 사람을 아는 분이 계신가요?[6]

답변이 하나둘 이어지다가 곧 홍수처럼 쏟아졌고, 사람들은 TV 드라마 줄거리를 따라가는 방법(자막이 도움이 될 수 있음)이나 학교에서 아이를 찾는 방법(아이가 찾아올 때까지 기다리기) 등과 같은 일반적인 문제에 대한 팁을 공유했다. 같은 문제를 겪는 사람들을 발견한 것만으로도 그들은 조금 덜 미친 듯한 기분이 들었다. 티나Tina라는 여성은 이렇게 적었다. "저는 뭔가를 조사할 만한 시간이 전혀 없어서 게시판의 정보에 전적으로 의존하고 있어요."

샌프란시스코에 거주하며 엔지니어로 일하던 초이서는 연구하고 조사할 시간이 있었다. 그는 협력자들과 함께 대학 도서관을 찾아다녔고, 그들이 겪고 있는 장애가 이미 '얼굴인식불능증'이라는 의학 용어로 불리고 있다는 사실을 발견했다.

빌은 그리스어로 된 이 복잡한 단어를 그다지 좋아하지 않았다.

아이들도 같은 증상을 겪을 수 있으므로 더 쉬운 용어가 필요했다. 아이들 스스로 친구들에게 설명할 수 있어야 하고, 교사들 역시 설명할 수 있어야 하기 때문이다. 어려운 의학 용어는 놀이터에서 통용되기 어렵겠지만 '페이스 블라인드face blind'는 사용할 만할 것이다.[7]

그 신조어가 'faceblindness(안면인식장애)'로 굳어 자리를 잡게 됐고, 온라인 커뮤니티는 지속적으로 성장했다.

초이서가 유즈넷에 글을 올리고 불과 몇 년 후인 1999년 어느 토요일 오전, 팸 듀세인Pam Duchaine과 딕 듀세인Dick Duchaine 부부는 캘리포니아대학교 샌타바버라 캠퍼스의 작은 강의실 뒤쪽으로 조용히 들어갔다. 학생들이 하나둘씩 들어왔는데, 팸과 딕은 눈에 띄지 않으려고 애를 썼다. 하지만 그날 수업할 강사와 너무 닮아 눈에 띄지 않을 수가 없었다.

"아, 강사님의 부모님이시군요." 한 여학생이 말했다.

"어떻게 아셨어요?" 딕이 물었다.

"정말 닮으셨어요." 그녀가 답했다.

강의실에 도착한 브래드Brad는 많은 학생이 결석했음을 알게 됐고, 출석한 학생들은 숙취가 심해 보였다.

브래드는 농담 섞인 말을 건넸다. "우리 부모님은 위스콘신에서 여기까지 오셨는데, 여러분은 침대에서 겨우 나왔네요."

사실 그는 그런 말을 할 자격이 없었다. 애리조나 주립대학교 학부 시절, 브래드는 파티를 너무나 즐겨 거의 낙제할 뻔했다. 팸과 딕은 똑똑하지만 제대로 능력을 발휘하지 못하던 아들이 드디어 자리를 잡은 모습을 보며 안도했다. 브래드는 종합 시험을 무난하게 통과했고, 이제 남은 것은 논문 주제를 정하는 일뿐이었다.

논문 주제 선택은 모든 대학원생의 진로를 결정짓는 중요한 일이다. 너무 광범위하거나 지나치게 어려운 주제를 선택하면 좌절감을 느끼기 쉽고 대학원 생활이 길어질 위험이 있다. 반면 범위가 너무 좁거나 너무 쉽다면, 논문 심사위원들에게 인정받지 못해 학위를 받지 못할 수도 있다. 주제를 잘 선택하면 주어진 몇 년 동안 성공 가능성이 큰 주제를 연구하며 값진 열매를 맺을 수 있을 것이다. 그리고 그런 결실은 논문 심사위원들을 만족시키고, 학술지에 게재될 기회를 부여하고, 미래의 고용주들에게 긍정적인 영향을 미칠 것이다.

하지만 어쨌든 브래드는 강의를 해야 했다. 그는 버스를 타고 가다가 작은 푸들을 안고 탄 남성을 본 한 여성의 이야기로 강의를 시작했다. 그녀에겐 그 남성의 얼굴이 강아지와 똑같이 보였다. 당황해서 주위를 둘러봤는데 다른 승객들도 모두 푸들과 같은 얼굴을 하고 있었다. 버스에서 내렸어도 상황은 나아지지 않았다. 이후 30분 동안 그녀가 만나는 모든 사람이 그 작은 개와 똑같은 얼굴을 하고 있었다.

그 여성은 얼마 전 오른쪽 후대뇌동맥에 뇌졸중이 발생했고, 다행히도 푸들이 보이는 현상은 딱 한 번만 일어났다. 그러나 뇌졸중은 그녀에게 한 가지 지속적인 후유증을 남겼다. 더는 사람들을 구별할 수 없게 된 것이다.

그날 밤, 듀셰인 가족 세 사람은 LA에서 방문한 팸의 친구 메리베스Mary Beth와 함께 바닷가 레스토랑에서 저녁을 먹었다. 새우 껍질을 벗기던 팸이 메리에게 아들 자랑을 늘어놨다. 그러다가 아들이 수업 때 언급한 얼굴인식불능증 이야기를 꺼내자 메리의 눈이 반짝였다.

"나 그거 알아." 그녀가 말했다. "실은 내 친구의 10대 아들이 그 증상을 겪고 있어."

"그 아이가 뇌졸중이나 그 밖의 뇌 손상을 겪었나요?" 브래드가 물었다.

"아니, 그런 것 같지는 않아." 메리가 답했다. "내가 그 친구와 연결해줄까?"

이 대화에 브래드는 흥분을 감추지 못했다. 만약 그 아이가 정말로 뇌 손상 없이 얼굴인식불능증을 겪고 있다면, 역사상 두 번째로 발견된 사례가 될 것이기 때문이다.*

브래드 듀셰인은 그 주 후반에 메리 베스의 친구를 찾아갔는데, 그 10대 아이가 실제로 얼굴인식불능증을 가지고 있다는 사실을 발견하고 깜짝 놀랐다. 그런데 더 놀라운 것은 그 아이가 자신과 같은 증상을 가진 수십 명의 사람들, 즉 얼굴을 인식하는 데 평생 어려움을 겪었지만 뇌 손상은 없었던 사람들과 접촉하고 있다는 사실이었다. 그는 발달성 얼굴인식불능증developmental prosopagnosia, DP을 겪는 사람들을 위한 온라인 커뮤니티인 빌 초이서의 웹사이트를 통해 그들을 찾았다.

듀셰인은 금광을 발견한 것만 같았다. 얼굴인식불능증을 가진 수십 명을 찾아냈고, 그들 모두 잠재적인 연구 대상자가 될 수 있었다! 이 발견은 논문을 위한 충분한 연구 자료가 될 뿐만 아니라 그의 경력 전체를 뒤흔들 수 있는 일이었다.

듀셰인이 초이서를 연구하는 동안 대서양 건너편에서도 비슷한 일이 벌어지고 있었다. 2001년, 독일의 유전학자 잉고 케너크네히트는 한 여성에게 전화를 받았다. 그녀는 독일 웹사이트에서 안면인식장애를 겪고 있는 다른 사람들을 발견한 후 자기 스스로를 안

---

* 첫 번째 사례는 1976년에 발견됐다. H. R. McConachie, "Developmental Prosopagnosia. A Single Case Report," *Cortex* 12, no. 1 (1976): 76-82, https://doi.org/10.1016/s0010-9452(76)80033-0.

면인식장애라고 진단했다. 케너크네히트는 듀셰인의 연구에 대해 알지 못했지만, 발달성 얼굴인식불능증이 후천성보다 훨씬 더 많을 것 같다는 예감이 들었다.

케너크네히트는 "전 세계에서 본 것보다 더 많은 사례가 뮌스터에서 반년 만에 발생했습니다."라고 내게 말했다.

2006년 진행된 한 연구에서 케너크네히트와 그의 동료들은 대학생과 의대생 689명을 대상으로 안면인식 능력에 대한 설문 조사를 했다.[8] 그 결과 발달성 얼굴인식불능증 환자 17명을 발견했으며, 이는 2.5퍼센트의 유병률을 나타냈다.

케너크네히트와 듀셰인이 단 몇 년 차이로 발달성 얼굴인식불능증을 발견한 것은 우연이 아니었다. 1990년대 말과 2000년대 초반에 인터넷이 막 성장하기 시작했고, 희귀 질환을 앓는 사람들이 웹의 초기 파워 유저였다. 그들은 서로를 찾아내고 연구자들에게 연락을 취했다. 이런 현상은 오늘날까지도 지속되고 있다.

듀셰인은 나중에 내게 이렇게 말했다. "우리가 접해온 흥미로운 사람들의 사례를 모두 테스트하기에는 인력이 부족합니다. 신경심리학자가 되기에 정말 좋은 시기죠."

현재 듀셰인은 매우 희귀한 장애인 반측성 얼굴변형시증hemi-prosopometamorphopsia, Hemi-PMO을 가진 사람들을 찾고 있다. 반측성 얼굴변형시증은 뇌의 두 반구를 연결하는 섬유 다발이 손상되면서 발생한다. 이 장애를 가진 이들에겐 사람들의 얼굴이 녹거나 부풀어 오르거나 처지는 것처럼 보이는데, 그런 현상이 얼굴의 한쪽 면에서만 나타난다.

듀셰인은 "얼굴이 어느 방향으로 돌아가 있든, 얼마나 멀리 떨어져 있든, 심지어 거꾸로 있어도 그들은 얼굴의 같은 부분에서 왜곡을 인식합니다."라고 설명했다.

이 장애는 뇌가 얼굴을 주변 환경과 분리한 다음 표준화된 틀에 맞추는 과정을 거친다는 것을 시사한다고 듀셰인은 덧붙였다. 이 과정은 현재 보고 있는 얼굴을 저장된 기억과 쉽게 일치시키게 해주며, 많은 컴퓨터 얼굴인식 시스템이 이와 비슷한 방식으로 작동한다. 그러나 컴퓨터와 달리 뇌는 얼굴을 반으로 나누고 그 반쪽을 각 반구로 보내 처리한다. 그런 다음 우측 반구의 방추상얼굴영역에서 양쪽을 다시 합치는 것으로 추정된다. 방추상얼굴영역은 귀 바로 위에 있는 올리브 크기의 뇌 영역으로 얼굴인식에 특화돼 있다. 이것이 현재 듀셰인이 잠정적으로 세운 이론이다.

내가 "정말 복잡한 방식인 것 같네요."라고 말하자, 듀셰인이 "뇌는 이상하죠."라고 응수했다.

넌 아무 문제 없어

추수감사절 이후 첫 토요일, 아빠 쪽 가족들과 함께 해변 콘도를 빌려서 시간을 보내고 있었다. 우리는 남은 음식으로 점심을 배불리 먹었고, 배가 부르니 모두가 졸린 상태였다. 할아버지는 침대를 홀로 쓰고 싶어 했지만, 딩펠더 가족은 사적인 공간을 별로 신경 쓰지 않기에 아빠와 나도 할아버지 옆에 누웠다.

"이런 젠장." 할아버지는 투덜거리다가 이내 잠이 들었다.

"새러소타 여행은 어땠니?" 아빠가 반쯤 속삭이며 물었다. 그는 전처 가족들 험담을 하고 싶어 했고, 나는 그에 가담할 준비가 돼 있었다.

"아론 삼촌이 거기 있었어." 내가 말했다. "삼촌이 할머니 뒷마당에 있는 캠핑카에서 사는 것 같은데, 이웃들은 그 상황을 별로 좋아하지 않는 것 같아."

"그게 허용될 리가 없지." 아빠가 말했다.

"카렌 이모도 뒷마당에 캠핑카를 갖고 있는 것 같아. 삼촌이랑 이모가 시 하수도를 연결하려는 것 같아." 내가 덧붙여 말했다.

"말도 안 돼!" 아빠가 놀라며 외쳤다.

"드르렁 컥컥." 할아버지의 코골이 소리가 잠시 끼어들었다.

"엄청난 일이 있었어." 나는 이야기를 이어나갔다. "내가 카렌 이모를 엄마라고 잠깐 착각한 거 있지!"

나는 주머니에서 휴대전화를 꺼내 사진을 보여줬다.

"이모가 머리를 염색하니 엄마랑 쌍둥이 같더라니까, 그렇지 않아?"

아빠는 내 휴대전화를 곁눈질로 바라보더니 아무 말도 하지 않았다.

"둘이 정말 비슷하지 않아?" 내가 또 물었다.

"카렌은 어두운 머리색이 더 잘 어울리는 것 같아." 아빠는 대화 내용과 전혀 상관없는 엉뚱한 대답을 했다.

잠시 정적이 흘렀다. 나는 내가 참여하고 있는 연구 내용에 대해 아빠한테 말하고 싶었지만, 어떤 반응이 나올지 알 수 없었다.

"아빠는 안면인식장애라는 걸 들어본 적이 있어?" 내가 물었다.

"사람을 잘 알아보지 못하는 건데, 아마도 내가 그런 것 같아."

"넌 아무 문제 없어." 아빠가 웃으며 말했다. "그냥 정신이 멍할 뿐이야."

"이건 정말 심각한 장애라니까." 내가 항변했다. "실은 내가 그 장애를 가지고 있는지 하버드에 가서 몇 가지 테스트를 받아보려고 해."

아빠는 아무 말이 없었다.

"어릴 때 친구 사귀는 게 어려웠던 것도 이 장애 때문일 수 있지." 내가 덧붙여 말했다. "물론 대학에 들어가고 나서 상황이 달라진 걸 생각하면 좀 이상하지만……."

나는 아빠가 무슨 말이라도 해주기를 기다렸다. 마침내 아빠가 입을 열어 소리를 냈다. "드르렁 컥컥." 아빠는 할아버지보다 더 빨리 잠이 들었다.

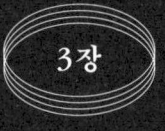

3장

얼굴은 이상하다, 모두 다르다는 점에서

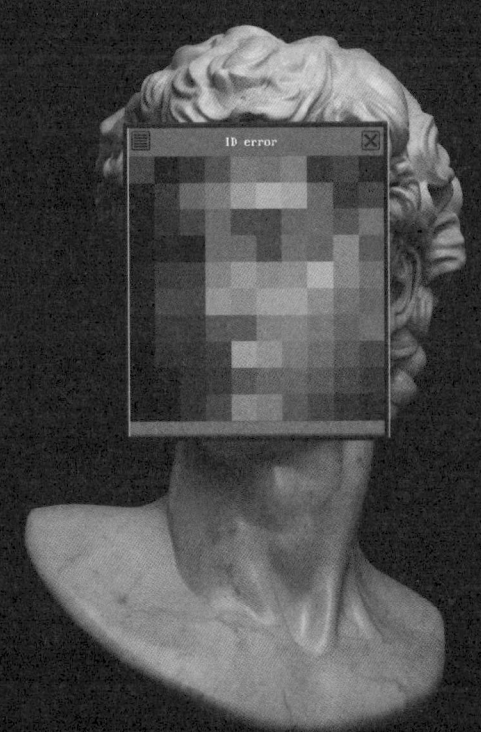

보스턴에 도착한 후, 내 친구 팸이 글쓰기 그룹과의 모임을 마무리하고 있는 카페로 향했다. 바닥부터 천장까지 가죽으로 제본된 책이 빽빽이 꽂힌 서가, 타오르는 벽난로, 사방이 학생들로 가득한 보스턴에 있는 것만으로도 똑똑해지는 기분이 들었다. 그곳은 내 대학 시절을 떠올리게 했다. 게다가 팸 특유의 갑작스러운 큰 웃음소리가 그런 분위기를 더 돋웠다.

팸의 집으로 이동하면서 우리는 근황을 나누며 수다를 떨었다. 팸이 아주 놀라운 소식을 전해줬는데, 우리 대학 친구 중 한 명이 다른 친구의 아내와 함께 도망쳤다는 이야기였다!

"잠깐만, OO가 누구지?" 내가 물었다. "브라운대학교로 편입한 그 작은 금발 아이?"

"아니, 걔는 XX고." 팸이 말했다. "OO는 3층에 살았고, 학교에 말을 타고 온 적이 있잖아."

우리는 계속 이야기를 주고받다가 결국 팸이 휴대전화를 꺼내 한 여자의 사진을 보여줬다. 나는 그 여자가 누구인지 기억나지 않았다.

팸은 내가 대학 때 2년 동안 매일 저녁을 함께 먹은 사람이라고 했다.

"아, 그래, 이제 기억난다." 나는 거짓말을 했다.

대학 생활은 오래전 일이고 예전에 알고 지냈던 사람들을 잊어버릴 수도 있다. 하지만 내가 기억난다고 거짓말을 했다는 건 그 사실을 부끄러워한다는 의미였다. 나는 그 친구를 기억해내야 했다.

팸의 아파트에 도착하자, 그녀의 남자친구가 우리를 맞이해줬다.

"안녕하세요······." 내가 인사했다.

나는 팸의 남자친구를 바로 알아봤다. 그가 컴퓨터와 관련된 일을 한다는 것도 알고 있었고, 한 친구의 크리스마스 파티에서 석유 로비스트를 울렸던 일도 기억이 났다. 그런데 이름이 도무지 생각나지 않았다.

이는 안면인식장애가 아니라 이름을 잘 기억하지 못하는 증상 lethonomia으로, 누구나 일주일에 한 번쯤은 겪을 법한 일이다.[1] 이름을 기억하는 데 어려움을 겪는 이유를 두 가지로 설명하자면, 현대 사회에서는 우리가 기억할 수 있는 양보다 훨씬 더 많은 이름을 기억해야 하고 이름 자체에 별다른 의미가 없기 때문이다. 누군가가 자신이 제빵사라고 말하면 빵, 밀가루, 아침 일찍 일어나기 등 제빵과 관련된 다양한 이미지를 그 사람의 얼굴과 연결할 수 있다. 그런데 누군가가 자신의 이름이 베이커Baker('제빵사'라는 의미 – 옮긴이)라고 말하면, 인지적으로 막다른 길에 부딪히면서 이름을 기억하는 과정이 곧바로 멈춰버리고 만다.

팸의 남자친구 이름은 빙산의 일각에 불과했다. 나는 주문한 피자를 기다리면서 대화를 이어갈 주제를 찾느라 애를 먹었다. 팸이 어디에서 일하는지, 무슨 일을 하는지 기억이 나지 않았다. 가족의 안부를 묻는 것이 좋은 대화 주제가 될 수 있었지만 팸에게 형제자매가 있었는지도, 부모님에 대해서도 전혀 기억할 수 없었다. 팸의 부모님이 여전히 함께 계시는지, 심지어 살아 계시는지조차 기억이 나지 않았다.

친구의 삶에 대해 아무것도 모른다는 사실이 드러나는 건 시간문제였다. 나는 팸의 남자친구에게 물을 달라는 부탁을 하기도 했는데, 당연히 그의 이름을 부르는 게 자연스러운 상황이었다. "저기, 저, 그 물 좀……." 내가 말했다. 정말 어색하기 짝이 없었다! 그냥 내가 직접 가져올 걸 그랬다.

나는 머릿속으로 이름을 알아낼 다양한 방법을 떠올려봤다. 내 운전면허증 사진이 얼마나 형편없는지를 이야기하며 그의 운전면허증을 보여달라고 해볼 수도 있지 않을까? 다른 나라의 이름 짓는 관습에 대해 이야기하는 건 어떨까? 예를 들어, 발리에서는 출생 순서에 따라 이름이 정해진다. 첫째 아들은 와얀Wayan, 푸투Putu, 게데Gede 등으로 불리고 첫째 딸은 니 루Ni Luh라는 이름으로 불린다. 둘째부터 넷째를 위한 이름이 따로 정해져 있고, 다섯째가 태어나면 다시 와얀이나 '또 다른 와얀'이라는 의미인 와얀 발릭Wayan Balik이라고 부른다. 미국인들도 이런 전통을 받아들였으면 좋겠다.

그러면 이름 맞히기가 훨씬 쉬워질 테니까.

발리에 대한 이야기를 꺼내려던 순간 나를 구해줄 동아줄이 보였다. 테이블 위의 우편물을 발견한 것이다.

데이비드David! 대체 이런 이름은 어떻게 기억해야 할까? 남자들의 흔한 이름은 기억하기가 정말 어렵다.

나는 그날 밤 잠자리에 들기 전 어렵게 알아낸 정보를 써먹었다. "잘 자, 팸. 잘 자, 데이비드."

그들의 손님방은 서버실로도 사용되고 있어서 나는 초록색 LED 불빛을 받으며 휴대전화로 나 자신에게 이메일을 적어 보냈다. '팸의 파트너 이름은 데이비드'라고 제목을 적은 다음, '모임에 초대할 사람들'이라는 태그를 붙였다.

그 태그는 오래전에 만들어졌지만, 이제는 친구들에 대한 다양한 정보가 담긴 저장소로 발전했다. '아비가일Abigail에게는 런던과 알링턴에 각각 한 명씩 두 명의 여동생이 있다'라거나 '세레나Serena의 강아지 보고Bogo가 다음 주 무릎 수술을 받을 예정이다'와 같은, 제목만 있고 본문은 없는 이메일로 가득 차 있다. 오랜만에 보는 사람들과는 만나기 전에 이 태그를 확인하곤 한다.

이런 방법이 내가 기억하고 있는지도 몰랐던 기억을 되살릴 해법일까? 사람들이 자기 이름을 말하게 하는 여러 방법을 내가 알고 있다는 것이 이상한 걸까?

나는 정신이 번쩍 들었고, 아낌없이 공유했지만 인기를 얻지 못했던 다양한 내 생활 꿀팁을 떠올렸다.

한번은 중학교 때, 가장 친한 친구 트레이시Tracy가 여분의 생리

대가 있느냐고 물었고 나는 내 해결책을 공유할 기회가 생겨 무척 기뻤다. 여성용품은 여러 가지 문제를 일으켰다. 부모님께 사달라고 부탁하기가 민망하고, 필요할 때 챙기는 것을 기억하기도 어렵고, 학교 복도에 떨어뜨리기라도 하면 큰 망신을 당할 수 있었다.

그 모든 번거로움을 피할 방법이 있으니…… 바로 두루마리 화장지를 둘둘 말아 패드 대신 사용하는 것이다!

"그게 환경에도 더 좋고, 공짜잖아."라고 나는 말했다.

트레이시에게 그 화장지 뭉치 만드는 방법을 보여주겠다고 제안하기도 했다. 그녀가 거절했을 때, 나는 그저 그녀가 새로운 것에 대한 욕구가 부족하다고 생각했다.

데이비드와 팸의 하드디스크 드라이브가 조용히 작동하는 소리를 들으면서 나는 문득 깨달았다. 아무도 내 생활 꿀팁을 사용하지 않았는데, 그런 꿀팁이 필요하지 않아서였다. 흠.

대처 착시

나는 보스턴의 자메이카 플레인 VA 메디컬센터Jamaica Plain VA Medical Center(재향 군인 병원 - 옮긴이)에 있는 작은 방으로 갔다. 그 방에는 연필 끝에 달린 지우개 같은 색깔의 카펫이 깔려 있었다. 당일 아침 나는 담쟁이덩굴로 덮인 하버드 건물에서 검사를 받을 수 없다는 사실에 실망했다. 알고 보니, 드구티스가 보스턴 VA에서도 근무하고 있어 결국 이곳으로 오게 된 것이었다.

연구 조교인 앨리스 리가 묵직한 회색 랩톱을 내 앞에 놓아주었고, 나는 곧바로 여러 가지 테스트를 수행했다. 그중에는 이미 받아본 케임브리지 얼굴 기억 테스트도 포함돼 있었다. 이번 테스트에는 무표정한 남자 대학생들의 사진이 가득 담겨 있었다. 그다음에는 벤톤 얼굴 재인 검사Benton Facial Recognition Test가 있었는데, 여러 각도에서 찍힌 사진이나 극단적인 조명 조건에서 촬영된 사람들의 얼굴을 맞히는 테스였다. 또 다른 테스트는 떨어져 있는 입술, 눈, 코를 보여주고 나서 그것들이 어떤 얼굴에 속하는지 식별하는 것이었다.

모든 테스트가 어려웠지만 문제가 너무 어려운 나머지 지시 사항조차 이해할 수 없는 테스트도 있었다.

당신은 다음 지시 사항이 이해가 되는가?

여섯 개의 얼굴을 주어진 얼굴과 가장 닮은 얼굴에서부터 가장 덜 닮은 얼굴 순으로 나열해보세요.

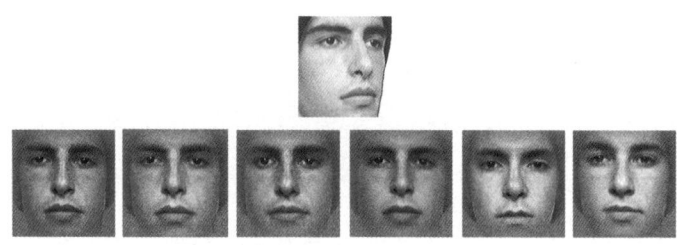

과일 한 바구니를 외향적인 정도에 따라 나열해달라는 요청을 받은 것만 같은 기분이 들었다. 정말 어이가 없었다.*

---

*   놀랍게도, 이미 나란히 정렬돼 있다!

"제가 뭘 해야 하는지 모르겠어요." 내가 투덜거렸다.

"이건 어려운 테스트예요." 앨리스가 차분하게 말했다.

테스트가 거의 끝나갈 무렵, 화장실에 다녀오고 싶어졌다. 앨리스가 화장실 가는 길을 알려줬지만, 돌아올 때 길을 잃고 말았다. 나는 아무 생각 없이 '항상 좌회전'이라는 미로 규칙을 따르기 시작했다.

한 층 전체를 이리저리 돌아다니다가, 내가 길을 잃는 것에 너무 익숙해져 이제는 거의 신경조차 쓰지 않는다는 사실을 깨달았다.

가만히 생각해보면, 나는 각종 모호한 상황을 이상할 정도로 잘 견디는 편이다. 내가 지금 어디에 있는지, 정확히 무엇을 해야 하는지, 누구와 이야기하고 있는지 모르는 상황을 자주 마주하곤 한다. 이는 다른 사람들에게는 꽤 당황스러운 상황일 것이다. 결혼식 당일 아침 결혼식장에 정확히 어떻게 가야 하는지 잘 모르겠다고 고백했을 때, 남편 스티브가 너무 놀라 방방 뛰던 기억이 난다. 나는 "제발 숨 좀 고르고, 진정해줄래?"라고 말했다. 내가 통제광과 결혼하는 건 아닐까 싶기까지 했다.

인식불능, 즉 인식하지 못함은 내 전문 분야다. 나는 내가 아는 사람 중 가장 불가지론적인 사람이다.

한 젊은 여자가 문밖으로 얼굴을 내밀며 내 이름을 불렀다. 그녀는 금발이었는데 앨리스의 머리색은 어두운 편이었다. 적어도 내 기억으로는 그랬다. 물론 틀릴 수도 있다.

"세이디?" 그녀가 확인하듯 물었다.

"안녕, 잘 지냈어?" 나는 마치 오랜 친구를 만난 것처럼 따뜻하게 인사를 건넸다.

"전 애나Anna예요." 그녀가 말했다. "앨리스는 수업에 가야 해서 제가 대신 왔어요."

이런, 난 또 누군가 했네.

"너무 오래 걸려서 미안해요." 내가 말했다. "길을 잃었어요."

"아, 네. 아주 흔한 일이에요……." 그녀가 말끝을 흐리며 말했다.

"안면인식장애를 가진 사람들에게요?" 내가 물었다.

"많은 사람한테요." 애나가 말했다. "여기 구조가 좀 복잡해서 헷갈리거든요."

애나는 그저 친절하게 말한 거였다. 나중에 알게 된 사실이지만, 지형인식불능증topographical agnosia이 안면인식장애와 함께 나타날 확률은 약 29퍼센트다. 이런 결과는 아마도 방추상얼굴영역이 익숙한 장면을 인식하는 뇌 부위인 해마곁장소영역parahippocampal place area 바로 옆에 있다는 사실과 관련이 있을 것이다.

신경발달장애는 쥐와 같다. 한 마리가 눈에 띄면 보이지 않는 수십 마리가 있다는 뜻이다. 예를 들어, 빌 초이서도 말을 잘 알아듣지 못하는 청각 처리 기능 장애를 겪었다. 안면인식장애를 가졌던 예술가 척 클로즈Chuck Close는 난독증도 있었다. 자폐증을 겪는 사람들 중 약 36퍼센트가 얼굴인식불능증을 가지고 있다.[2] 그러나 연구자들은 자폐증을 겪는 사람들은 안면인식장애 연구에서 제외하는 경우가 많다. 그 이유는 자폐증과 관련된 안면인식장애가 다른 형태의 안면인식장애와 발달 경로가 다를 수 있다고 여기기 때문이다(이런 가정이 옳은지에 대해서는 여전히 논란이 있다).

뇌 손상으로 후천적 얼굴인식불능증이 발생한 사람들 사이에는 적어도 두 가지 하위 유형이 있다. 바로 인식적apperceptive 얼굴인식불능증과 연상적associative 얼굴인식불능증이다. 인식적 얼굴인식불능증은 얼굴을 처리하는 첫 단계에서 발생한다. 이 단계에서는 뉴런neuron(신경계와 신경조직을 이루는 기본 단위로 '신경세포'라고도 한다-옮긴이)이 얼굴을 인식하고 자신이 보고 있는 것을 의미 있는 신경 활동 패턴으로 변환하는 역할을 한다. 이 능력은 케임브리지 얼굴 인식 테스트Cambridge Face Perception Test, CFPT로 측정된다. 앞서 언급한, 내가 이해하기조차 어려웠던 지시 사항에 따라 얼굴을 순서대로 나열하는 테스트다.

얼굴을 인식할 수 있다고 하더라도 다음 단계, 즉 저장된 얼굴 이미지를 회상하며 현재 보고 있는 사람과 비교하는 과정에서 어려움을 겪을 수 있다. 이 능력은 케임브리지 얼굴 기억 테스트CFMT로 측정된다. 앞서 소개한, 내가 58퍼센트라는 낮은 점수를 받았던 테스트다. 만약 당신이 CFPT에서 높은 점수를 받았지만 CFMT에서 낮은 점수를 받았다면 연상적 얼굴인식불능증을 가지고 있는 것이다.

인식적 얼굴인식불능증은 주로 뇌 뒤쪽에서 발생한 손상으로 나타나는 반면, 연상적 얼굴인식불능증은 보통 눈에 더 가까운 뇌 부위의 손상으로 발생한다. 이는 시각 정보가 눈을 떠나 후두엽occipital lobe이라고 불리는 머리 뒤쪽으로 전달되기 때문이다(라틴어로 '후두occipital'는 '뒤통수'를 의미한다). 시각 정보는 후두엽에서 다시 눈 쪽으로 조금씩 앞으로 이동한다. 이 과정에서 단계마다 정신적 표상이 점점 더 정교해지면서 점에서 선으로, 사물로, 개념으로 발전한다.

또 다른 유용한 분류 방식은 발달성 얼굴인식불능증의 지각적 결함을 기반으로 한다. 신경발달이 전형적인 사람들은 얼굴이 정방향일 때보다 위아래로 뒤집혔을 때 식별하는 데 훨씬 더 어려움을 겪는다. 얼굴 반전 효과face-inversion effect라고 불리는 이 현상은 대부분의 인간이 얼굴을 개별 부분의 집합이 아닌 전체로 인식한다는 것을 보여주는 증거로 여겨지고 있다. 최근 한 연구에서는 이 반전 효과에 영향을 받지 않는 발달성 얼굴인식불능증의 하위 그룹이 발견됐다.[3] 그들은 방향이 어떻든지 간에 얼굴을 식별하는 능력이 동일하게 좋거나 나쁜데, 이는 얼굴 특징을 하나하나 살펴보고 그것들이 어떻게 조화를 이루는지에는 주의를 기울이지 않음을 시사한다.

일반적으로 안면인식장애를 가진 사람들이 얼굴을 어떻게 보는지 알고 싶다면, 유명인의 사진을 찾아 거꾸로 돌려보면 된다. 얼굴의 특징들은 여전히 선명하게 남아 있지만, 정방향일 때처럼 한데 어우러져 보이지는 않을 것이다. 심지어 평소 쉽게 알아볼 수 있는 유명인도 거꾸로 뒤집어보면 알아보기 어려울 수 있다.

이것이 의미하는 바는 자명하다. 당신이 유명인이고 사람들 몰래 여행을 하고 싶다면 물구나무를 선 채로 걸으면 된다.

1980년에 요크대학교의 심리학 교수 피트 톰프슨Pete Thompson이 얼굴 반전 효과와 관련된 소름 끼치는 왜곡을 발견했다. 톰프슨은

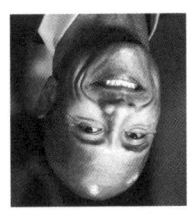 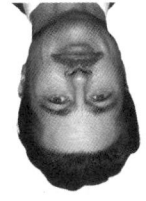 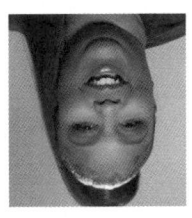 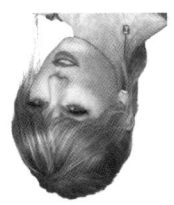

수업 시연을 위해 유명인의 얼굴 사진을 출력해야 했다. 그는 지역 보수당 사무실에 들러 최근 성공적인 결과를 거둔 마거릿 대처 총리의 선거 캠페인 포스터를 가져왔다.

  집으로 돌아온 톰프슨은 대처의 눈과 입을 오려서 거꾸로 뒤집어 붙였다. 그 결과는 무척 기괴했다. 그런데 그가 잠시 테이프를

3장 얼굴은 이상하다, 모두 다르다는 점에서

가지러 다른 방에 갔다가 돌아왔을 때, 변형된 대처의 얼굴이 꽤 정상적으로 보이는 것에 놀랐다. 적어도 얼굴을 거꾸로 볼 때는 그랬다. 다시 정방향으로 보면 대처의 얼굴은 다시 기괴해졌다.

'대처 착시Thatcher Illusion'라고 불리는 이 현상은 인간이 정방향의 얼굴을 얼마나 잘 인식하는지를 보여주며, 조금이라도 이상한 점이 있다면 바로 알아차릴 수 있음을 증명한다.[4] 하지만 거꾸로 된 얼굴을 볼 때는 눈이 거꾸로 뒤집힌 것과 같이 분명히 이상한 점조차 인식하는 데 시간이 걸린다.

톰프슨이 이런 발견을 발표한 이후 두 가지 재미있는 소문이 돌았다. 하나는 대처가 대학 예산을 대폭 삭감한 것에 화가 나서 대처의 얼굴을 망가뜨렸다는 것이고, 다른 하나는 이 착시 효과가 대처의 얼굴에서만 나타난다는 것이었다. 그러나 둘 다 사실이 아니다.

톰프슨은 내게 이렇게 말했다. "저는 대처를 좋아하지 않았지만, 그 사실과 이 착시 효과는 아무 관련이 없습니다. 순전히 우연이었죠. 당연히 이 착시 효과는 다른 사람의 얼굴에서도 나타납니다."

얼굴은 이상하다, 모두 다르다는 점에서

아침에 VA 메디컬센터에 서둘러 가느라 평소 즐겨 마시던 아이스티를 마음껏 마시지 못했다. 그 때문인지 내내 편두통을 느꼈고, 팸의 집으로 돌아가는 길에는 결국 그 증상이 극심하게 나타났다. 나는 눈도 제대로 뜨지 못한 채 간신히 버스를 찾아 탔다. 한 여자가 내 옆자리에 앉았는데, 그녀의 얼굴이 헐거운 가면처럼 늘어져 보였다. 통로 반대편에는 애벌레 같은 눈썹에 입술이 지나치게 두꺼운 나이 든 남자가 앉아 있었다. 나는 더없이 사랑스러운 아이를 바라보다가 기괴할 정도로 큰 그 아이의 눈에 깜짝 놀라는 나 자신을 발견하고 나서야 문제는 그들이 아니라 내게 있다는 사실을 깨달았다. 어떤 단어 하나를 반복해서 말하다 보면 점점 이상하게 들리는 경험을 해본 적이 있는가? 내게 바로 그런 일이 일어나고 있는 것 같았다. 종일 사람들의 얼굴을 보고 있어서 그런지 이제는 모든 얼굴이 이상해 보였다.

불안하기는 했지만 적어도 내 곁에 있는 승객들이 그들의 반려견 얼굴로 바뀌진 않았으니 다행이었다.

휴대전화를 켜자 두 명의 앤이 보내온 메시지가 가득 차 있었다. 두 사람 모두 내가 생각했던 것보다 훨씬 더 외곽에 살고 있었다. 그들을 만나려면 드문드문 운행되는 통근 열차를 타야 할 뿐 아니라, 그들 중 누군가가 나를 데리러 올 시간이 있는지도 확실하지 않았다. 두 앤을 만나기가 어렵겠다는 생각이 들었다.

그런데 솔직히 말하자면, 내가 이런저런 변명거리를 만들어내고 있는 것 같았다. 그들의 삶에 대해 기억나는 것이 전혀 없었다. 직업이나 자녀의 이름, 심지어 자녀가 몇 명인지도 몰랐다. 우리가 무슨 이야기를 나눌 수 있을까? 대학 시절을 추억할 수도 없었다. 모두 잊어버렸으니까!

내 기억력은 도대체 왜 이런 것일까? 안면인식장애와 관련이 있을까, 아니면 또 다른 문제가 있는 걸까? 나는 이 문제에 대해 드구티스에게 물어봐야겠다고 생각했고, 기억하지 못할 게 뻔하니 그 내용을 손에 적어뒀다.

팸의 집에 도착한 나는 타이레놀 두 알을 먹고 600밀리리터짜리 다이어트 콜라 한 병을 들이킨 후 잠깐 낮잠을 잤다. 한 시간 후, 편두통은 사라졌고 내 삶에 대한 전망도 훨씬 밝아졌다. 메건 마클Meghan Markle에 대한 뉴스를 확인하기 위해 휴대전화를 들여다보는데, 이제 더는 사람들의 얼굴이 괴물처럼 보이지 않아 기뻤다. 휴.

그런데 이제 궁금한 점이 생겼다. 사람들의 얼굴이 정말 이상하게 생겼을까?

한참 동안 인터넷 검색에 빠져 내가 얻어낸 답은 '그렇다'였다.

다른 동물들은 우리가 무척 이상해 보일 것이다. 우리는 여우처럼 얼굴을 팽팽하게 유지해주는 강한 턱 근육이 필요하지 않기 때문에 입 주변이 느슨하고 고무처럼 늘어져 있다. 이는 우리가 말을 하기 위해 적응해온 결과다. 다른 동물들은 눈이 전체적으로 어두운 반면, 우리의 눈은 흰자가 많아서 다른 사람들이 어디를 보고 있는지 추측할 수 있다.[5] 그리고 우리에게는 털로 덮여 있고 움직일 수 있는 눈썹이 있다. 미세한 얼굴 근육의 움직임을 증폭시켜 감정을 전달하기 위해 이렇게 진화했을 것이다.

그렇다면 인간의 얼굴에서 가장 이상한 점은 무엇일까? 바로, 모두 다르다는 것이다.

어떤 사람들은 작은 단추 같은 코를 갖고 있는 반면, 어떤 사람들은 큰 로마식 코를 갖고 있다. 입술만 봐도 거의 보이지 않을 정도로 얇은 입술부터 도톰한 큐피드의 활 모양을 한 입술까지 다양하다. 깊이 들어가 있는 눈도 있고, 튀어나온 눈도 있다. 그리고 얼굴을 구성하는 요소들이 촘촘히 모여 있는가 하면 넓게 퍼져 있기도 하다.

이는 다른 동물들의 얼굴에서 발견할 수 있는 것보다 훨씬 더 다양한 모습이다. 특정 종을 차별하는 것은 아니지만, 펭귄들은 자기들끼리도 구별하기 어려울 정도로 정말 다 비슷하게 생겼다.[6]

흥미롭게도 고대 인류의 얼굴은 비슷했다. 약 60만 년 전이 돼서야 얼굴이 점차 서로 달라지기 시작했다.[7] 그 이유는 아직 정확히 밝혀지지 않았지만, 한 가설에 따르면 새로운 유형의 사회구조, 즉 분열-융합 사회fission-fusion society의 발전과 관련이 있다고 한다. 분열-융합 사회에서는 집단의 구성원이 유동적이며 끊임없이 변화하기 때문에 동물들은 오랜 기간에 걸친 수많은 관계를 기억해야 한다. 예를 들어 장기간 집을 떠났던 이웃이 돌아오면, 서로의 이익을 위해 이전의 우정을 계속 이어나갈 필요가 있다. 매우 개별화된 얼굴과 이를 기억하는 데 특화된 뇌 모듈의 진화는 초기 인류가 점점 복잡해지는 사회적 환경을 잘 헤쳐나가는 데 도움이 됐을 수도 있다.

아니면 단순히 우리에게 특이한 것을 좋아하는 취향이 생겼을 수도 있다. 연구자들은 남성들에게 주로 금발의 여성들로 구성된 슬라이드쇼를 보여주면 갈색 머리 여성이 더 높은 점수를 받게 되고, 그 반대의 경우에도 마찬가지의 결과가 나온다는 사실을 발견했다.[8] 이런 속임수는 여성들이 수염이 있는 남성들과 면도를 한 남성들을 평가할 때도 유효하게 작용했다.[9]

그러나 매력적인 수염을 가진 남성들을 제외하면 인간의 얼굴은 다른 동물들의 얼굴보다 털이 훨씬 적은 편이다. 이는 부분적으로 우리의 얼굴이 과거에 엉덩이가 하던 역할을 대신하게 됐기 때문일 수도 있다. 즉 성적 관심을 나타내기 위해 얼굴에 홍조를 띠는 것이다. 실제로 많은 영장류의 엉덩이는 짝짓기할 준비가 됐다는 신호를 알리기 위해 붉어지고 부풀어 오르기도 한다. 네덜란드 라이덴대학교의 심리학 교수 마리스카 크렛Mariska Kret은 우리 조상이 직립 보행을 시작하면서 그 신호가 눈높이에 맞게 위쪽으로 이동했을 가능성이 있다고 말한다.

많은 영장류는 엉덩이만 보고도 다른 개체를 식별할 수 있으며, 크렛 교수는 엉덩이가 얼굴보다 먼저 친구를 식별하는 가장 좋은 방법이었을 가능성이 있다고 믿는다. 그렇다면 인간의 얼굴은 원숭이의 엉덩이를 닮도록 진화했다는 뜻이 된다(더 정확히 말하자면, 원시인의 엉덩이를 닮았다고 할 수 있다).

만약 그 유사성이 보이지 않는다면, 다른 영장류의 하반신을 충분히 살펴보지 않았기 때문일 수도 있다. "엉덩이와 얼굴은 항상 드러나 있고, 붉어지며, 양쪽이 대칭을 이루고 대비가 뚜렷하다는 특징을 지니고 있어요."라고 크렛은 말했다.

크렛과 그녀의 동료 마사키 토모나가Masaki Tomonaga는 이 가설을 뒷받침해줄 증거를 수집했다. 침팬지가 엉덩이를 보는 방식이 인간이 얼굴을 보는 방식과 비슷하다는 것, 즉 전체적으로 인식한다는 점에서 비슷하다는 이야기다.[10]

크렛과 토모나가는 실험을 위해 인간과 침팬지의 '항문 생식 부위', 발, 얼굴 사진을 찍었다. 크렛이 인간의 사진을 담당했고, 사진

촬영을 위해 깔끔히 제모한 여성 지원자를 찾아야 했다(크렛은 "이 연구가 생명윤리위원회IRB의 승인을 받았다는 게 믿기지 않아요."라고 말했다). 토모나가는 침팬지 사진을 담당했다. 다음으로 두 과학자는 침팬지와 인간에게 이 신체 부위들 중 하나를 보여주고 터치스크린에서 동일한 사진을 찾게 했다.

두 종 모두 얼굴 매칭에는 뛰어났지만 발을 매치하는 데는 서툴렀다. 그러나 침팬지와 인간을 구분 짓는 것은 엉덩이를 매치하는 작업이었다. 침팬지들은 인간들보다 엉덩이 매칭에서 월등한 실력을 보였는데, 정방향으로 보이는 엉덩이보다 거꾸로 뒤집혀 보이는 엉덩이를 매치하는 데는 어려움을 겪었다. 반면에 인간은 엉덩이가 보이는 방향과 관계없이 엉덩이 매칭 속도가 똑같이 느렸다.

"침팬지는 인간이 얼굴을 처리할 때처럼 개별적인 특징이 아닌 전체를 보고 처리합니다."라고 크렛은 설명했다.

어느 시점에 우리의 영장류 조상은 엉덩이를 식별하는 특수한 능력을 잃었지만, 그 대신 우리는 얼굴을 처리하는 데 뛰어난 능력을 갖추게 됐으며 이런 능력의 기초는 우리 뇌에 내재해 있다. 연구자들은 임신부의 배에 조명을 비춰 8개월 된 태아가 얼굴 모양의 패턴(선 위에 두 개의 점이 있는 형태)에 반응하고 이를 추적하며, 같은 패턴이 거꾸로 뒤집혔을 때는 무시한다는 사실을 발견했다.[11] 이는 우리가 태어날 때부터 얼굴인식에 대한 기본적인 틀을 갖추고 있음을 시사한다.

하지만 얼굴인식 능력을 정교하게 다듬는 일은 평생에 걸친 연습이 필요하다. 예를 들어, 생후 6개월 된 영아는 인간의 얼굴과 침팬지의 얼굴을 모두 잘 구별한다. 생후 9개월이 되면 침팬지 얼굴을 구별하는 능력은 잃지만, 인간 얼굴을 인식하는 능력은 향상된다.[12] 이런 지각 좁히기perceptual narrowing 현상은 인종에 대해서도 나타난다. 신생아들은 다양한 인종의 얼굴을 인식하는 데 능숙하지만, 생후 3개월이 지나면 자주 접하지 못하는 얼굴을 구별하는 데는 어려움을 겪기 시작한다.[13] 이것이 바로 '타인종 효과other-race effect'로, 사람들이 (말로 표현하지는 않더라도) 다른 인종 사람들이 모두 비슷해 보인다고 생각하게 되는 현상을 말한다. 과학자들은 다양한 얼굴 사진을 영유아에게 보여주는 것만으로도 이 효과를 되돌릴 수 있다는 사실을 발견했다.[14] 하지만 타인종 효과를 완전히 극복하려면 아기가 30대가 될 때까지, 즉 인간의 얼굴인식 능력이 절정에 이르는 시기가 될 때까지 이런 노력을 지속해야 할 수도 있다.[15]

우리가 타고난 얼굴인식 능력은 얼굴을 식별하는 정교한 기술을 익히는 데 큰 도움을 주지만, 이상한 오류를 일으키기도 한다. 예를 들어 피망 더미 속에서 비명을 지르는 얼굴 모양을 발견하고 놀라거나 전기 콘센트가 심각한 표정으로 나를 바라보는 듯하다는 느낌을 받은 적이 있다면, 파레이돌리아pareidolia라고 알려진 착시 현상을 경험한 것이다. 진화론적 관점에서 볼 때 얼굴이 없는데 얼굴이 있다고 착각하는 것보다 실제 얼굴을 놓치는 것이 훨씬 더 위험하기 때문에, 우리의 시각 시스템은 민감하게 반응하는 경향이 있다. 흥미롭게도, 착시 현상을 통해 본 가짜 얼굴은 실제 얼굴과 마찬가지로 우리의 방추상얼굴영역을 활성화한다.[16] 그리고 우리는 본능적으로 그 가짜 얼굴이 어떤 감정을 느끼고 있는지 파악

하려고 한다.[17]

인간이 얼굴 패턴이 보이는 파레이돌리아를 경험한다면, 침팬지는 엉덩이 패턴이 보이는 파레이돌리아를 경험하는 걸까? 침팬지들도 지나가는 구름이나 뒤엉킨 덩굴에서 영장류의 아랫도리를 보는 걸까? 내가 크렛에게 물어봤을 때, 그녀는 그냥 웃기만 했다. 나는 그 웃음을 '그렇다'라는 의미로 받아들였다.

제가 안면인식장애인가요?

나는 VA 메디컬센터 11층을 다시 방문했고, 이번에는 길을 잃지 않았다. 애나나 앨리스 중 한 명이 데리러 오기를 기다렸지만, 둘 다 어떻게 생겼는지 잘 기억이 나지 않았다. 의자가 없어서 바닥에 쪼그려 앉아 내 앞을 지나가는 긴 머리의 젊은 여성들에게 따뜻한 미소를 보냈다. 그중 한 명이 나를 경계하는 눈빛으로 바라봤다. 지금까지 내가 얼마나 많은 사람을 불편하게 했을지 궁금하다.

10분쯤 지나서 애나에게 이메일을 보냈더니, 내가 층을 잘못 찾았다고 알려줬다. 12층으로 올라가 그녀를 만났고, 우리는 복도를 따라 내려가 드구티스와의 약속 장소로 향했다. 드구티스는 이 연구의 수석 과학자다(내게는 마치 고문이라도 할 사람처럼 여겨지지만).

젊고 건장한 체격의 드구티스가 의자에서 일어나며 와줘서 고맙다고 인사를 건넸다. 나중에 fMRI 뇌 스캔을 하기 위해 그를 다시 찾아야 하기에, 잘생겼지만 조금 늑대 같은 인상의 그 얼굴을 기억하려고 노력했다.

"그래서, 제가 안면인식장애인가요?" 내가 불쑥 질문을 던졌다.

드구티스는 "경도에서 중등도의 얼굴인식불능증인 것 같습니다."라고 답했다. 드구티스는 실험에 대해 너무 많은 정보를 알려주면 결과에 영향을 미칠 수 있다며 자세한 설명은 피했다. "실험이 모두 끝나면 궁금해하시는 것을 모두 알려드리겠습니다."

대화를 나누면서 나는 왜 얼굴인식불능증에 대한 연구가 이렇게 많은지 이해하기 시작했다. 대부분 과학자는 이 장애를 치료하거나 완치할 목적으로 연구하는 것이 아니다. 오히려 그들은 객체인식이라는 훨씬 더 큰 문제를 해결하고자 한다.

예를 들어, 놀라울 정도로 정의하기 어려운 의자라는 카테고리를 생각해보자. 정말 다양한 의자가 존재하지 않는가! 어떤 의자는 가볍고 휴대하기 쉬운 반면, 어떤 의자는 크고 무겁다. 대개는 팔걸이나 머리받침 같은 기능을 갖췄지만 필수적인 요소는 아니다. 그런데도 우리는 의자를 보면 바로 인식할 수 있다. 우리의 뉴런이 의자에 대해 어떤 이상적인 이미지를 저장하고 있는 걸까? 그 이미지 속 의자가 우리가 지금까지 본 모든 의자의 평균일까? 우리는 어떻게 다양한 각도나 특이한 조명 아래에서도 의자를 인식할 수 있는 걸까?

많은 얼굴인식불능증 연구자가 의자와 같은 물체를 인식하는 과정에 대해 연구하고 있지만, 최근까지 우리는 뇌의 어느 부위에서 이런 현상이 일어나는지는 알지 못했다.* 하지만 얼굴인식이 뇌의 어느 부위에서 이뤄지는지는 알고 있다. 바로 우반구의 방추상

---

* 이 문제를 연구 중인 도리스 차오 Doris Tsao 에 대해서는 뒤에서 다룰 것이다.

얼굴영역이다. 이 정보를 통해 신경과학자들은 개별 방추상얼굴영역 뉴런의 역할을 이해하고, 그 뉴런이 다양한 유형의 얼굴에 어떻게 반응하는지 연구하는 것과 같은 멋진 일을 할 수 있다.

"과학적 관점에서 볼 때, 안면인식은 뇌에서 일어나는 일 중 우리가 가장 자세히 알고 있는 것에 속합니다."라고 드구티스가 말했다.

대부분의 얼굴인식 연구는 기초과학이라는 명목으로 수행되지만, 그 과정에서 몇 가지 잠재적인 치료법이 발견되기도 했다. 예를 들어 드구티스는 사람들이 비슷한 얼굴을 어떻게 구분하는지를 연구하던 중, 실험에 사용된 자극(컴퓨터로 얼굴의 특징을 조금씩 다르게 조정해 생성한 얼굴 이미지)을 훈련 프로그램으로 전환할 수 있다는 사실을 깨달았다. 그는 친구의 친구를 대상으로 이 프로그램을 테스트해봤는데, 그 효과에 깜짝 놀랐다.

드구티스는 이렇게 회상했다. "저는 속으로 '맙소사!'라고 외쳤습니다. 실제로 우리가 누군가에게 도움을 줬을지도 몰라요!"

인터뷰가 끝나갈 무렵, 나는 지극히 이론적인 질문으로 들리기를 바라며 슬쩍 물었다.

"얼굴을 기억하는 것이 '사람'을 기억하는 것과 관련이 있나요? 예를 들어, 안면인식장애를 겪고 있는 다른 사람들도 친구의 남자친구 이름을 기억하는 데 어려움을 겪나요?"

"그런 어려움을 호소하는 사람이 많지는 않아요." 드구티스가 답했다. "하지만 어디서 자랐고 무엇을 전공했는지와 같은 개인 신상 정보를 기억하는 데 얼굴이 중요한 역할을 한다는 증거는 있습니다. 얼굴을 기억하지 못하면 그런 정보를 기억해내기가 어려울 수도 있어요."

더없이 반가운 소식이었다. 나쁜 인간이 되는 것보다 신경학적 장애를 가지고 있다는 결론이 훨씬 낫지 않은가.

나에게 부족한 점이 많다는 것을 점점 더 절실히 깨달아가던 와중에 내가 정말 잘하는 한 가지가 있다는 사실이 떠올랐다. 보스턴을 떠나기 전에 그것을 보여줄 생각에 나는 신이 나 있었다.

"절대 움직이지 말고 가만히 있어야 합니다." fMRI 방사선사가 말했다. "움직이지 마세요."

"알겠습니다." 내가 답했다. 자랑할 만한 것은 아니지만, 아무것도 하지 않는 것이라면 자신 있었다.

나는 기계에 누워 어두운 터널 속으로 미끄러져 들어갔다.

"괜찮으세요?" 방사선사가 물었다. 나는 괜찮다는 신호를 보내기 위해 공을 잠깐 쥐었다.

내게 주어진 임무는 영화를 보는 것이었는데, 내용이 그렇게 흥미롭지는 않았다. 별다른 줄거리 없이 어린아이의 팔꿈치, 시골길을 달리는 모습, 주차장에서 튀어 오르는 공, 살찐 다리, 반쪽짜리 얼굴 등 흔들리는 장면들만 연속적으로 나왔다. fMRI 기계는 딸깍거리는 소리와 윙윙거리는 소리가 적절히 어우러진 전위적인 사운드트랙을 제공했다.

나는 기계적인 목소리에 깜짝 놀라며 정신을 차렸다. "아직 깨어 있다면 공을 꽉 쥐세요." 나머지 90분 동안 손톱으로 손바닥을 꾹꾹 누르면서 계속 깨어 있으려고 애를 썼다.

마침내 영화가 끝나고, 기계 밖으로 나왔다.

"검사하는 내내 꼼짝도 하지 않고 가만히 계셨네요." 방사선사가 감탄하며 말했다. "모든 사람이 당신처럼만 잘했으면 좋겠어요!"

"별말씀을요." 나는 겸손하게 말했다.

fMRI 검사가 끝나자 택시를 타고 로건 공항으로 가서 비행기를 타고 워싱턴 D.C.로 돌아왔다.

"왜 이렇게 일찍 왔어?" 스티브가 물었다. "옛 친구들 많이 만날 생각 아니었어?"

"글쎄, 나도 잘 모르겠어." 나는 한숨을 쉬며 말했다. "그냥 그럴 기분이 아니었어."

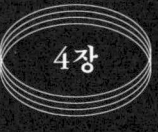

4장

얼굴인식에 특화된 초인식자들의 뇌

집에 돌아온 다음 주 월요일, 약국에 들렀다가 인사말 카드 코너에서 어디서 본 듯한 여성이 내게 미소 짓는 것을 발견했다. "안녕하세요, 오랜만이네요." 내가 인사를 건넸다. 이건 내가 정말 좋아하는 인사말 중 하나다. 우리가 마지막으로 언제 만났는지를 상대가 말하도록 유도하기 때문이다.

카드를 고르고 있던 그 여성이 나를 완전히 무시하자, 나는 그녀 뒤에 있는 사람에게 말하는 척하며 "나중에 얘기해요!"라고 밝게 말했다.

내가 얼굴인식불능증을 가지고 있다는 증거는 점점 쌓여가고 있지만, 나는 그 사실을 인정할 수 없었다. 물론 드구티스는 내가 '경도에서 중등도'의 안면인식장애일 수 있다고 했지만, 그 정도면 정상 범위에 속한다고 말할 수 있지 않을까? 어쨌든 그 결과는 실험이 끝나야 정확히 알 수 있을 것이다.

나는 스스로 '거의 정상'이라고 생각했고, 그 믿음은 안면인식장애 페이스북 그룹에 가입해 실제로 고통받는 많은 사람의 이야기를 접하면서 더욱 확고해졌다. 어떤 엄마는 학교에서 남의 아이를 집으로 데려오게 될까 봐 두려움에 떨었고, 또 어떤 엄마는 아이의 선생님을 알아보지 못하는 바람에 나쁜 부모라는 소문과 싸우고 있었다. 좋아하는 사람을 술집에서 마주쳤는데 알아보지 못해서 냉대를 받게 된 남자도 있었다. 또 휴대전화를 도난당한 한 여성은 용의자 중에서 도둑을 지목하지 못해 지역의 웃음거리가 되고 말았다.

가장 충격적인 건 스토커를 알아볼 수 없는 여성들의 이야기였다. 그들은 보이지 않는 위협에서 자신을 보호할 수 없어 항상 불안에 시달린다고 설명했다. 정말 악몽 같은 상황이라는 생각이 들었다. 나는 평균에 조금 못 미치는 수준이니 그나마 다행이었다.

그로부터 얼마 후 앨리스에게 드구티스의 얼굴인식 훈련 프로그램에 참여할 것을 요청하는 이메일을 받았을 때 나는 조금 당황했다. 이런 제안을 받았다는 건 내가 정말 안면인식장애를 가지고 있다는 뜻일까? 난 그저 비교 대상 중 한 명인지도 몰라. 아마도 나는 대조군 중 한 명일 거야.

"물론이죠!" 나는 답장을 보냈다.

앨리스는 내가 침대에서 편안하게 테스트 웹사이트에 로그인할 수 있도록 지침을 보내줬다. 안내서에는 격자 형태로 구성된 열 개의 얼굴을 보게 될 것이라고 설명돼 있었다. 사실 그 얼굴들은 동일한 얼굴의 특징 중 일부를 미세하게 조정해 만든 변형된 얼굴이었다. 지그재그 선을 기준으로 동일한 얼굴들이 두 그룹으로 나뉘어 있었다. 카테고리 1에 속하는 얼굴들은 눈과 입이 더 멀리 떨어져 있고, 카테고리 2에 속하는 얼굴들은 이목구비가 더 조밀하게 모여 있었다. 내 임무는 어떤 얼굴이 카테고리 1에 속하고 어떤 얼굴이 카테고리 2에 속하는지 기억하는 것이었다. 주어진 과제가 좀 이상하기는 했지만, 드구티스가 이전에 발표한 연구 논문을 살펴본 나는 그것이 얼굴의 두드러진 특징에 집중하고 미묘한 차이를 바로바로 구분하는 법을 가르쳐주는 훈련임을 알고 있었다.

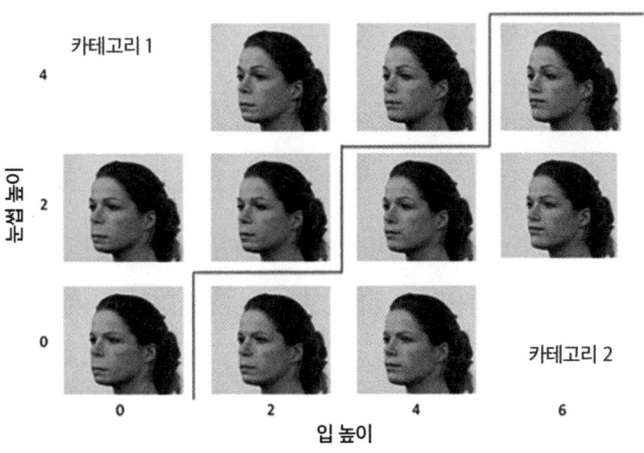

격자 형태로 된 이미지를 15분 동안 자세히 살펴본 후 시작 버튼을 누르자 얼굴들이 빠르게 지나가기 시작했다. 나는 각 얼굴이 어느 그룹에 속하는지 1초 안에 결정해야 했고, 결국 무작위로 답을 선택하고 있었다.

두 번째 라운드에서는 손톱을 사용해 이목구비 사이의 거리를 재보려고 했지만 시간이 너무 오래 걸렸다. 화면이 빨간색으로 바뀌며 얼굴들이 사라지면 시간이 다 됐다는 의미였다. 나는 다시 추측하기 시작했다.

세 번째 라운드는 난도가 훨씬 더 높았다. 얼굴 크기가 변하는 문제였다. 어떤 얼굴은 인덱스카드만큼 컸고, 어떤 얼굴은 우표 크기에 가까웠다. 이 얼굴들을 분류하려면 이목구비 사이의 상대적 거리를 기억해야 했다.

"어떻게 무작위로 답을 고르는 것보다 더 못할 수가 있지?" 내가 스티브에게 투덜거리며 말했다.

"잘됐네. 그럼 지금 하고 있는 것과 반대로 해봐." 스티브가 밝게 웃으며 말했다.

(나는 어이가 없어 살짝 째려봤다. 수학자들은 참으로 직설적이다.)

평소 취침 시간인 오후 9시가 넘은 시간이었기 때문에 나는 내 낮은 점수를 피곤함 탓으로 돌리며 내일 아침 다시 시도하기로 했다.

훈련을 시작한 지 이틀째 되던 날, 나는 두 그룹에 '스티브'와 '밥'이라는 이름을 붙였다. 강렬한 감정이 기억력을 향상시킬 수 있다는 글을 읽은 적이 있어서 각 그룹에 감정을 부여해볼 생각이었다. 스티브 그룹은 좀 더 세련된 이목구비를 갖고 있어서 더 똑똑하고 매력적으로 보였다. 그들은 부탁하지 않아도 설거지를 해줄 것만 같았다. 반면에 밥 그룹은 치켜세운 눈썹과 둔탁하고 유인원 같은 턱선 때문에 무례하고 이기적으로 보였다. 그들은 개가 길거리에 배변을 하면 다른 사람이 치우게 내버려둘 것처럼 생겼다.

나는 각 얼굴을 바라보면서 감탄과 혐오의 감정을 불러일으키려고 노력했다.

이 전략은 작업을 덜 지루하게 해줬지만, 내 점수는 여전히 형편없었다.

나는 앨리스에게 이메일을 보내 도움을 청했다.

"컴퓨터 테스트를 수행하기 전에 플래시 카드를 만들어 공부라도 해야 할까요?" 내가 물었다.

그녀는 이렇게 답했다. "아니요. 플래시 카드를 만들거나 얼굴을 따로 공부하지는 마세요. 그렇게 하면 변수가 생겨서 결과가 편향될 수 있거든요." 또 그녀는 작업을 더 빨리 수행하라는 조언도 덧붙였다. 보통 세션당 30~45분 정도 걸리는데, 나는 한 시간 정도가 걸렸다.

그녀의 조언이 특별히 도움이 된다고 느껴지지는 않았다.

나는 일주일에 다섯 번씩 드구티스가 만들어놓은 큰 장벽에 정면으로 부딪혔다. 어느 날 저녁에는 격자 형태의 얼굴들을 망막에 새길 기세로 눈을 크게 뜨고 바라보면서 눈도 깜빡이지 않은 채 응시했다. 또 어느 날 밤에는 이목구비의 간격을 설명하는 데 배경이 될 만한 이야기를 만들어내기도 했다. 끔찍한 산업재해를 상상하면 좌절감이 좀 덜해지긴 했지만, 점수를 높이는 데는 전혀 도움이 되지 않았다.

3주 정도 지나자 절망감이 밀려왔다. 매일 밤 같은 테스트에서 계속 실패할 수는 없었다. 차라리 고양이들에게 안약을 넣어주거나, 스티브와 함께 체스 퍼즐을 푸는 게 나을 것 같았다.

얼굴을 전체적으로 보는 것도 세부적으로 분석하는 것도 별 효과가 없었다. 그러던 어느 날 밤, 나는 타협점을 찾기로 하고 얼굴을 상하로 반반씩 나눠봤다. 그리고 세 위치(위쪽, 중간, 아래쪽) 중 눈썹을 설명할 수 있는 위치를 정하고, 키보드의 '1'을 가볍게 두드려 위쪽을, '2'를 두드려 아래쪽을, 1과 2를 동시에 두드려 중간을 표시했다. 얼굴의 아래쪽 절반은 입이 위쪽에 있으면 1, 중간에 있으면 1과 2, 아래쪽에 있으면 2를 두드렸다. 그렇게 만들어진 두드림 패턴을 통해 나는 얼굴 유형을 판별할 수 있었다. 1과 1은 유형 1이 됐고, 1과 2는 유형 2가 되는 식이었다.

이런 복잡한 전략이 실제로 효과를 보이기 시작하자 나는 놀라움을 금치 못했다!

처음에는 키보드를 두드리면서 혼잣말까지 해야 해 속도가 느렸지만, 연습을 거듭하면서 두드림만으로 할 수 있게 됐고, 테스트를 빠르게 통과하기 시작했다. 몇 주가 지나면서 얼굴의 난도가 점점 높아졌지만 내 점수는 계속 높게 유지됐다. 몇 번은 만점을 받을 뻔하기도 했다.

이제 내 목표는 단순한 훈련이 아니었다. 나는 얼굴인식 전문가가 되고 싶었다! 그 가능성은 무궁무진했다. 식당에서 종업원을 정확히 찾을 수 있는 나, 동료와 이야기하면서 이름표를 먼저 확인하지 않아도 되는 나, 예상치 못한 상황에 나타난 사람을 알아보고 그 사람의 이름까지 기억하는 내가 될 수도 있었다.

알고 보니 그 모든 것을 할 수 있는 사람들이 있었고, 그들은 초인식자라고 불린다.

초인식자

나의 인터뷰 요청에 응한 앤디 포프Andy Pope('인간 카메라'라는 별명을 갖고 있는 영국의 치안 보조관-옮긴이)의 얼굴이 내 컴퓨터 화면에 나타났을 때, 나는 본능적으로 2번 버튼 위에 손가락을 올렸다. 그의 이목구비는 매우 조밀해 보였다. 눈, 코, 입이 완벽한 타원형 얼굴 중앙에 모두 모여 있었다. 머리카락과 수염은 옅은 갈색이었고, 실제 나이보다 10년가량 젊어 보였다.

"제 직업 특성상 운동을 참 많이 하게 되죠." 포프는 겸손하게 말했다.

영국 웨스트미들랜즈의 치안 보조관으로 일하는 포프는 하루 중 대부분을 마을을 돌아다니며 시민이나 상점 주인들과 이야기를 나누는 데 보낸다. 그는 매주 수십 명에 달하는 사람들을 만나지만 대부분을 기억한다.

"가끔 이름은 잊어버리지만 얼굴은 보통 다 기억합니다." 포프가 말했다.

나는 포프에게 그가 어떤 사람인지 물어봤다. 파티에 가는 것을 좋아하세요? 사회적 불안감을 느끼지는 않나요? 공직에 출마할 생각은 없으신가요?

"아니요, 사실 전 꽤 내성적인 사람이에요." 그가 대답했다.

그리니치대학교의 심리학 교수인 조시 데이비스Josh Davis는 초인식자가 되는 게 항상 좋은 일만은 아니라고 말한다. 예를 들어, 초인식자들은 초등학교 5학년 때 가장 친했던 친구의 여동생과 같이 굳이 기억할 필요가 없는 사람들까지 알아보는 경우가 많다. 이런 경우 초인식자들은 그 사람들을 모르는 척해야 한다는 압박을 느낀다. "이상한 사람이나 스토커처럼 보일 수도 있으니까요."

포프의 가장 큰 불만은 얼굴을 인식하는 자신의 뇌 영역이 절대 쉬지 않는다는 것이다. 몇 년 전, 마흔 번째 생일을 맞은 포프는 버밍엄 시내의 야외 테이블에서 맥주를 마시던 중 일련의 '성적인 성격의 사건'으로 수배 중인 한 중년 남성이 버스에 탑승해 있는 모습을 목격했다. 실제로 그 남성을 본 적은 없지만, CCTV 카메라에 찍힌 그의 영상을 본 적이 있었다.

포프는 "다행히 그날 밤 팀원 중 일부가 작전을 수행 중이었기 때문에 그중 한 명에게 전화를 걸어 그 사건을 맡겼습니다."라고 말했다.

뉴 스코틀랜드 야드New Scotland Yard(영국 런던광역경찰청의 별칭 - 옮긴이)의 전 수사반장인 마이크 네빌Mike Neville은 전 세계 경찰이 초인식자들의 이점을 활용하기 시작했다고 말했다. "그들의 능력을 활용하게 된 일은 DNA 검사 이후로 법의학 분야에서 가장 큰 발전이라고 할 수 있습니다."

2010년, 런던의 보안카메라는 수많은 범죄를 포착했지만 용의자의 신원을 확인하거나 체포한 사례는 거의 없었다.

네빌은 "원래는 카메라 자체가 범죄를 억제하는 역할을 할 것이라는 생각이었지만 그렇게 되지 않았어요."라고 말했다.

네빌은 용의자의 정지화상still image으로 수배 전단을 만들어 도시 전역의 경찰서에 배포했다. 신원 확인이 시작되자 흥미로운 패턴이 나타났다. 3만 명이 넘는 경찰 중 25명밖에 되지 않는 경찰관이 절반이 넘는 신원 확인 작업을 모두 소화한 것이다.

"당시에는 그저 동기 부여 덕분이라고 생각했습니다."라고 네빌은 말했다.

네빌은 그해 한 콘퍼런스에서 조시 데이비스를 만났고, 두 사람은 네빌 휘하의 경찰관 여섯 명에게 내가 수행했던 몇 가지 테스트를 포함한 일련의 테스트를 실시하기로 했다. 테스트를 수행한 경찰관들은 모두 매우 우수한 성적을 거뒀고, 한 명은 케임브리지 얼굴 기억력 테스트에서 모든 문제를 맞혔다.

"그들이 최고 점수를 기록했기 때문에 더 어려운 테스트를 만들어내야 한다는 것을 알게 됐죠."라고 데이비스는 말했다.

네빌은 이 데이터를 바탕으로 뉴 스코틀랜드 야드 초인식자팀을 창설했다. 이후 그 팀은 몇 가지 주요 사건을 해결하며 큰 성과를 거뒀다. 2014년 런던의 한 10대 청소년 살인 사건을 해결했고, 2018년에는 전직 러시아 군사 정보 장교 세르게이 스크리팔Sergei Skripal을 독살한 두 남성의 신원을 밝혀냈다.

초인식자는 군중 속에서 수배 중인 범죄자를 찾아내는 데 투입되기도 하지만, 이 팀은 보안카메라 영상을 분석해 상습범을 찾는 데 대부분 시간을 보낸다. 대표적인 예가 2013년부터 2014년까지 런던의 고급 상점에서 10만 파운드 이상의 물건을 훔친 알렉산더 카바예로Alexander Caballero다. 한 초인식자가 카바예로가 다이아몬드 팔찌, 캐시미어 스카프와 같은 고급 물품을 훔치는 장면이 담긴 40개의 보안카메라 영상을 확인하고 그의 기록을 추적해 수배령을 내렸다.

카바예로는 2015년 1월 1일 택시요금 지급을 거부하고 운전기사를 신발로 때린 혐의로 체포될 때까지 계속 수배 중이었다. 경찰서에서 카바예로는 가명을 사용하면서 이전에 체포된 적이 없다고 주장했다. 하지만 경찰이 지문을 채취한 결과, 그가 엄청난 양의 절도 혐의로 수배 중이라는 사실을 알게 됐다. 몇 시간 만에 경찰은 그가 저지른 다수의 절도 행각에 대한 증거를 제시했고, 결국 그는 모든 혐의에 대해 유죄를 인정했다.

"초인식자팀이 아니었다면, 그는 단지 폭행 혐의만으로 기소됐을 겁니다."라고 네빌은 말했다.

네빌은 현재 슈퍼 레커그나이저 인터내셔널Super Recognisers International이라는 컨설팅 회사를 운영하며 법 집행 기관들이 이미 조직 내에 있는 초인식자를 찾아낼 수 있도록 돕고 있다. 또 초인식자들이 군중 속에서 테러 용의자를 검색하는 등 특정 상황에서 자신의 능력을 최대한 활용하는 방법을 가르치는 교육 세션도 운영한다.

그렇지만 네빌이 신경전형적인 일반 사람들을 초인식자로 만들지는 못한다. 이 능력은 선천적인 능력과 어린 시절의 경험이 결합해 나타난 독특한 결과라고 데이비스는 말한다. "이 능력은 타고나는 것이지 배울 수 있는 것이 아닙니다."

초인식자들에게 약점이 하나 있다면, 바로 얼굴을 뒤집어서 보는 테스트다. 그들에게 거꾸로 뒤집은 얼굴을 매치해보라고 하면 속도와 정확도가 급격히 떨어진다.[1] 범죄자가 이런 약점을 실제로 악용하기는 어렵겠지만, 이는 초인식자들이 지닌 초능력의 근원을 이해할 수 있는 단서를 제공한다. 어쩌면 그들은 신경전형적인 사람들보다 얼굴을 더 전체적으로 인식하는지도 모른다.

또 다른 단서는 시선 추적 연구에서 찾을 수 있다. 새로운 얼굴을 학습하려고 할 때, 대부분 사람은 이리저리 시선을 돌리며 여러 지점에 초점을 맞춘다. 반면에 초인식자는 보다 더 안정적으로 초점을 맞춘다. 그들은 얼굴 중앙에 있는 한 점에 초점을 맞춰 시선을 집중하기 때문에 얼굴 전체를 한눈에 파악할 수 있다.[2]

초인식자를 연구하는 로잔대학교의 메이케 라몬Meike Ramon 교수는 이렇게 말한다. "단번에 학습하는 거죠. 매우 적은 노출과 정보만으로 우리가 생성하는 것보다 훨씬 더 풍부한 얼굴 이미지를 만들어냅니다."

"혹시 그들도 정말 못하는 게 있을까요?" 나는 기대감을 안고 물어봤다.

"아니요, 인지적으로 별다른 문제는 없는 것 같아요." 라몬 교수는 약간 김빠진 듯한 목소리로 대답했다.

흥미롭게도 그들은 기억력이 필요한 작업에서는 뛰어난 능력을 발휘하지 못한다. 예컨대, 포프는 생일과 기념일을 잘 기억하지 못하고 장을 보러 갈 때도 장바구니 목록 없이는 절대 가지 않는다.

그리고 아주 드물긴 하지만 가끔 얼굴을 기억하지 못할 때도 있다. "한번은 친구 몇 명과 외출한 날이었어요. 집으로 돌아오는 호수 옆 어두운 산책로에서 어떤 사람들이 저에게 다가왔어요. 그들은 저를 정확히 알아봤지만, 저는 그들이 누구인지 알 수 없어서 그저 고개를 끄덕이고 미소만 지었죠."

(어쩌다 한 번이라고? 내겐 매일 일어나는 일인데!)

"아, 놀라셨겠네요." 나는 약간 무덤덤한 목소리로 말했다.

"정말 당황스러웠어요." 포프는 실제로 당황한 기색이 역력한 목소리로 말했다. "지금까지도 그때 그 사람이 누구인지 모르겠어요."

얼굴인식 훈련

어느 날 밤 혼자 중얼거리며 자판을 두드리고 있는데 스티브가 시의적절한 질문을 던졌다. "이 얼굴인식 훈련은 언제까지 해야 해?"

"아마 영원히 해야 할 거야." 내가 답했다. 나아진다고 하더라도 주기적으로 보충 훈련을 하지 않으면 효과가 사라질 테니까.

"내 말은, 오늘 밤 이걸 얼마나 더 해야 하냐고." 스티브가 다시 물었다. 중얼거리는 내 소리가 그만의 자기계발 프로젝트, 즉 〈브루클린 나인-나인〉의 모든 에피소드를 다시 보는 데 방해가 됐던 것이다.

얼굴인식 훈련 프로그램이 거의 끝나가던 어느 날 저녁, 지하철에서 친구 대니Dani와 우연히 마주쳤다. 니트 모자를 쓰고 있어서 사랑스러운 곱슬머리는 잘 보이지 않았지만, 독특한 얼굴형과 깊은 보조개 덕분에 그녀를 알아볼 수 있었다.

나는 모자를 쓰고 있는 친구를 알아본 나 자신이 너무나 자랑스러웠다!

"이 얼굴인식 훈련이 실제로 효과가 있는 것 같아." 내가 의기양양하게 말했다.

대니는 입을 벌린 채 아무 말도 하지 못했다.

"응?"

"저, 저번에, 네가 커피숍에서 내 옆에 앉았었는데……."

어떤 상황이었을지 뻔하다. 내가 그 친구를 완전히 낯선 사람처럼 대했을 것이다. 나는 나의 얼굴인식불능증에 대해 친구·지인·바리스타를 포함한 대부분 사람에게 이야기했고, 그들은 내가 실수로 그들을 알아보지 못할 때마다 내게 알려주기 시작했다. 이런 일은 내가 생각했던 것보다 훨씬 더 자주 일어난다. 그런데 그날 대니는 왜 그냥 넘긴 걸까?

"왜 알은체하지 않았어?" 내가 물었다.

"네가 바빠 보였거든." 그녀가 답했다.

가슴 속에서 분노와 질투가 치밀어 올랐다. 불공평하다! 어째서 대니는 다른 이들을 그렇게 쉽게 알아볼 수 있는 걸까? 어째서 나는 얼굴인식 훈련 프로젝트에 그렇게 시간을 쏟아붓고도 여전히 잘 알아보지 못하는 걸까?

점점 나아지고 있는 내 인식 능력이 실생활에 적용되지 않는 것 같다는 의구심이 들기 시작했다. 내가 배운 건 테스트를 잘 수행하는 방법뿐이었다.

그 주 후반에는 비관적인 생각에서 조금 벗어날 만한 일이 일어났다. 성가신 이웃이 커피숍에 들어서는 모습을 본 나는 재빨리 시선을 돌렸다. 아마 이 세상에 태어나 처음으로 누군가를 일부러 못 본 체한 날이었을 것이다!

후속 테스트를 수행하기 위해 보스턴을 다시 방문했을 때 나는 드구티스에게 자랑스럽게 말했다.

"아무것도 배우지 못한 줄 알았는데, 늘 자기 흰족제비 얘기를 늘어놓는 남자를 알아보고는 내가 그를 피했어요."

"정말 잘하셨네요!" 드구티스가 감탄하며 외쳤다.

그런데 불현듯 예상치 못한 슬픔의 파도가 밀려왔다. 정상적인 사람들은 이렇게 가끔 서로를 못 본 척하는 걸까? 정말 나도 그런 사람이 되고 싶은 걸까?

5장

우리 뇌의 로제타석:
뇌는 어떻게 얼굴을 인식하는가

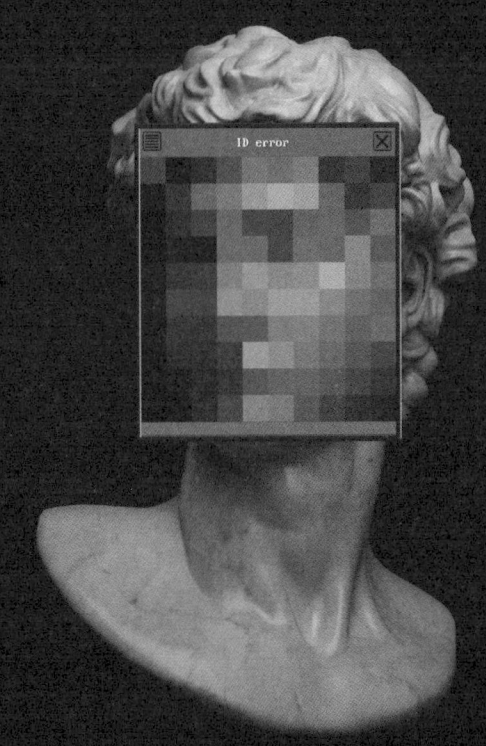

내일 뇌 수술을 받게 된다고 상상해보자. 당신은 병원 침대에 누워 있고, 머리에는 붕대가 칭칭 감기고 전선 다발이 매달렸다. 일주일 전, 신경외과 의사가 발작의 원인을 찾기 위해 뇌에 전극을 삽입했다. 그런데 오늘은 당신의 동의를 받아낸 친절한 과학자들이 이 독특한 상황을 이용해 다른 실험을 진행하려고 한다. 하지만 그들이 정확히 무엇을 하려는지 당신은 알지 못한다. 당신의 뇌가 시각적 자극에 어떻게 반응하는지를 관찰하는 것과 관련이 있다는 것만 알고 있다. 그들이 당신의 관심사에 대해 질문했고, 이제 당신은 이상한 슬라이드쇼를 보고 있다는 사실을 알 뿐이다. 사람의 얼굴이 보일 때마다 버튼을 클릭해야 하지만, 이는 당신의 집중력을 유지시키기 위한 속임수일 뿐이라는 것도 알고 있다. 실제 데이터는 뇌의 개별 뉴런에서 직접 수집된다. 당신 머리에 매달린 전선들이 방 건너편에 있는 컴퓨터로 신호를 전송하며, 컴퓨터는 각 뉴런의 반응을 여러 색의 그래프로 표시한다.

오늘의 슬라이드쇼는 평범하다. 은퇴한 농구 선수 코비 브라이언트Kobe Bryant, 거미, 시드니 오페라 하우스, 제니퍼 애니스턴Jennifer Aniston, 돌고래, 쌍둥이 타워, 제니퍼 애니스턴과 브래드 피트, 세라 미셸 겔러Sarah Michelle Gellar, '제니퍼 애니스턴'이라는 단어, 피사의 사탑 등 다양한 사진이 빠르게 지나간다.

당신은 '오늘따라 제니퍼 애니스턴이 왜 이렇게 많이 나오는 걸까?'라는 의문이 든다. 그러나 과학자들이 이유를 알려주지 않을 것임을 안다. 알려줬다가는 데이터가 엉망이 될 수도 있으니까.

제니퍼 애니스턴 뉴런

2005년 7월, 한 과학자팀이 뇌전증('간질'이라고도 한다 - 옮긴이) 환자의 뇌에서 '제니퍼 애니스턴 뉴런'을 발견했다. 이 뉴런은 다양한 제니퍼 애니스턴의 사진과 그녀의 이름에 반응해 발화했으며, 비슷한 외모의 다른 여배우들에게는 반응하지 않았다.[1] 또 다른 수술 대기 환자에게서는 핼리 베리Halle Berry에게만 반응하는 뉴런이 발견됐고, 이 뉴런은 핼리 베리가 캣 우먼Cat Woman 마스크를 쓰고 있어도 반응했다.

이런 결과는 우리가 삶에서 접하는 모든 사람에게 뉴런을 하나씩 할당한다는 증거일까? 내가 이 가설을 미국심리학회의 과학 전문가들에게 제시했을 때, 그들은 비웃었다. 그들은 '다른 사람에 대한 인식'처럼 복잡한 것은 뇌 전체에 걸쳐 광범위한 뉴런 네트워크에 분산돼 있다고 설명했다. 그들 중 한 명은 "'할머니 뉴런' 가설

grandmother neuron hypothesis(인간의 뉴런 중에 할머니처럼 친숙한 얼굴을 알아보는 단일 뉴런이 존재한다는 가설 - 옮긴이)은 농담일 뿐 진지한 가설이 아니에요."라고 말했다.

당시에는 그게 전부였다. 나는 안면인식장애를 조사하기 전까지 13년이 넘는 시간 동안 제니퍼 애니스턴 뉴런에 대해 생각해본 적이 없었다. 혹시 이 장애가 제니퍼 애니스턴 뉴런의 오작동 때문일까?

나는 이 연구를 주도한 과학자 로드리고 키안 키로가Rodrigo Quian Quiroga에게 전화를 걸었다. 그가 놀라운 사실을 내게 알려줬는데, 미국심리학회 과학자들의 말이 맞았다는 것이다.

현재 레스터대학교 시스템 신경과학 센터 책임자인 키안 키로가는 이렇게 말했다. "사람들은 우리가 한 사람을 대표하는 뉴런을 발견했다고 말했어요. 그런데 우리가 발견한 것은 특정 '개념'을 나타내는 뉴런이었습니다."

해마hippocampus로 알려진 뇌의 깊은 구조 속에 위치한 제니퍼 애니스턴 뉴런은 애니스턴에 대한 반응만으로 발화하지 않았다. 이 뉴런은 애니스턴과 〈프렌즈〉에 함께 출연한 리사 쿠드로Lisa Kudrow에게도 반응했다. 그러나 애니스턴이 그녀의 남자친구였던 브래드 피트와 함께 찍힌 사진에는 반응하지 않았다. 키안 키로가는 "우리는 그 뉴런이 애니스턴이 아닌 〈프렌즈〉에 등장하는 캐릭터의 개념을 인코딩했다고 생각합니다."라고 내게 말했다.

후속 연구에서 키안 키로가와 그의 동료들은 애니스턴의 사진과 에펠탑의 사진을 짝지어 보여줬고, 애니스턴 뉴런이 파리의 랜드 마크에 반응하기 시작하는 것을 관찰했다.² 키안 키로가는 이 애니스턴 뉴런이 연관된 개념들을 연결하는 데 관여하는 중간 정류장 역할을 한다고 생각했다.

키안 키로가는 뇌가 얼굴을 어떻게 인식하는지 알고 싶다면, 자신의 동료 도리스 차오와 대화를 나눠보라고 권했다.

그의 조언을 따르기 전에 나는 차오의 연구를 살펴봤고, 2017년 차오와 그녀의 동료 레 창Le Chang이 수행한 획기적인 실험을 발견했다.³ 먼저 과학자들은 눈 사이 간격과 같은 50가지 변수를 체계적으로 조작해 컴퓨터로 얼굴들을 생성했다. 그런 다음, 원숭이들에게 이를 보여주면서 각 원숭이 뇌의 얼굴인식 영역에 있는 200여 개 뉴런의 개별 활동을 기록했다.

차오와 창은 연구 결과를 검증하기 위해 원숭이들과 연구자들이 한 번도 본 적 없는 새로운 얼굴을 보여줬다. 원숭이들의 뉴런이 발화했고, 차오의 얼굴 생성 공식으로 중무장한 컴퓨터는 원숭이들이 보고 있는 얼굴과 거의 동일한 이미지를 출력했다.

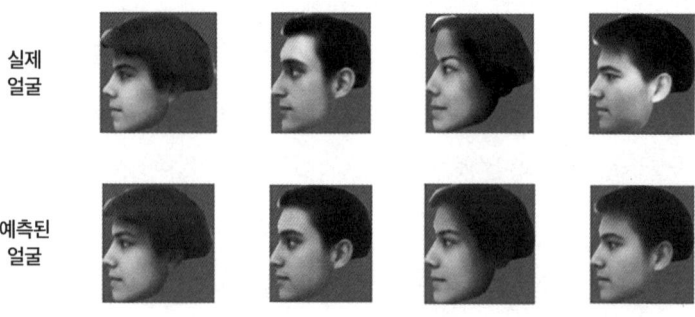

자료 | 도리스 차오, 캘리포니아 공과대학교

차오는 "'사진 한 장이 천 마디 말의 가치가 있다.'라는 말이 있죠? 저는 얼굴 하나에 뉴런 200여 개의 가치가 있다고 말하고 싶습니다."라고 말했다.

뇌는 얼굴을 50차원의 '얼굴 공간face space'에 매핑해 인코딩하는 것처럼 보인다. 평균적인 얼굴을 중심에 두는데, 이는 개인이 생각하는 이상적인 얼굴이다. 소규모의 뉴런 그룹은 우리가 마주하는 새로운 얼굴이 눈의 너비나 피부 질감과 같은 특정 차원에서 평균적인 얼굴과 얼마나 다른지를 측정한다.

현재 차오의 연구실에서는 뇌가 다른 종류의 물체를 어떻게 인식하는지 알아내기 위해 연구하고 있으며 의자부터 고양이, 신체 부위에 이르기까지 다양한 대상을 인코딩하는 뉴런의 위치를 예측하는 지도를 만들고 있다. 얼굴 공간 시스템은 그들에게 일종의 로제타석Rosetta stone(이집트 문자 해독의 열쇠가 된 비석 - 옮긴이) 역할을 한다. 차오는 "얼굴에 대한 코드를 해독하면 모든 사물에 대한 코드를 해독할 수 있습니다."라고 말했다.

지금까지는 하측두inferior temporal, IT 피질이 두 가지 기본적인 질문을 먼저 던지는 것으로 보인다. 첫째 이것은 생물인가, 무생물인가? 둘째 이것은 둥근가, 뾰족한가? (얼굴은 당연히 생물이고 둥근 것의 범주에 속한다.)[4]

이런 식으로 대상을 분류하는 방법이 다소 이상해 보일 수도 있지만, 매우 효과적인 방법임은 분명하다. 가장 진보한 객체인식 컴퓨터 프로그램들 중 일부가 바로 이 해결책을 택했기 때문이다.[5] 이 프로그램에 사진을 많이 입력하기만 하면 된다. 무엇을 보고 있는지 알려줄 필요도 없다. 이 신경망들은 스스로 학습하고, 하측두피질과 마찬가지로 대상을 살아 있는 것과 살아 있지 않은 것, 뾰족한 것과 둥근 것으로 분류하기 시작한다.

  이 중요한 발견을 두고 누구에게 감사를 표해야 할까? 차오와 같이 열심히 일하는 뛰어난 과학자들은 물론이고 얼굴인식불능증을 가진 사람들에게도 감사를 표해야 한다! 차오의 연구는 얼굴을 식별하기 위해 뇌의 특정 영역을 지목한 요아힘 보다머의 연구로까지 거슬러 올라가는 지식을 바탕으로 이뤄졌다. 과학자들은 수십 년에 걸쳐 안면인식장애를 가진 사람들과 협력해 그 정확한 위치를 찾아낼 수 있었다. 안면인식장애를 가진 사람들은 자신의 시간뿐 아니라 때에 따라 실제 뇌까지 과학 연구에 기꺼이 제공하고 기증했다. 앞으로 우리는 로봇 개가 슬리퍼를 성공적으로 가져다주면 안면인식장애를 가진 친구들에게 감사의 인사를 꼭 전해야 한다(단, 암살 로봇은 우리 책임이 아니다).

6장

얼굴인식의 키,
방추상얼굴영역

내가 실제로 안면인식장애인지 확인하는 날 《워싱턴 포스트》의 일일 팟캐스트팀과 인터뷰를 하기로 했다. 진행자 마틴 파워스Martine Powers는 굳이 돌려 말하지 않았다.

"의사들이 뭐라고 할 것 같아요?" 그녀가 물었다.

"제 생각엔 중등도 안면인식장애라고 할 것 같은데, 아마 공식적인 진단이 내려질 정도는 아닐 거예요." 내가 대답했다.

이어 안면인식장애를 가진 아이들이 겪는 외로움과 고립에 대해 이야기를 나눴는데, 내 목소리가 떨리는 것을 느꼈다. 아, 이런.

팟캐스트팀은 나를 다른 음향 부스로 보내 드구티스에게 전화를 걸게 했다. 나는 부스로 가면서 화장지 한 갑을 챙겼다. 왠지 필요할 것 같았다.

"안녕하세요, 어떻게……" 드구티스가 인사를 건네는 순간, 내가 말을 끊으며 물었다.

"그래서 제가 정말 안면인식장애가 맞나요?"

그가 답했다. "네, 당신이 새로운 얼굴을 학습하는 능력은 우리가 연구한 사람들 중 최하위에 속해요. 지금까지 등록된 사람 중 가장 낮은 점수를 받았어요."

이런! 나는 평균 이하가 아니라, 최악 중의 최악이었구나!

"제 뇌 스캔 결과는 어떻게 나왔나요?" 내가 물었다. 내겐 가장 중요한 질문이었다. 멋진 진단 결과를 받기 위해 (무의식적으로) 테스트를 망쳤을 수도 있지만, 나 같은 고단수도 MRI 기계를 속일 수는 없다.

"그래서 이번 결과가 정말 흥미로워요." 드구티스가 말했다. "당신의 방추상얼굴영역이 실제로 평균보다 두껍다는 것을 발견했어요. 두꺼운 게 좋은 것처럼 들리지만, 방추상얼굴영역은 얇은 게 더 좋거든요."

어린아이들은 두꺼운 방추상얼굴영역을 가지고 태어나지만, 뇌가 어떤 뉴런이 유용하고 어떤 뉴런이 방해가 되는지 판단하면서 쓸모없는 뉴런은 얇아지게 하고 유용한 뉴런들을 더 많이 연결하며 연결 속도를 높이기 위해 절연체를 추가한다. 적어도 내 뇌의 방추상얼굴영역에서는 이런 신경 가지치기와 수초화myelinization가 멈춘 듯하다.

"당신은 열두 살 아이 수준의 방추상얼굴영역을 가지고 있어요." 그가 말했다.

"그렇다면 제 얼굴인식 능력이…… 그 또래 수준인가요?" 내가 물었다.

"평균 또는 평균 이하의 원숭이 정도인 것 같습니다." 그가 대답했다.

나는 웃었지만, 멍한 기분이 들었다. 좋지 않은 신호였다.

"얼굴인식불능증을 가진 사람들 중에서도 최하위권에 속하는 결과가 나왔어요."라고 드구티스는 말을 이어나갔다. "정말 고생하셨고, 훈련 후 테스트 점수가 이렇게 올랐다는 건 정말 놀라운 일입니다. 처음 방문했을 때 이 정도 실력이었다면, 연구 대상에 포함되지도 않았을 거예요."

그의 말을 들으면서 약간의 자부심을 느꼈다. 나는 최악 중에서 최고였다!

드구티스와 그의 동료들은 내가 어떻게 이런 성과를 냈는지 의아해했다. 후속 테스트에서도 내 얼굴인식 능력은 여전히 형편없었다. 나는 각도나 조명이 조금만 달라지면 같은 얼굴을 바로 앞에 두고도 맞힐 수 없었다. 하지만 내가 어떻게든 얻어낸 불완전한 정보를, 어떤 알 수 없는 전략이나 순전한 의지를 통해 필사적으로 붙들고 있었다.

드구티스는 이렇게 말했다. "아마도 당신이 이 연상 인코딩을 더 많이 하고 주의를 기울여서 어느 정도 보완이 된 것 같습니다. 하지만 지각적 결함이 해결된 것 같지는 않아요."

그의 말이 맞았다. 내가 잘하는 게 한 가지 있다면, 극복하기 어려운 장애물을 교묘하게 피하는 것이다.

대화 초반에 나는 마치 다른 사람에 대해 이야기하듯 무감각한 태도로 일관했다. 하지만 점점 그 무감각함이 사라지면서 슬픔, 안도, 혼란, 깨달음, 질투, 억울함과 같은 상반된 감정이 쓰나미처럼 밀려왔다. 나는 여전히 대화를 이어가고 있었고 아마도 내 말은 정상적으로 들렸겠지만, 나는 완전히 무너져 내리고 있었다. 내 얼굴은 눈물과 콧물로 범벅이 됐고, 그렇게 엉망이 된 얼굴로 팟캐스트를 진행했다. 전화를 끊자마자 나는 선글라스를 쓰고 사무실을 몰래 빠져나와 집으로 가 잠을 청했다.

잠에서 깬 나는 아빠한테 전화해 소식을 전했다.

"결국, 내가 정말 안면인식장애인 것으로 밝혀졌어."

아빠가 어색하게 웃으며 말했다. "아니야, 그냥 넌 주의를 기울이지 않는 게 문제야."

"아니, 정말이라니까!" 내가 답답해하며 대꾸했다. "나한테 정말 신경학적 장애가 있고, 아마 평생 그래왔던 것 같아."

"네 뇌에는 아무 문제도 없어." 아빠가 대답했다. "그리고 어차피 바꿀 수 없는 걸 왜 걱정하니?"

나는 통화하기 전보다 더 혼란스러운 상태로 전화를 끊었다. "너무 많이 생각하지 마라." "될 때까지 해보는 거지." "긍정적으로 생각하면 모든 게 해결될 거다." 이것이 아빠가 인생을 살아가는 방식이고, 내게도 그 방식이 잘 맞았다. 그런데 왜 지금은 그런 방식이 의심스러운 걸까?

시각 처리 시스템

저녁에 스티브와 식사를 하면서 힘들었던 하루를 이야기했다. 얼굴을 기억하지 못하는 문제, 그리고 어쩌면 사람을 기억하지 못하는 문제가 내 성격의 결함이 아니라 시각 처리 시스템의 특성 때문이라는 사실을 알게 돼 안도감이 들기도 했다. 하지만 같은 문제를 설명해줄 새로운 단어를 발견했을 뿐이라는 생각에 다시 사로잡히고 말았다. 내 방추상얼굴영역이 두꺼운 이유가 내가 자기중심적이거나 나쁜 사람이어서 그런지도 모른다. 어쩌면 너무 자기중심적인 내가 주변 사람들을 주의 깊게 살펴보지 않아서 신경 가지치기가 제대로 이뤄지지 않은 건지도 모른다.

내 뇌의 끝은 어디고, '나'는 어디서부터 시작되는 걸까?

스티브는 부리토를 한입 베어 물고 생각에 잠긴 채 씹었다.

"몸과 영혼이 따로따로라고 믿어?" 그가 물었다.

"그런 건 아닌데……." 내가 대답했다.

그는 이렇게 말했다. "만약 당신이 오로지 물질의 문제라고 생각했다면, 이 일로 엄청난 통찰을 얻을 수 있을 거야. 그렇다고 당신의 영혼이 이 결핍에 맞서 싸우고 있었던 건 아니잖아. 이 모든 건 같은 거고, 모두가 당신 자신이야. 당신은 당신의 뇌에서 비롯된 결과물이야."

좋은 지적이기는 했지만, 난 더 혼란스럽기만 했다. 나는 신경학적 장애를 가진 걸까, 내가 그 신경학적 장애 자체인 걸까? 아니면 둘 다 같은 걸까?

그 후 몇 주 동안 내 상태는 엉망이었다. 별것 아닌 일에도 눈물이 터졌다. 박물관에서 울었고, 친구 아이의 생일 파티에서는 흐느껴 울었다. 동물원에 있는 거대한 수족관 앞에서도 눈물을 흘렸다.

자전거를 타고 가다가 스쿨버스가 지나가면 갑자기 코를 훌쩍거리며 울었다. 결국 원인이 분명해졌는데, 바로 중학생들이었다.

이번의 모든 연구 조사는 내가 오래전 해결했다고 생각했던 과거의 미스터리를 다시 불러냈다. 어린 시절에 나는 왜 친구가 없었을까? 내가 이상했고 아이들은 나빴다고 오래전에 내린 내 결론이 갑자기 의심스러워졌다.

탐구 정신에 힘입어 (이제 와 멈출 이유가 없지 않은가?) 나는 다소 충동적인 행동을 했다. 페이스북을 통해 동창들에게 최근 내가 안면인식장애 진단을 받았다는 사실을 알렸고, 학창 시절 내가 인기 없었던 이유가 이 장애와 관련이 있는지 물었다.

"혹시 이와 관련해서 뭔가 기억나는 사람 없니?" 내가 물었다. "그냥 정말 궁금해서 그래. 현재 나는 행복하고 성공적인 삶을 사는 어른이 됐고, 마음의 준비도 돼 있어. 그러니 내가 불쾌감을 주는 괴짜였다거나 심한 냄새가 나서 아무도 나와 친구가 되지 않았다고 해도 기분 나쁘게 생각하지 않을게."

곧바로 답글이 달리기 시작했다. 친구 사바Saba는 이렇게 적었다. "너 친구들 있었잖아! 내가 네 친구고!"

아, 맞다! 사바가 누구인지 기억이 났다. 나는 사바를 참 좋아했다. 똑똑하고 재미있는 친구였다. 그런데 사바에 대한 기억을 떠올리면서 그녀에게 또 다른 매력이 있었다는 것을 깨달았다. 우리 학년에서 유일한 흑인 여자아이였던 사바는 내가 운동장에서 별문제 없이 알아볼 수 있는 몇 안 되는 사람 중 한 명이었다. 우리는 중학교 때 연락이 끊겼다. 아마 사바가 영재반에 배정되면서 사이가 멀어졌을 것이다. 아니면 학년이 올라가고 학생 수가 많아지면서 내가 그 친구를 군중 사이에서 찾아낼 수 없게 됐는지도 모른다.

다른 친구들은 내가 특별히 인기가 없었던 것은 아니지만, 다소 내성적인 편이었다고 말해줬다. 한 여자 동창은 이렇게 적었다. "넌 늘 혼자 하는 일에 만족하는 것 같았어." 또 다른 동창은 "넌 항상 네 방식대로 했지."라고 말했다. 또 다른 동창은 나와 친구가 되려 했지만 내가 그녀에게 마음을 열지 않았다며 이렇게 말했다. "우리가 좀 어울려 지내기는 했지만, 나는 네가 나를 별로 좋아하지 않는다고 생각했어."

나는 당황스러우면서도 감사했고 동시에 마음이 아팠다. 내 앞에 던져진 구명보트들을 발견하지 못한 채 외로움에 빠져 오랜 세월을 보냈으니 말이다.

며칠 후, 한 동창에게 흥미로운 메시지를 받았다. 그녀는 이렇게 말했다. "내 사촌이 너에게 푹 빠져 있었어. 우리는 네가 왜 그렇게 항상 그를 무시했는지 이해할 수 없었지."

그 사촌이라는 사람이 누구인지 알 것 같았다. 그는 바로 나를 피아노 레슨에 몇 번 데려다준 금발 남자아이였다. 나는 그 아이가 멋지다고 생각했지만 어느 날부턴가 오지 않았고, 다시는 볼 수 없었다. 실망스럽기는 했지만 놀랍지는 않았다. 사람들은 가끔 사라지기도 하니까 굳이 그 이유를 파고들 생각은 하지 않았다. 그래서 내가 남자에게 데이트 신청을 받아본 적이 한 번도 없는 걸까?

친구 시빌Sybil에게 이렇게 투덜거린 적도 있다. "왜 항상 내가 데이트 신청을 해야 하는 거지?"

"네 이름 때문일 거야." 그녀가 대답했다. "세이디 호킨스(여성이 남성에게 데이트 신청을 할 수 있는 세이디 호킨스 데이Sadie Hawkins Day가 있다-옮긴이) 데이트 같잖아."

내가 여대를 다니면서 20대 중반까지 눈치채지 못했던 목 주변에 난 잔털도 도움이 되지 않았다. 하지만 얼굴을 알아보지 못하는 바람에 실수로 그들을 거부하거나 엇갈린 신호로 밀어낸 남자가 적어도 몇 명은 존재했을 것이다.

어느 날 저녁, 스티브에게 이렇게 말했다. "내가 안면인식장애가 아니었다면, 정말 인기가 많았을 거야. 치어리더가 됐을지도 몰라."

스티브가 웃어대서 한 대 때려줬다.

"그래, 치어리더는 못 돼도 반장 정도는 될 수 있지 않았을까?"

사실 나는 반장은 아니었지만, 대학 시절 기숙사 회장이었다. 내 유일한 경쟁자는 브라운 앤이었고, 나는 그 친구를 압도적인 차이로 이겼다. 기숙사 회장이 되기 1년 전만 해도 나는 완전히 외톨이였고, 책상 위에는 쓰다 만 편입학 지원서가 쌓여 있었다.

무슨 일이 있었던 걸까? 나는 그것이 또 하나의 슈퍼마켓에서의 깨달음과 관련이 있다고 생각한다(뭐랄까, 어떤 사람들은 교회를 가지만 나는 스낵 코너에 간다).

열아홉 살인 내가 대학에서 첫 학기를 마치고 집에 돌아왔을 때, 아빠는 자기 트럭을 장바구니로 가득 채우는 내게 짜증이 난 것 같았다.

"그건 좀 무례했어." 아빠가 차를 몰고 출발하면서 내게 말했다.

"뭐가?" 내가 물었다.

"네 친구 수전Susan 말이야." 아빠가 말했다. "방금 네가 그 아이를 그냥 지나쳤잖아."

"아, 수전이었어?" 내가 물었다. 짧은 갈색 머리의 소녀가 매장에서 내게 손을 흔들었다. "내가 '안녕'이라고 했는데."

"'안-녕'이라고 했지." 아빠는 힘없이 노래 부르듯 건넨 내 인사를 흉내 내며 말했다. "너 자주 그러더라."

"걘 내 친구 아냐." 내가 반박했다. "중학교 때 이후론 본 적도 없는걸."

나중에 알게 된 사실이지만, 수전은 나와 같은 고등학교에 다녔고 내가 낯선 사람처럼 대하자 상처를 받았다고 했다. 어쩌면 그녀가 머리를 짧게 잘랐거나 안경을 썼을지도 모른다. 그래서 내가 중학교 시절 친구였던 그 수전이 고등학생이 된 수전이라고 생각하지 못했을 수도 있다. 그리고 그녀를 자주 만날 수 없게 되면서 내 기억 속에서도 사라져버렸다.

물론, 열아홉 살 때 나는 이런 사실을 전혀 알지 못했다. 내가 아는 건 모르는 사람들이 내게 인사를 자주 건넸고, 내가 알아보지 못한다는 걸 알아채고 그들이 기분 나빠할까 봐 대화를 나누지 않았다는 것뿐이다. 나는 누군지 알 수 없는 사람과 어떻게 대화를 나누면 되냐고 아빠한테 물었다.

"사람들은 다 자기 얘길 하고 싶어 해." 아빠가 말했다. "그냥 상대방에게 질문을 많이 하기만 하면 네가 세상에서 가장 매력적인 사람이라고 생각할 거야."

나는 대학 시절 아빠의 조언대로 했고, 내 삶은 완전히 바뀌었다. 늘 외롭기만 했던 내 기숙사 방은 한 학기 만에 친구들로 넘쳐나는 곳이 됐다. 내가 한 것이라고는 나를 아는 듯한 사람들을 내가 알아보는 척하는 것뿐이었다. 수업을 들으러 가는 길에 누군가가 나를 쳐다보는 것 같으면 미소로 응했다. 그들이 미소를 지으면 나는 멈춰서 대화를 나눴다. 얼마 지나지 않아 캠퍼스 곳곳이 친한 친구들로 가득 찼다. 그들이 누군지 전혀 모른다는 사실은 사소한 문제처럼 느껴졌다.

내가 알아볼 수 있는 사람도 몇 명 있기는 했다. 내 친구 멀리사 Melissa는 파란색으로 염색한 긴 머리였고, 탈리아 Thalia와 애넷 Annette은 키가 크고 말랐으며 수영 연습 때문에 늘 몸이 젖어 있었다. 그 외의 사람들은 자주 헷갈렸지만, 그게 내 활발한 사교 활동에 방해가 되지는 않았다. 왠지 모르게 낯익은 한 여학생이 내 침대에 털썩 주저앉아 자기 연애사를 이야기하기 시작했을 때 나는 그냥 그러려니 하고 넘어가기도 했다. 비결이 있다면, 그녀의 못된 남자친구 이야기를 처음 듣는다는 사실을 들키지 않는 것이었다.

내 인기는 내가 기숙사 회장으로 선출됐을 때 정점에 달했다. 나는 함께 살던 여학생 80명을 모두 사진으로 찍어 그들의 얼굴과 이름을 게시판에 붙이고, 이것이 우리 모두를 위한 것이라고 주장했다. 나는 또 사진첩 하나를 따로 만들어 학우들의 이름과 고향을 뒷면에 적어뒀다. 매일 밤 플래시 카드를 보며 외웠지만, 얼굴과 이름을 제대로 매치하지는 못했다. 하지만 이름과 고향은 연결할 수 있었다.

"있잖아, 멀리사가 또 내 빗을 썼어······." 내 침대에 앉아 있던 낯선 여자가 불평했다. "뉴햄프셔에서 온 멀리사?" 내가 물었다. 굳이 출신 지역을 언급할 필요는 없었지만, 뭔가를 기억해냈다는 사실이 너무 기쁜 나머지 기어이 써먹었다.

자기기만의 역효과

진단을 받고 몇 주 동안 나는 내가 얼굴을 기억하는 데 얼마나 서툰지 새삼 뼈저리게 느꼈다. 내가 사람들을 알아보지 못하는 정도는 가히 충격적이었다. 지루한 직원회의를 하면서 회의실 테이블에 앉아 있는 사람 중 내가 이름을 아는 사람이 몇 명이나 되는지 세어봤다(절반도 안 됐다!). 동네를 돌아다니다가 나를 아는 것 같은 낯선 사람들을 만나면 자꾸만 멈춰서 대화를 나누고 있는 나 자신을 발견하기도 했다. 그런데도 나는 친구나 지인들을 자주 무심하게 지나치곤 했다.

"방금 누군가가 알은체하려고 했는데 당신이 그냥 지나쳤어요." 어느 날 데이비드 로웰이 말해줬다. 급히 돌아서니 내 상사가 군중 속으로 사라지고 있었다.

"무슨 말이라도 해줬어야죠!" 그에게 그런 불평을 하는 게 부당하다는 건 나도 알고 있었다. 중요한 사회적 상호작용은 보통 눈 깜짝할 사이에 일어나 버린다.

갑자기 자의식self-conscious이 생기면서 나는 사람들의 눈을 피하고 파티에 대한 불안감을 느끼기 시작했다. 본래 나는 파티를 아주 좋아한다! 아빠가 경고까지 했을 정도다. 자기인식self-knowledge이 위험할 수도 있을까?

그 답을 찾기 위해 퀸즐랜드대학교의 심리학 교수인 윌리엄 폰 히펠William von Hippel에게 전화를 걸었다. 그는 자기기만을 연구하는데, 특히 사회적 상황에서 자기기만이 매우 유용할 수 있다는 사실을 발견했다. 그가 수행한 연구 중 하나에서 참가자들은 마크Mark라는 사람의 비디오 영상을 본 후 그에 대한 연설문을 쓰도록 요청받았다. 한 그룹은 그가 좋은 사람이라는 연설문을, 또 한 그룹은 그가 나쁜 사람이라는 연설문을 쓰는 것이 과제였다. 참가자 중 일부는 긍정적인 내용(곤경에 처한 사람을 돕는 마크)에서 중립적인 내용(점심을 만드는 마크)으로, 그리고 부정적인 내용(돈을 훔치는 마크)으로 전개되는 동영상을 시청했다. 한편 일부 참가자는 그와 반대로 부정적인 내용에서 긍정적인 내용으로 전개되는 동영상을 시청했다. 참가자들은 언제든지 동영상 시청을 중단할 수 있었는데, 자신이 할당받은 입장과 반대되는 방향으로 내용이 전개되기 시작하면 동영상 시청을 중단하는 경향을 보였다.

이는 현명한 선택이었다. 자신의 입장과 반대되는 내용의 증거를 보지 않고 자신이 주장하는 내용을 진심으로 믿고 있는 사람들이 가장 설득력 있는 연설문을 작성했다.[1]

폰 히펠은 "사람들은 자신이 설득하고자 하는 내용을 진심으로 믿게 되면 인지적 부담을 덜 느끼는 것 같아요."라고 말했다. 그런 이유로 변호사들은 보통 의뢰인에게 유죄 여부를 묻지 않는다.

스스로를 속이는 것은 훨씬 더 강력한 효과를 지닌다. 또 다른 연구에서 폰 히펠과 그의 동료들은 자신의 운동 능력을 과대평가

하는 중학생들이 자기를 엄격하게 평가하는 아이들보다 학기 중에 인기가 더 많다는 사실을 발견했다.[2]

그러나 자기기만이 역효과를 낼 수 있는 지점도 있다고 폰 히펠은 말한다.

그는 이렇게 설명했다. "제가 실제보다 20퍼센트 더 뛰어나다고 믿고 산다면, 그 자신감으로 다른 사람들을 물러서게 할 수 있어요. 더 높은 기준을 가진 여성과 데이트하게 될지도 모르고, 다른 남성들을 제 편으로 끌어들일 수도 있겠죠. 진화적으로 중요한 여러 상황에서, 원래는 이루지 못했을 목표들을 달성할 수 있는 겁니다. 하지만 제가 실제보다 100퍼센트 더 뛰어나다고 믿으면 문제가 생길 수 있습니다. 그때부터는 지나치게 밀어붙이다가 곤경에 처할 수도 있으니까요. 그렇더라도 무리하지만 않는다면, 자기기만은 확실히 더 효과적일 수 있습니다."

얼굴인식은 일상적인 사회적 상호작용에서 매우 중요한 부분이므로, 자신이 잘하지 못하더라도 잘하고 있다고 믿는 것은 유용한 거짓말일 수 있다.

"내가 다른 사람들에게 무례하게 행동하고도 그 사실을 모른다면, 다음 날에도 아무 문제 없다는 듯이 당당하게 행동할 수 있겠죠."라고 폰 히펠은 말했다.

내가 서툴다는 걸 모르고 지냈던 시절이여. 아, 그 시절이 정말 그립다.

나는 폰 히펠에게 이렇게 물었다. "진실을 알게 된 지금, 저는 어떻게 해야 할까요?"

그는 "진실을 되돌릴 수는 없지만, 새롭게 얻은 자기인식을 통해 자신을 개선할 수는 있습니다."라고 답했다.

"소크라테스는 '너 자신을 아는 것'이 가장 중요하다고 하지 않았나요?" 내가 지적했다.

"전 이렇게 말하고 싶어요. '너 자신을 알되 너무 많이 알려고 하지는 마라.'" 폰 히펠이 웃으며 대답했다.

이제 막 눈을 뜬 자기인식을 어떻게 활용해야 할지 모르겠고, 그 때문에 직장에서 자신감이 크게 흔들리고 있었다. 얼굴을 잘 기억하지 못하는 기자라니, 농담 같은 이야기였다.

안면인식장애와 어울리지 않는 직업

나는 안면인식장애와 전혀 어울리지 않는 직업을 가진 또 다른 사람이 떠올랐고, 기분 전환을 하기 위해 그에게 전화를 걸었다.

미국 콜로라도주 상원의원인 존 히켄루퍼John Hickenlooper인데, 그는 이렇게 말했다. "얼굴인식불능증을 가진 사람에게 최악의 직업을 생각해본다면, 식당을 운영하는 일이 떠오를 수도 있겠죠. 하지만 정치인이라는 직업을 떠올려보면 생각이 바뀔 겁니다." 정계에 입문하기 전 그는 맥줏집을 운영했다.

히켄루퍼가 사교성이 부족한 안경 쓴 소년이었을 때만 해도 이런 경력을 상상할 수조차 없었을 것이다. 초등학교 시절, 그는 끊임없이 놀림을 받았고 대부분 시간을 외톨이로 지냈다.

"이층에 있던 제 침실 창문에 앉아 울타리 너머 이웃들이 진입로에서 농구하는 걸 보며 엄청나게 가고 싶어 했던 제가 기억나요. 하지만 그들이 누구인지 제대로 기억할 수 없었죠."라고 그는 말했다.

"저도 그랬어요!" 나는 몇 번이나 그의 말에 공감했다.

나이가 들면서 그의 사회생활은 점차 나아졌다. 그는 대학 시절에 인기 있는 학생은 아니었지만 '꽤 괜찮은 녀석'이었다고 말했다.

대학 졸업 후 히켄루퍼는 석유 회사에서 지질학자로 일했다. 그는 "그 일을 하며 평생을 보냈어도 만족했을 겁니다."라고 말했지만, 1980년대 원자재 시장 붕괴로 해고되면서 미국 최초의 자가양조 맥줏집을 열기로 마음먹었다.

어느 날 자신이 운영하는 바에 앉아 있던 히켄루퍼는 직원들이 자신보다 단골손님들을 훨씬 더 잘 알아본다는 사실을 깨달았고, 그로 인해 가끔 자신이 '건방진 사람처럼 보였다'는 것도 알게 됐다. 그래서 속으로 새로운 규칙을 만들었다. 누군가가 자신을 쳐다보기라도 하면, 환한 미소를 짓거나 심지어 그들을 안아주기로 한 것이다. 여기에 손님들의 이름을 크게 부르며 인사하는 웨이터들의 도움까지 더해져, 히켄루퍼는 본래 타고난 사교성을 발휘할 수 있게 됐다.

"요식 업계에서는 모든 사람을 친구처럼 대하는 것이 좋죠."라고 그는 말했다.

이런 전략을 취했음에도 히켄루퍼는 친형이 깜짝 방문했을 때 그를 알아보지 못했다. 이 일을 계기로 바텐더가 히켄루퍼에게 안면인식장애가 있는지 물었고, 히켄루퍼는 그 장애에 대해 처음 들었다. 그는 안면인식장애에 대해 알아보면서 자신이 평생 겪어온 사회적 어려움을 다른 각도에서 바라볼 수 있게 됐다.

"얼굴인식불능증이 실제로 존재한다는 사실을 알고 나자 오히려 자신감이 커졌어요."라고 그는 말했다.

이는 히켄루퍼가 전문적인 언변술사, 즉 정치인이 되는 데 필요한 결정적인 힘이 됐다. 그는 선거 운동과 정책 논의에 대한 열정을 갖고 있었지만, 동료 의원 99명을 모두 알아보는 것은 쉽지 않은 일이었다.

그는 이렇게 말했다. "상원의원들은 자신감이 넘치고 한번 만나면 상대가 자신을 바로 알아보는 게 마땅하다고 생각하지만, 그건 정말 불가능한 일이에요. 제가 정말 좋아하는 훌륭한 상원의원 두 명이 있는데, 이젠 그들을 구별할 수 있게 됐어요. 둘 다 흰머리가 난 데다가 이마가 넓고 눈이 커서 그들을 구별하는 데 1년이나 걸렸지만 말이죠."

외로운 아이였던 히켄루퍼는 이제 안면인식장애를 고통이 아닌 선물로 여긴다. 이 장애 덕분에 더욱 개방적이고 친절한 사람이 되는 법을 배웠기 때문이다.

스티브 워즈니악

안면인식장애를 가진 유명인 중에서 히켄루퍼 다음으로 내가 연락한 사람은 스티브 워즈니악Steve Wozniak이었다. 우리는 페이스타임으로 대화를 나눴는데, 애플 공동 창립자와 소통하는 방식으로는 아주 제격이었다.

워즈니악은 발달성 얼굴인식불능증은 아니었고, 1971년 비행기 사고 이후 얼굴인식불능증을 겪게 됐다. 사고 당시 그는 몇 시간 동안 의식을 잃었고, 이후 5주간 심각한 단기기억상실을 겪었다. 죽을 뻔했던 이 경험으로 그는 삶을 재평가하고 몇 가지 큰 변화를 감행했다.

"스티브 잡스Steve Jobs에게 전화를 걸어 말했죠. '학교로 돌아가서 마지막 학년을 마칠 생각이야.'"

워즈니악은 가명을 사용하고 전공을 공학에서 심리학으로 바꾼 덕분에 학생들의 눈에 띄지 않을 수 있었다. 그는 사고 이후 기억의 내적 작동 원리에 대해 배우고 싶어 했는데, 우리가 그 분야에 대해 얼마나 지식이 부족한지를 알고 놀랐다.

그는 이렇게 말했다. "우리는 실제로 뇌에서 무슨 일이 일어나는지 모릅니다. 만약 알았다면, 이 장애를 고칠 방법을 찾았을 겁니다. 작은 회로를 넣어 대체 경로를 만들 수 있었을지도 모르죠. 뇌가 어떻게 연결되는지 알았다면 뇌를 만들 수 있었을 겁니다."

내가 그의 말을 곱씹고 있는데 그가 뜻밖의 말을 덧붙였다.

"저는 한때 뇌 만드는 법을 잘 아는 회사에 있었어요."

"아, 정말요?" 내가 의아해하며 물었다.

"네, 9개월이 걸려요." 그가 웃으며 말했다(임신 기간을 비유적으로 사용해 던진 농담이다 - 옮긴이).

나는 안도하며 웃음을 터뜨렸다. "멋진 농담이네요."

사람들을 알아보지 못해서 누군가를 불쾌하게 할까 봐 걱정된 적이 없느냐고 묻자, 그는 전혀 걱정하지 않았다고 답했다. "유명한 사람이 되면 수많은 사람을 만나게 되니까 보통은 자기를 기억해줄 거라고 기대하지 않아요."

안면인식장애를 치료할 방법은 없지만, 유명해지면 그 증상을 어느 정도 완화할 수는 있는 듯하다.

안면인식장애의 몇 가지 장점

히켄루퍼 상원의원과 워즈니악에게 전화를 걸어 대화를 나누고 나니, 얼굴인식불능증에도 몇 가지 장점이 있을 수 있다는 생각이 들었다. 특히 방금 만난 사람도 친한 친구를 만난 것처럼 느낄 수 있다는 점이 대표적이다. 낯선 사람들과 빠르게 관계를 맺는 능력은 기자에게 매우 유용한 기술 중 하나다.

나는 또 내 유머 감각이 어느 정도는 안면인식장애 덕분이라고 생각한다. 계속해서 어처구니없는 실수를 저지르다 보면 자신을 너무 진지하게 받아들일 수 없게 되기 때문이다.

나는 이 가설에 대해 영국 코미디언 폴 풋Paul Foot과 이야기해본 적이 있다. 그는 부조리 개그로 유명한 에디 이자드Eddie Izzard와 비슷한 스타일의 코미디언이다. 풋 역시 안면인식장애를 겪고 있으며, 이 장애가 그의 유머 감각에 영향을 미쳤다고 생각한다. 예컨대, 풋은 당황스러움을 숨기기보다는 오히려 그 당황스러운 상황을 웃음으로 승화하는 법을 배웠다.

"무대 위의 제 모습은 조금 혼란스러워 보일 겁니다. 마치 무슨 일이 벌어지고 있는지 모르는 사람처럼요."라고 풋은 말했다.

그는 또 얼굴인식불능증이 부조리한 상황에 대처할 많은 기회를 제공하고, 심지어 그런 상황을 즐기는 법도 배울 수 있게 해준다고 말했다.

"예전에는 사람을 알아보지 못해서 당황하곤 했지만, 이제는 오히려 그게 재미있어요. 피할 수 없으면 즐기라는 말이 있잖아요."

풋과의 대화를 통해 내가 무슨 일이 일어나고 있는지 모르는 상황에서도 주의를 기울이고, 적절한 질문을 던져 상황을 파악하고, 이를 연습하는 데 얼굴인식불능증이 도움이 됐다는 사실을 알 수 있었다. 이것이 바로 기자에게 필요한 기본 역량이다.

얼굴을 잘 인식하는 사람과 팀을 이룬다면, 우리는 제2의 우드워드와 번스타인(밥 우드워드Bob Woodward와 칼 번스타인Carl Bernstein은 진실을 밝히는 기자를 상징하는 유명 언론인이다 – 옮긴이)이 될 수 있을 것이다.

안면인식장애는 특별한 배려가 필요할까

내 이야기를 다룬 기사가 나온 후, 나는 사람을 알아보지 못할 때는 그냥 솔직하게 인정해야겠다고 결심했다. 하지만 그렇게 하기가 생각처럼 쉽지는 않았다.

새로운 원칙을 적용할 첫 번째 기회가 얼마 지나지 않아 찾아왔다. 나는 《워싱턴 포스트》 건물 지하에 자전거를 세워두고 엘리베이터를 타고 올라가고 있었다. 로비에서 키가 크고 잘 차려입은 한 여성이 엘리베이터에 탔다.

"안녕하세요, 세이디." 그녀가 인사를 건넸다.

좀 익숙한 얼굴이었다. 영상 부서에서 일하는 사람인 것 같았지만, 확실하지는 않았다. 그래서 나는 "실례지만, 누구신지 제게 말씀해주실 수 있을까요? 제가 안면인식장애가 있거든요."라고 말했다.

그녀는 자기가 누른 층에서 내리며 말했다. "아, 걱정하지 마세요, 저도 사람들의 이름을 항상 잊어버리는걸요."

엘리베이터는 안면인식장애와 같은 신경발달장애를 자세히 설명하기에 적합한 장소는 아닌 것 같았다.

다음으로 마주친 사람은 갈색 곱슬머리의 젊은 여성이었는데, 내 생일 파티 준비가 어떻게 되고 있는지 물었다. 분명히 내 친구이거나 지인일 텐데, 그녀를 알아보지 못한다는 사실을 도저히 말할 수가 없었다.

"아주 잘되고 있어요!" 내가 대답했다. "실제로 수영하며 사용할 수 있는 인어 꼬리를 50개 대여했고, 공중에서 상어가 헤엄치는 것처럼 보이는 원격 조종 풍선도 두 개 주문했어요."

"멋지네요!" 그녀가 말했다.

"꼭 오세요! 자세한 정보는 따로 보내드릴게요." 내가 말했다.

"이미 알고 있어요. 괜찮다면 게이브도 데려갈게요."

'게이브가 누구지?' 그가 누군지 궁금했다.

"괜찮고 말고요." 나는 있지도 않은 마감 핑계를 대며 자리를 떠났다.

이런. 차라리 솔직히 말할 걸 그랬다. 그랬다면 그녀의 근황에 대한 더 의미 있는 질문을 할 수 있었을 것이다. 사람들은 내가 정말 자기중심적이라고 생각할 것이다.

그날 점심시간에 유니언역에서 친구 리아$_{Lea}$를 만났다.

"안녕, 세이디. 나 리아야." 그녀가 인사했다.

"알아." 나는 약간 서운한 마음으로 대답했다. 그녀가 문에 들어서자마자 바로 알아봤고, 내 쪽으로 걸어오며 웃는 모습을 보고 100퍼센트 확신할 수 있었다. "어쨌든 고마워." 내가 덧붙여 말했다.

사람들이 나를 배려해주려는 건 참 고맙지만, 동시에 좀 어색하기도 하다. 매번 사람들을 만날 때마다 이런 걸 먼저 말해야 할까? 그러다 보면 내가 가진 더 중요한 면들이 가려지지는 않을까?

공개할지 말지에 대한 고민은 내가 요즘 자주 드나드는 곳, 페이스북의 안면인식장애 지원 그룹(나는 이를 '페이스블라인드북 Faceblindbook이라고 부른다)에서 반복적으로 제기되는 문제다. 유명 배우인 브래드 피트 덕분에 안면인식장애에 대한 인식이 높아지면서, 이제 자신의 문제를 공유하고 설명하기가 한결 쉬워졌다. 하지만 이를 언급하는 것은 여전히 큰 부담이 될 수 있다. 어떤 이들은 솔직히 말해도 믿지 않거나 괜히 유난을 떤다고 생각할 수도 있기 때문이다.

다행히 신경다양성 운동이 확산된 덕분에 이런 부정적인 반응은 점차 줄어들고 있다. 신경다양성 운동가들은 자폐증이나 ADHD가 약점뿐 아니라 강점도 동반하는 차이로 받아들여져야 한다고 주장한다. 또 비전형적인 뇌를 가진 사람들에 대한 더 많은 이해와 배려를 요구하고 있다. 이는 모든 사람에게 이익이 되는 일이라고 생각한다. 인류가 존재론적 위기에 직면한 이 시점에 우리에겐 모든 두뇌의 힘이 필요하기 때문이다.

이 같은 변화에 대한 선례는 이미 존재한다. 왼손잡이를 생각해 보자. 과거에는 왼손잡이를 이상하게 생각하거나 심지어 악마 같다고 여기기도 했지만, 이제는 그들에게 왼손잡이용 가위를 건네며 별일 아니라고 여긴다. 수업 시간에 가만히 앉아 있지 못하는 아이들은 꾸지람을 듣고 교장실로 보내지곤 했지만, 이제는 피짓 스피너fidget spinner(회전하도록 만든 장난감 – 옮긴이)를 쥐여주거나 더 나아가 반 전체가 야외에서 뛰어놀 수 있는 시간을 더 많이 준다. 앞으로는 별안간 손뼉을 치거나 비전형적인 행동을 하는 학생을 봐도 크게 신경 쓰지 않을 것이다.

안면인식장애를 가진 사람들에게 어떤 배려가 필요한지 묻는다면, 한 가지만 부탁하고 싶다. 누군가의 이름을 알고 있다면, 그 이름을 꼭 사용해주기 바란다! "좋은 지적이에요."라고 말하는 대신, "소피아가 아주 훌륭한 의견을 냈네요. 제임스, 어떻게 생각해요?"라고 말해줬으면 좋겠다. 물론 이렇게 말하면 교활한 중고차 딜러처럼 들릴 수도 있지만, 얼굴을 잘 인식하지 못하는 친구들이나 이름을 잘 기억하지 못하는 친구들이 고마워할 것이다.

안면인식장애를 겪고 있는 사람 중 대다수는 갑자기 모든 사람을 다 알아보게 되길 원치 않는다고 말한다. 그와 같은 큰 변화는 부담스럽거나 자신의 정체성에 중대한 변화를 불러올 수 있기 때문이다. 하지만 나는 좀 다르다. 내가 얼굴인식 모듈이 장착된 증강현실 안경을 받게 된다면 정말 기쁠 것 같다. 물론 얼굴인식 기술에는 사생활 문제가 뒤따르지만, 이 기술도 윤리적으로 구현될 수 있다. 예컨대, 모든 사람은 사진을 찍는 데 명시적으로 동의한 친구와 지인들로만 구성된 개인 데이터베이스를 가질 수 있을 것이다. 이 기술이 확산되는 게 걱정이라는 사람들에게는 안타까운 소식을 전해야 할 것 같다. 얼굴인식 소프트웨어는 이미 상용화돼 있으며, 가정용 보안 시스템 같은 제품에 널리 사용되고 있다.

다시 말해서 내게는 기본적인 이해를 넘어서는 특별한 배려가 필요하지 않다. 누군가가 당신을 기억하지 못한다고 해서 너무 마음 쓰지 않았으면 한다. 안면인식장애를 가진 성인 대부분과 마찬가지로 나도 내 뇌가 잘 작동하지 못할 때 대처할 수 있는 여러 효과적인 방법을 터득했다. 하지만 안면인식장애를 겪는 아이들에겐 우리의 도움이 필요할 것이다.

얼굴을 알아보지 못하는 아이들

다섯 살인 벤Ben은 영국의 유치원에 해당하는 리셉션reception에 적응하는 데 어려움을 겪고 있었다. 평소 밝고 쾌활했던 그 아이는 학교에만 가면 자신감을 잃었다. 단순히 수줍음이 많은 게 아니었다. 그 작은 아이가 반 친구 모두를 두려워하는 것처럼 보였다!

벤은 엄마가 재촉하며 묻자 자신이 괴롭힘을 당하고 있다고 고백했다. 그러나 선생님들은 벤이 가해자를 지목하지 못한다는 이유로 그 아이의 말을 믿지 않았다.

런던 브루넬대학교 부교수인 레이철 베넷츠Rachel Bennetts는 이렇게 말했다. "벤은 운동장에서 자신을 밀친 아이가 누군지 알아볼 수 없었어요. 게다가 교복을 입는 학교라는 점이 문제의 심각성을 키웠죠."

아이의 안전을 염려한 벤의 엄마가 구글 검색을 통해 아동의 얼굴인식불능증을 연구하는 베넷츠를 찾은 것이다. 벤은 안면인식장애가 꽤 심각한 상태였고, 베넷츠는 그 아이가 자기 엄마와 엄마의 차를 인식할 수 있도록 도왔다.

베넷츠는 이렇게 말했다. "벤은 학교에서 다른 엄마들의 차에 타려고 했어요. 이건 안전과 직결된 아주 큰 문제이고, 얼굴인식불능증을 겪고 있는 아이들 사이에서는 아주 흔한 일이죠."

이런 경험을 계기로 베넷츠는 연구 방향을 기초과학 연구에서 치료 중심으로 전환했다.

그녀는 또 이렇게 말했다. "그 사례가 제 마음에 깊이 남았어요. 많은 연구자가 얼굴인식불능증을 얼굴인식이 어떻게 작동하는지를 연구하는 수단으로만 다뤘고, 저 역시 그랬어요. 하지만 이런 경험을 통해 우리는 그 이야기에 인간적인 면이 빠져 있다는 사실을 깨달았죠."

셰리스 코로Sherryse Corrow 박사도 미네소타대학교 트윈 시티 캠퍼스에서 박사 과정을 밟으며 얼굴인식을 연구하던 중 비슷한 결론에 도달했다.

그녀는 이렇게 회상했다. "저희는 얼굴을 알아보지 못하는 아이가 있다는 가족의 연락을 받았고, 그 경험이 얼마나 큰 고립감을 줄 수 있는지 알게 됐습니다. 소문이 퍼지면서 전국 각지에서 점점 더 많은 가족이 저희에게 연락을 했고, 이 분야에 대한 연구의 필요성과 기회가 있다는 걸 깨달았어요."

2012년, 코로와 그녀의 동료들은 안면인식장애 아동과 부모를 위한 소규모 콘퍼런스인 '프로소키즈 위켄드ProsoKids Weekend'를 주최했다. 어른들이 얼굴인식 과학자들의 강의를 듣는 동안, 아이들은 현장 학습을 하고 미술과 공예 활동을 하면서 장애를 극복할 방법을 함께 고민했다.

코로는 당시 상황을 이렇게 회상했다. "상황이 좀 미묘했어요. 부모들 중 일부는 아이에게 장애라는 진단명을 붙이는 것을 원치 않아서 저희는 아이들에게 안면인식장애가 있다고 직접적으로 말하지 않았어요. 그런데 아이들에게 자신이 잘하는 것과 잘하지 못하는 것에 대해 이야기해보라고 하자, 부모에게는 얼굴인식에 대해 한마디도 하지 않았던 아이들이 '저는 사람들을 잘 알아보지 못해요.'라고 말하기 시작했어요. 어떤 부모들은 매우 놀라워했습니다."

부모들 중 일부는 자녀에게 진단명을 알려주면 아이의 사회적 자신감이 떨어질까 봐 걱정했다. 그러나 코로는 얼굴인식불능증을 가진 아이들은 이미 사회적으로 불안해하는 경향이 있으며, 자기 자신을 올바로 이해하는 것은 환경에 적응하고 대처하는 데 도움이 된다고 말했다.

"예를 들어 친한 친구들에게 다른 아이들이 누군지 알려달라고 부탁하거나, 함께 놀고 있던 아이를 알아보지 못할 때 '너 누구였더라?'라고 물어봄으로써 자신이 처한 난처한 상황에서 벗어날 수 있다는 사실을 알게 되면서 아이들은 해방감을 느꼈어요."

자금 부족으로 프로소키즈 위켄드는 다시 열리지 않았고, 얼굴인식불능증을 가진 사람들을 돕기 위한 연구는 여전히 부족하다. 하지만 상황이 조금씩 변하고 있는 듯하다. 일례로, 베넷츠와 그녀의 동료들은 아이들이 얼굴인식 능력을 향상시킬 수 있도록 돕고 있으며, 상업적으로 판매되고 있는 보드게임 '게스 후? Guess Who?'를 활용하고 있다. 이 게임은 양쪽 플레이어가 얼굴 카드 24개 중 하나를 고르고, 서로의 카드를 추리하기 위해 '예/아니요' 질문을 통해 범위를 좁혀가는 방식이다. 원래 게임에서는 성별만 물어봐도 절반의 카드를 제거할 수 있다.

기존 게임에서는 캐릭터들이 저마다 다른 머리색, 모자, 안경 등 외형적 특징을 갖고 있었다. 그러나 베넷츠는 이 카드들을 매우 비슷하게 생긴 얼굴들로 교체해 플레이어들이 눈 사이 간격이나 코 크기 같은 얼굴의 세부적인 특징에 더 주의를 기울이게 했다.

베넷츠와 그녀의 동료들은 이 변형된 게임을 한 4~11세의 아이들이 기존 게임을 한 대조군보다 얼굴인식 능력이 7.5퍼센트 더 향상된 것을 발견했다.[3]

베넷츠는 이렇게 말했다. "당시 실험에 참가한 아이들은 신경학적으로 모두 정상이었어요. 안면인식장애를 가진 아이들을 찾기가 어려웠거든요. 그 실험에서 처음에 얼굴인식 능력이 평균 이하였던 아이들이 가장 크게 향상된 결과를 보였어요. 그래서 안면인식장애를 가진 아이들에게는 더 효과가 있을 거라는 기대를 하고 있습니다."

스코틀랜드 스털링대학교에서 심리학 박사 과정을 밟고 있는 주디스 로즈Judith Lowes는 아이들의 약점을 보완하는 것도 훌륭한 목표이긴 하지만 강점을 발전시키는 것이 더 효과적이라고 말했다. "얼굴인식이나 얼굴지각에서 비전형적인 능력을 가진 사람을 전형적인 능력을 가진 사람처럼 만들려 하기보다는, 머리 모양이나 목소리 같은 특징을 활용하는 대처 방법을 개발할 수 있도록 돕는 것이 더 나을 수 있어요."

이런 맞춤형 접근 방식이 얼굴인식 과학에 꼭 크게 기여하지는 않겠지만, 사람들의 삶에는 큰 변화를 불러올 수도 있다.

그녀는 이렇게 덧붙였다. "얼굴인식불능증을 가진 아이들은 많은 어려움을 겪게 됩니다. 실질적인 얼굴인식 능력을 조금만 개선해도 도움이 될 수 있습니다."

우리는 후천성 얼굴인식불능증이 어떻게 발생하는지(오른쪽 뇌 반구의 방추상얼굴영역이 손상돼 발생한다) 꽤 잘 알고 있다. 하지만 발달성 얼굴인식불능증의 원인은 아직 알려지지 않았다. 잉고 케너크네히트의 연구는 이 증상이 단일 유전자에 의해 발생한다는 의견을 제시하고 있다.[4] "이것은 명백한 상염색체 우성 장애입니다."라고 그는 말한다.

브래드 듀셰인도 유전적 요소가 있다는 데 동의하지만, 보통은 여러 유전자가 관련돼 있으리라고 추정한다. 왜냐하면 안면인식장애가 가족 내에서 나타나기는 하지만, '페이션트 제로$_{patient\ zero}$'('최초의 감염자'를 의미하는 말로, 여기서는 최초로 안면인식장애를 나타낸 사람을 뜻한다 – 옮긴이)에서 멀어질수록 그 정도가 약해지는 경향이 있기 때문이다. 즉 엄마가 명백한 안면인식장애를 겪고 있다면, 그 자녀는 그저 평균 이하의 인식 능력을 가질 수 있고, 손주들은 정상일 가능성이 크다.

듀셰인은 이렇게 말했다. "만약 단일 우성 유전자만으로 발생하는 장애였다면, 그 증상이 한 가족 내에서 계속 이어졌을 겁니다. 하지만 여러 유전자가 관련돼 있을 것이고, 발달성 얼굴인식불능증을 겪는 사람은 운이 좋지 않아서 그 모든 유전자를 갖게 된 경우일 수 있죠. 그리고 그 사람에게서 멀어질수록 정상에 가까워지는 거고요."

물론 두 연구자의 말이 모두 맞을 수도 있다. 안면인식장애의 한 형태는 단일 유전자에 의해 발생하고, 또 다른 형태는 여러 유전자에 의해 발생할 수 있다. 그러나 어떤 이론도 내 상황을 설명하지는 못한다. 우리 가족 중에는 얼굴인식불능증을 가진 사람이 단 한 명도 없기 때문이다.

그렇다면 내게 무슨 일이 있었던 걸까? 어렸을 때 머리를 부딪히기라도 한 걸까?

어느 날 저녁 식사 자리에서 아빠한테 이 질문을 던지자 그는 울음을 터뜨렸다(뒤에서 계속!).

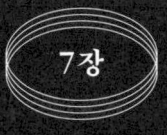

7장

입체를 볼 수 없는 운전자, 도로로 나가다

1996년 여름, 밝고 습한 아침에 나는 학교로 걸어가면서 『은하수를 여행하는 히치하이커를 위한 안내서』를 읽고 있었다. 내가 가장 좋아하는 캐릭터 자포드 비블브록스Zaphod Beeblebrox가 매우 관료적인 외계 종족 보곤Vogon과 엮여 곤경에 처해 있었다. 보곤들이 자포드를 고문실에 가두려는 바로 그 순간, 세상이 갑자기 뒤틀렸다. 책이 손에서 날아가고 나는 차 보닛 위로 넘어졌다.

내가 차에 치인 걸까? 아니다, 그냥 멈춰 있던 차에 부딪힌 것이었다. 누군가가 자기 집 진입로 한가운데에 아주 무례하게 주차해둔 차였다. 나는 재빨리 내 물건을 챙겨 들고 황급히 그 자리를 벗어났다.

학교에 도착해서는 붉은 얼굴에 포그혼 레그혼Foghorn Leghorn(미국 남부 억양 중에서도 특히 과장된 형태 – 옮긴이) 억양의 운전교육 교사가 알아차리지 못하도록 교실로 조용히 들어섰다. 그는 반가운 소식을 전하고 있었다.

"말했듯이, 너희 모두 합격이야."

조교가 우리에게 연습운전면허learner's permit를 나눠주기 시작했다. 여름학교 운전교육 시험은 내가 두 번이나 떨어진 차량관리국 DMV 주관 운전면허 시험보다 훨씬 쉬웠다. 나는 여전히 여러 종류의 도로선이 의미하는 바를 몰랐고, 도로의 어느 쪽이 '내가 가야 할 차선'인지도 헷갈렸다. 하지만 플로리다주에서는 내가 운전할 준비가 됐다고 판단했다.

레그혼 선생님은 우리를 두 그룹으로 나눴다. 절반은 교실에 남고 나머지 절반은 운전을 하러 나가는데, 내일은 역할을 바꾸기로 했다. 나를 제외한 모두가 운전을 하고 싶어 안달이 나 있었기 때문에 나는 어렵지 않게 교실에 남는 그룹에 속할 수 있었다. 나는 그날 이미 흥미진진한 일을 충분히 겪은 상태였다. 나는 뺑소니 사건의 피해자이자 가해자였다.

절반의 아이들이 나가자 조교 선생님이 TV를 켰고, 〈쥬라기 공원〉이 방영됐다. 이 영화는 어쩐 일인지 교실의 TV만 켜면 나오는 것 같다. 반 친구들 대부분이 영화를 통째로 외울 정도였고, 더 뛰어난 아이들은 옥의 티를 지적하곤 했다.

"봐봐, 알이 흙 위에 있는 거 보이지?" 주근깨 많은 한 남자아이가 말했다. "이젠 모래야."

나는 『은하수를 여행하는 히치하이커를 위한 안내서』를 팔꿈치로 고정하고 TV의 깜빡이는 빛 속에서 계속 읽어나갔다. 로라 던Laura Dern이 거대한 똥 더미 속에 팔을 집어넣었고, 작은 공룡이 배신한 컴퓨터 프로그래머를 눈멀게 했다. 자포드는 놀랍게도 멀쩡

한 몸으로 고문실을 빠져나왔다.

다음 날, 조교 선생님이 내가 속한 그룹을 운전 연습장으로 보낼 때 나는 뒤로 물러나 있었다. 누가 물어보면 공지 사항을 못 들었다고 할 생각이었다.

늘 생각에 잠긴 사람으로 알려져 있는 게 나름 좋은 점도 있었다. 아무도 눈치채지 못했다. 그날도, 다음 날도, 그다음 날도.

6주 동안 나는 고등학교 주차장에 있는 트레일러에 앉아 더글러스 애덤스Douglas Adams의 전작을 읽어나갔다.

나는 운전교육 실습을 빠지는 게 좋은 생각은 아니라는 걸 알고 있었지만, 그 이유를 깨닫기까지는 시간이 좀 걸렸다. 운전면허 시험 전날 밤, 나는 스스로를 곤란한 상황으로 몰아넣었다는 사실을 문득 깨달았다. 만약 시험에 응시하지 않으면 성적표에 F가 찍혀 평점이 떨어질 것이고, 그러면 평범한 대학에 가서 평범한 인생을 살게 될 터였다.

하지만 운전을 한 번도 해본 적이 없는 내가 시험을 보면 분명히 실패할 것이고, 어쩌면 죽을 수도 있었다.

선택의 여지가 없었다. 나는 반드시 시험에 합격해야 했다. 나는 자신에게 이렇게 말했다. '넌 똑똑하잖아. 해낼 수 있을 거야.'

다음 날 조교 선생님은 우리를 학교 주차장으로 데리고 가더니 그곳에서 시험을 보게 될 것이라고 설명했다. 나는 조금 안심했다. 폐쇄된 코스에서 시행하는 시험이 도로에서 시행하는 시험보다 확실히 더 쉽고 안전하다는 생각에서였다. 하지만 동시에 반 친구들이 내 (아마도) 화려한 실패를 낱낱이 지켜보게 되리라는 부담도 있었다.

레그혼 선생님은 우리가 일곱 개의 스테이션을 돌아다니며 각 지점에서 필요한 기술을 시연해야 한다고 설명했다. 나는 평행 주차에서 시작하도록 배정받았지만, 그건 너무 어려울 것 같아 '급정거' 스테이션으로 몰래 자리를 옮겼다.

조교 선생님은 그 기술, 즉 안전벨트를 매고, 거울을 확인한 다음, 직선으로 운전하다가 빠르게 멈추는 기술을 시범으로 보여줬다.

나는 뒤로 물러나 다른 학생들이 차례대로 시험 보는 것을 지켜봤다. 대다수가 통과했지만, 주근깨가 있는 아이만 안전벨트를 깜빡하고 매지 않아서 실패했다(선생님은 그를 꾸짖더니 다시 한번 기회를 줬다).

마침내 내 차례가 됐다. 나는 자연스럽게 차로 다가가 다른 아이들을 따라 안전벨트를 단단히 매고 거울을 조정하는 척했다. '페달은 두 개뿐이야.' 나는 스스로에게 말했다. '어느 게 어떤 건지 알기만 하면 돼……'

"출발." 조교 선생님이 말했다. 나는 차 기어를 드라이브 모드로 변속하고 천천히 앞으로 나아갔다.

"정지." 그가 말했다. 큰 페달을 조심스럽게 밟았더니 차가 멈췄다.

"잘했어." 조교 선생님이 말했다. "이게 마지막 스테이션이었지?"

"네." 내가 대답하며 서류를 건넸다.

그는 내 서류에 뭔가를 휘갈겨 쓰고는 내게 건네준 뒤 자리를 떠났다.

나는 멍하니 서류를 바라봤다. 조교 선생님은 내가 시험을 통과했다고 서명했다. 그것도 그 스테이션뿐만 아니라 전체 시험을 통과한 것이었다.

합격했다! 내가 합격했다고! 대체 어떻게 합격한 거지?

그 주 후반, 아빠가 나를 차량관리국에 데려다줬고 나는 내 서류를 운전면허증으로 교환했다. 그 면허증은 지금까지 계속해서 갱신해 사용하고 있다.

"장기 기증자가 되시겠습니까?" 차량관리국 직원이 물었다.

"네." 내가 대답했다.

내가 할 수 있는 최소한의 일이라고 생각했다.

왼쪽 눈의 약시

내 안면인식장애 이야기가 세상에 나온 지 몇 달이나 지났지만, 아직도 내 아파트 곳곳에는 관련 연구 자료가 쌓여 있다. 그것들을 모아서 버리려 할 때마다 뭔가가 방해를 한다. 쓰레기장 열쇠가 안 보이거나, 설거지를 해야 하거나, 전화 걸어야 할 일이 떠오른다.

이건 정말 나답지 않다. 나는 버리는 걸 굉장히 좋아하는 사람이다. 반쯤 남은 탄산수 캔, 열어보지 않은 우편물, 스티브가 여기저기 흩뿌려놓는 작은 전자 기기들까지 모두 쓰레기통으로 직행이다! 그런데 그 연구 자료들만큼은 쉽게 버릴 수가 없었다. 결국 그것들을 쇼핑백에 담아 옷장 깊숙이 밀어넣어 버렸다.

그런데 더 큰 문제들이 생겨버렸다. 《워싱턴 포스트 익스프레스》가 폐간되면서 나는 해고됐고, 팬데믹이 시작되면서 워싱턴 D.C.가 봉쇄됐다. 스티브, 나, 그리고 고양이들은 많은 시간을 함께 보내게 됐다.

좋은 점을 꼽아보자면, 스티브가 재택근무를 할 수 있었고 이제 막 프리랜서가 된 나도 이론상으론 그렇게 할 수 있다는 점이었다. 하지만 일감이 줄줄이 들어오는 것도 아니었고, 앤세스트리닷컴 Ancestry.com 같은 사이트들은 나를 만만한 타깃으로 삼은 듯했다. 그들의 광고가 나를 페이스북부터 아마존, 유튜브까지 졸졸 따라다녔다. '당신만의 특별함을 발견해보세요. 당신의 가족사에 생기를 불어넣어 보세요.'

스티브의 하루는 대부분 줌Zoom 회의로 채워졌다. 나는 조용한 남자와 결혼했다고 생각했는데, 그가 일할 때 보니 전혀 그렇지 않았다. 내가 가족사의 비밀을 파헤치기 직전이면, 그는 우주정거장에서도 들릴 만큼 큰 목소리로 말하곤 했다.

"우리는 열역학 진동이 하이퍼 파라미터 매트릭스에 미치는 영향을 고려해야 합니다! 재귀적 자동 인코더를 통합하면 데이터 불일치를 최소화할 수 있어요!"

엿듣는다고 해도 아무 의미 없는 이야기였다.

나는 스티브를 사랑하지만, 80제곱미터도 안 되는 아파트에서 매일 매 순간을 붙어 지낼 수는 없는 일이었다. 고양이들조차 가족과의 과도한 밀착에 영향을 받는지 현관문을 열 때마다 탈출을 시도했다.

햇빛과 하늘을 보기 위해 나는 아주 작은 '줄리엣' 발코니로 자리를 옮겼다. 팬데믹 이전에는 한 번도 사용하지 않았지만, 해먹을 설치한 후부터는 내가 가장 좋아하는 장소가 됐다. 나는 이 '사무실'에서 '일'을 하며 시간을 보내기 시작했고, 주로 연로한 가족들에게 전화를 걸어 돌아가신 친척들에 대한 정보를 꼬치꼬치 캐묻곤 했다.

그들 중 누구도 안면인식장애를 겪었던 것 같지는 않았다. 실크 사업가, 유명한 랍비, 카드 도박사, 밀수업자와 같이 모두 대인관계를 잘 맺어야 하는 직업을 가진 사람들이었다. 게다가 살아 있는 친척들 모두 얼굴 기억 테스트에서 평균 이상의 점수를 기록했다.

도대체 나한테 무슨 일이 일어난 걸까?

갑자기 내 연구를 다시 들여다봐야겠다는 생각이 들었다. 문제는 내가 바지를 입고 있지 않았다는 것이다. 나는 스티브의 줌 회의 화면에 불쑥 등장하지 않기 위해 침실을 기어가 옷장에서 연구 자료가 든 가방을 꺼내 조금씩 밀면서 내 발코니로 기어갔다.

내가 찾고 있던 것은 흔히 알려진 유전적 원인이 아닌 환경적 요인으로 인한 얼굴인식불능증을 다룬 논문이었다. 다행히 그 논문에 하이라이트 표시가 많이 돼 있어 금방 찾을 수 있었다.

2001년, 캐나다 맥마스터대학교 연구진은 양쪽 눈에 백내장을 가지고 태어난 아이 열네 명을 연구했다. 이 아이들은 생후 2개월에서 1년 사이에 백내장을 제거했는데, 수술 후 약 9년이 지난 시점에 얼굴인식불능증과 유사한 증상을 보였다. 개별적인 얼굴의 특징은 잘 인식했지만 얼굴 전체를 통합적으로 받아들이는 데 어려움을 겪었고, 그 결과 비슷하게 생긴 얼굴을 구분하는 데 문제가 있었다.[1]

이 연구는 후속 연구로 이어졌다. 이번에는 한쪽 눈에만 백내장이 있던 아이들을 대상으로 이뤄졌다. 왼쪽 눈에 백내장이 있던 아이들은 얼굴을 인식하는 데 어려움이 있었지만, 오른쪽 눈에 백내장이 있던 아이들은 그렇지 않았다.[2]

이는 얼굴을 인식하는 능력을 발달시키기 위해서는 왼쪽 눈을 통한 초기 얼굴 노출이 매우 중요함을 의미한다. 그렇다면 오른쪽 눈은 어떨까? 별로 중요하지 않다.

이런 연구 결과는 꽤 일리가 있다. 영아의 경우 왼쪽 눈은 주로 뇌의 오른쪽 반구와 연결되기 때문이다.* 만약 왼쪽 눈의 시력이 약하다면, 얼굴인식에서 중요한 역할을 하는 오른쪽 방추상얼굴영역이 발달하는 데 필요한 시각 정보를 받지 못하게 된다.

나는 연구 논문을 읽다가 너무 흥분한 나머지 하마터면 해먹에서 떨어질 뻔했다. 내가 아기였을 때, 내 왼쪽 눈과 오른쪽 방추상얼굴영역은 얼굴을 제대로 보지 못했다! 백내장이 있었던 것이 아니라, 흔히 말하는 '시력이 약한 상태'였기 때문에 내 뇌가 왼쪽 눈을 통해 전달되는 정보를 무시한 것이다. 그리고 그 정보를 쉽게 무시하기 위해 내 뇌는 왼쪽 눈이 코 옆의 빈 공간을 향하게 했다. 나는 마치 미제 사건의 핵심 증거를 발견한 탐정이 된 기분이었다.

단서를 쫓다가 2015년에 발표된 한 연구를 발견했고, 그 연구는 내 이론을 직접적으로 뒷받침해주었다. 왼쪽 눈에 약시amblyopia가 있는 사람들은 평생 얼굴을 인식하는 데 어려움을 겪는다는 내용이었다(오른쪽 눈의 약시는 해당하지 않는다!).[3]

---

*   성인은 양쪽 눈 모두 두 반구로 신호를 보낸다.

이전에 본 자료가 불현듯 생각난 나는 안으로 뛰어 들어가 연구 결과를 자세히 살펴봤다. 내 안면인식장애에 대한 모든 답을 찾은 건 아니었지만, 적어도 그중 하나가 될 만한 결정적인 증거를 찾은 것만 같았다.

입체맹

약시, 사시strabismus, 입체맹, 이 세 용어는 서로 비슷한 것 같지만 조금씩 다른 의미를 지닌다.

약시는 뇌가 한쪽 눈에서 들어오는 정보를 억제하는 상태를 말하고, 사시는 두 눈이 제대로 정렬되지 않은 상태를 말한다. 약시와 사시는 함께 발생하는 경우가 많으며, 서로를 악화하는 피드백 루프를 만들어 두 상태가 모두 더 나빠질 수 있다. 이런 문제를 가진 아기들은 한 번에 한쪽 눈만 사용하게 되면서 깊이를 인식할 수 없게 되고, 이 때문에 입체맹 상태가 된다. 나는 이 책에서 주로 입체맹이라는 용어를 사용할 것이다. 이 용어가 기능적 문제를 더 잘 설명하고 직관적으로 이해하기 쉽기 때문이다.

다른 많은 약시와 마찬가지로 나도 어렸을 때 받은 눈 정렬 수술로 내 상태가 치료됐다고 생각했다. 그러나 의사들이 내 눈을 정렬시켰을 때, 내 시력에는 아무 변화가 없었다. 내게 이 수술은 눈을 위한 치아 교정 같은 것이었다. 다른 사람들에게는 정상으로 보였지만, 나는 여전히 입체맹 상태로 남아 있었다.

나와 같은 경우는 흔히 일어난다. 매년 5만 건이 넘는 눈 정렬 수술이 어린이(영아 포함)를 대상으로 시행되지만,[4] 그중 0.5퍼센트

미만만이 정상적인 입체시력stereoacuity을 회복하게 된다.⁵ 입체시력은 추가적인 단서 없이도 물체의 거리를 감지하는 능력을 말한다. 많은 경우, 눈 정렬 수술을 하고 나면 아이가 가진 눈 문제가 다른 사람들 눈에는 보이지 않게 되지만 시력장애는 여전히 남는다.*

나는 내 시력이 완전히 정상이라고 생각했지만, 2009년 하버드의 신경과학자 마거릿 리빙스턴Margaret Livingstone이 그렇지 않다는 사실을 알려줬다.

당시 나는 미국심리학회에서 과학 기자로 일하고 있었고, 리빙스턴의 연구에 대한 기사를 작성 중이었다. 그녀는 미술 전공 학생들이 타 전공 학생들보다 입체맹일 가능성이 더 크다는 연구 결과를 발표했다. 또 유명한 예술가들의 초상화와 정치인들의 초상화를 비교한 결과, 예술가들이 비정상적인 눈 정렬을 갖고 있을 가능성이 더 크다는 사실도 발견했다. 이는 그들이 입체맹일 가능성이 크다는 의미였다.⁶

리빙스턴의 결론은 이렇다. 평면적인 세상에서 살면 3차원 세계를 2차원 캔버스에 표현하기가 더 쉬워진다는 것이다. 그러나 나는 그녀가 이전에 했던 말에 더 집중했다. 눈이 제대로 정렬되지 않으면 세상을 남들과 다르게 본다는 말이었다.

---

* 참고로 나는 의사가 아니며, 신체는 복잡한 것이므로 이 수술이 당신이나 당신 아이에게 유익할 수도 있다. 나의 개인적 경험을 의학적 조언으로 받아들이거나 내게 불만을 토로하는 편지를 보내지 말기를 당부한다. 나는 당신과 의료 전문가들이 당신에게 맞는 최선의 결정을 내리기를 진심으로 바란다.

"제 눈도 정렬되지 않았지만, 전 입체맹이 아니에요." 내가 말했다.
"정말 그럴 거라고 확신하나요?" 그녀가 물었다.

그다음 주에 나는 마침 정기 안과 검진을 받게 돼 있었다.*

간호사가 안약을 들고 내게 다가오자 나는 이렇게 말했다. "미리 말씀드리자면, 눈에 약을 넣는 게 좀 힘들 수도 있어요, 어렸을 때 제 눈에 문제가 많았거든요……."

"괜찮으실 거예요." 그녀는 대수롭지 않다는 듯 말했다.

난 결코 괜찮지 않았다. 10분 후, 우리는 둘 다 안약에 흠뻑 젖어 있었고, 다른 간호사가 호출됐으며, 개검기 lid speculum(눈 검사나 치료 중에 눈꺼풀을 벌리는 데 사용하는 기구 - 옮긴이)가 필요하다는 말이 나왔다.

내가 직접 안약을 넣으려 애쓰고 있을 때, 간호사가 내 파일에 뭔가를 적어 넣었다. 아마 다른 의료진에게 주의를 주는 내용이었을 것이다.

의사가 도착했다. 그가 내게 평범하게 다가오는 모습을 보니, 내 기록을 읽지 않았다는 걸 알 수 있었다.

그는 강한 빛을 내 눈에 바로 비췄고, 나는 의자 팔걸이를 꽉 쥐며 눈(이유는 모르겠지만 입까지)을 크게 뜨고 있었다. 그는 내 턱을

---

* 나는 복잡한 눈 문제를 겪은 적이 있어 몇 년마다 정기적으로 안과 전문의를 찾아야 한다. 안과 의사는 의학 박사 학위를 갖고 있는 반면, 검안사는 다른 학위를 갖고 있다.

작은 받침대에 올리라고 했다. 나는 '아, 이제 그 바람 분사하는 검사를 하겠구나.'라고 생각했다.

"미리 말씀드리지만······." 내가 말을 마치기도 전에 바람이 내 얼굴을 쳤다. 나는 소리를 지르며 반사적으로 바닥을 찼고, 그 충격으로 의자가 뒤로 날아가 벽에 부딪혔다.

의사와 나는 눈을 크게 뜬 채 잠시 말없이 서로를 바라봤다. 그때 가냘픈 동물 울음소리 같은 게 검사실에 울려 퍼졌다. 내 행동이 다른 환자를 놀라게 한 것이었다. 들리는 소리로 보아 어린아이였던 것 같다.

나는 "죄송합니다."라고 말했지만, 사실 별로 미안하지 않았다. 그 아이도 곧 안과 의사의 실체를 알게 될 테니까. 나는 그 아이에게 미리 가벼운 경고를 해준 셈이다.

"거의 다 끝났어요." 의사가 의기양양하게 말했다. 그러고는 내게 특수안경과 네 개씩 묶인 과녁 그림이 담긴 부드럽고 두툼한 플라스틱 폴더를 건네줬다. 내 임무는 그중 3차원처럼 보이는 이미지를 고르는 것이었다.

"튀어나와 보이는 게 아무것도 없어요." 내가 대답했다. "이 테스트는 항상 실패해요. 파리도 안 보이고요."

"아, 그렇군요." 의사가 내 기록을 훑어보며 말했다. "입체맹이군요."

입체맹. 살아오는 내내 한 번도 들어본 적 없는 단어였는데, 이제는 자주 듣게 됐다.

"근데 전 형편없는 예술가인데요." 내가 말했다(입체맹 예술가의 능력에 빗대어 자신은 그런 능력이 없다고 말한 것 – 옮긴이).

"테니스도 잘 못 치겠네요." 의사가 말했다.

"최악이죠!" 내가 흥분하며 말했다. "부모님이 저를 몇 년 동안 테니스 캠프에 보냈지만, 지금도 서브할 때 공을 못 맞혀요."

의사는 대부분 사람이 두 눈의 시야를 하나의 이미지로 합쳐서 보지만, 나는 왼쪽 눈과 오른쪽 눈을 번갈아 가며 사용한다고 설명해줬다. 그래서 내 깊이 감각이 형편없는 거였다.

30년 내내 프리스비Frisbee(던지고 받으며 노는 원반 장난감 – 옮긴이)를 놓치고 음료를 쏟은 게 갑자기 이해가 됐다.

두 번의 눈 수술

나는 병원에서 나오자마자 아빠한테 전화를 걸었다.

"아빠, 내가 소프트볼을 얼마나 못했는지 기억나? 시즌 내내 공한 번 못 쳤던 거?"

"으흠." 아빠가 약간 의심스러워하는 목소리로 대답했다. 그럴 만도 했다. 평소 내가 스포츠 이야기를 하려고 대낮에 전화 거는 일은 없었으니까.

"근데 그게 내 잘못이 아니래! 방금 병원에 다녀왔는데, 나 입체맹이래! 한 번에 한쪽 눈으로만 볼 수 있대!"

아빠는 웃었다. "그냥 네가 덤벙대서 그런 거 아니야?"

"내가 덤벙대는 이유가 바로 입체맹 때문인 것 같아." 내가 대답했다.

아빠와 나는 내 눈 문제를 해결해줬다고 믿었던 수술들에 대해 이야기하기 시작했다. 첫 번째 수술은 아빠한테 꽤 충격적이었던 모양이다.

"아직도 널 침대에 눕혀 데려가던 모습이 기억나. 금쪽같은 내 아기." 아빠가 감정 섞인 목소리로 말했다.

나는 한 살 때 첫 번째 수술을 받았기 때문에 기억이 나질 않는다. 하지만 아홉 살 때 받은 두 번째 수술은 기억이 난다. 그때 난 너무 무서웠다. 모두들 수술이 안전하다고 계속 말했지만, 나는 그 말을 믿지 않았다. 그런데 수술을 받기 며칠 전, 내 불안을 더 키우는 일이 일어났다.

엄마와 나는 쇼핑몰에 있었고, 나는 회전목마가 달린 오르골을 무심코 집어 들었다. 엄마는 "이거 갖고 싶어?"라고 묻더니 내 대답을 듣지도 않고 바로 사줬다.

나는 뭔가 수상해서 조금 뒤엔 골든 리트리버 강아지 인형을 집어 들었다. 엄마는 그것도 사줬다.

나는 '아, 이걸로 모든 게 확실해졌어. 내가 정말 죽는구나.'라고 생각했다.

(물론 나는 죽지 않았다. 눈 정렬 수술은 꽤 안전하다.[7])

"이제 눈을 고칠 수 있는 거야?" 아빠가 물었다.

"아니, 근데 별일 아니래." 내가 말했다.

내 안과 의사와 그 후에 만난 많은 안과 의사가 3차원으로 보는 법을 배우는 데 중요한 시기는 이미 지났다고 말했고, 사실 별문제가 되지 않았다. 나는 그냥저냥 잘 살아왔으니까.

그래서 모든 게 끝났다고 생각했다. 그런데 10년이 지나고 나서야 내 안과 의사가 두 가지 면에서 틀렸다는 걸 알게 됐다.

첫째, 입체맹이 되는 것은 꽤 큰 문제이며, 내 삶의 대부분 영역에 미묘한 영향을 미쳤다.
둘째, 입체맹 성인도 3차원으로 보는 법을 배울 수 있다. 실제로 그 능력을 습득한 사람들은 그 능력이 자신의 삶을 완전히 변화시켰고 사고방식까지 바꿔놨다고 말한다.

얼굴인식불능증은 이제 물러나라. 새로운 강자가 나타났다.

대부분 사람과 마찬가지로 당신의 뇌는 양쪽 눈에서 들어오는 정보를 자동으로 결합해 하나의 매끄럽고 입체적인 3차원 장면을 만든다. 이는 매우 놀라운 능력이며, 과학자들조차 아직 그 과정을 완벽하게 이해하지 못하고 있다. 우리가 알고 있는 것은 이 과정이 복잡한 계산과 몇 가지 경험을 기반으로 하는 추측을 포함한다는 사실이다. 그리고 이 능력은 당신이 태어난 지 4개월이 되기도 전에 눈앞에 보이는 모든 것을 잡으려고 노력하면서 자연스럽게 익힌 것이다.

앞서 언급했듯이, 일부 유아는 양쪽 눈을 동일한 대상에 맞추는 데 어려움을 겪는다. 이 경우 뇌는 이중 시야를 피하기 위해 한쪽 눈에서 들어오는 정보를 억제하게 된다. 종종 뇌는 약한 쪽 눈을 일부러 더 벗어나게 해서 충돌하는 정보를 더 쉽게 무시할 수 있도록 한다.

나는 이 사실을 어느 정도 알고 있었지만, 신경과학자 수전 R. 배리Susan R. Barry의 책 『3차원의 기적』을 읽기 전까지는 이 모든 것을 한데 모아 생각해본 적이 없었다.

이 책은 낯설면서도 익숙한 이야기를 들려준다. 어릴 때 받은 세 번의 수술 덕분에 외관상으로는 눈이 정렬됐지만, 배리는 평생 입체맹이었다. 그렇다고 해서 그녀가 성공하지 못한 것은 아니다. 배리는 매사추세츠주 마운트 홀리오크 칼리지의 신경과학 교수가 됐고, 베스트셀러 작가도 됐다. 그러나 이 장애 탓에 그녀는 조류학 분야에서의 꿈을 접어야 했다. 그녀는 왜 다른 사람들은 자기보다 훨씬 더 쉽게 새를 찾아내는지 늘 궁금해했다.

배리는 40대에 접어들면서 자신의 시야가 불안정하고 흔들린다는 것을 느끼게 됐고, 시력 교정을 위한 치료를 받기로 했다. 그 과정에서 자기 자신을 포함한 의사와 신경과학자 대부분이 불가능하다고 생각했던 예상치 못한 일이 일어났다. 그녀가 눈부시게 생생한 3차원 세상을 보기 시작한 것이다.

새로운 시각을 갖게 된 배리는 새를 더 잘 찾아낼 수 있게 됐고, 항상 불안하기만 했던 운전에도 자신감을 갖게 됐다.

이 부분을 읽으면서 배리가 운전에 대한 두려움을 느꼈다는 점이 내게 크게 와닿았다. 혹시 이런 증상이 입체맹과 관련이 있을까?

알아보니 실제로 그랬다. 정상 시력을 가진 10대 중 70퍼센트 이상이 운전면허를 소지한 반면, 입체맹인 18세 청소년 중 운전면허를 소지한 비율은 50퍼센트에 불과하다.[8] 이들은 운전을 두려워하며, 이런 두려움은 성인이 된 후에도 지속된다. 입체맹 성인 대

다수는 특히 야간 운전을 할 때 심한 불안감을 느낀다고 한다.[9]

배리의 책을 읽기 전에 내게 운전을 배우지 않은 이유를 물었다면, 나는 화석 연료 문제에 대한 잔소리를 늘어놓거나 대중교통의 장점에 대해 이야기했을 것이다. 이제야 난 모두가 이미 알고 있었던 사실을 깨달았다. 나는 두려움 때문에 운전을 배우지 않았던 거다.

운전하고 싶지 않다는 고집 때문에 놓치고 있는 것들은 생각하지 못했다. 이제 그런 고집이 사라지니 후회가 밀려왔다.

나는 플로리다에서 자랐지만, 해변까지 걸어가기엔 너무 멀어 직접 가본 적은 거의 없다. 아름다운 서부 매사추세츠에서 대학에 다녔지만, 캠퍼스를 벗어나 인근 마을을 찾아다니지도 않았다. 매년 워싱턴 D.C.에서 여름을 보내며 산에서 하이킹을 하고 비밀스러운 수영장을 찾는 꿈을 꾸기도 했지만, 결국 애너코스티아강에서 카약을 타고 오르락내리락하며 강물에 섞여 있을 오수를 생각하지 않으려 애쓴 게 전부였다.

운전 연습

갑자기 두려움이 내 삶을 지배하도록 내버려둔 나 자신에게 화가 났다. 용납할 수 없는 일이었다. 지금 당장 멈춰야 했다. 나는 해먹에서 일어나 앉아 침실 창문을 향해 소리쳤다.

"스티브!"

아무 대답이 없었다.

"스티브!"

아무 반응도 없었다.

일어나서 침대에 있는 스티브를 찾아갔다. 그의 관심을 끌기 위해 얼굴을 바짝 들이대며 컴퓨터 화면을 가렸다.

"나 운전 배우고 싶어." 내가 말했다.

스티브는 갑자기 정신이 번쩍 든 것처럼 보였다. 내가 운전을 하게 되면 그의 차에 어떤 영향을 미칠지 생각하는 눈치였다.

"당신 시력에 문제가 있는데, 운전해도 괜찮을까?" 그가 물었다.

"당연히 괜찮지. 선 넘지 마." 내가 말했다.

사실 연구 결과는 조금 엇갈린다.[10] 한 연구에 따르면, 입체시가 부족한 택시 운전자는 정상 시력을 가진 택시 운전자보다 사고가 더 자주 발생하는 경향이 있다고 한다. 또 입체시가 부족한 트럭 운전자가 3차원 시야를 가진 트럭 운전자보다 더 심각한 사고를 겪는다고 한다. 하지만 또 다른 연구에 따르면, 입체맹은 장애물이 있는 도로를 빠르게 통과하는 데는 서툴지만, 일반적인 운전을 하는 데는 문제가 없는 것으로 밝혀졌다. 운전기사가 아닌 일반 운전자의 경우, 입체시가 부족한 운전자들도 정상 시력을 가진 운전자들과 사고 발생 빈도가 다르지 않다고 한다. 그래서 미국의 모든 주와 대부분 국가가 비상업 면허를 취득하는 데 한쪽 눈만 제대로 작동하면 충분하다고 규정하고 있다. 하지만 이 모든 세부 사항을 스티브에게 굳이 설명할 필요는 없다는 생각이 들었다. 나도 다른 사람들과 똑같이, 또는 실력이 조금 부족하다고 하더라도 운전을 하는 데는 아무 문제가 없을 것이기 때문이다.

그 주 후반에 스티브가 온라인 부동산 플랫폼 레드핀Redfin을 둘러보고 있는 것을 발견했다. 그 아파트에서 더 넓은 공간이 필요한 사람은 나만이 아닌 듯했다.

"우리가 시골로 이사하면 더 넓은 집에 살면서 돈도 절약할 수 있을 거야. 그리고 당신이 운전을 배우기도 훨씬 더 쉬울 테고." 스티브가 말했다. 그러고는 결정적인 한마디를 덧붙였다. "게다가 고양이들도 더 행복할 것 같아."

나는 내가 항상 도시형 인간이라고 생각했지만, 이제 확신이 서지 않았다. 어쩌면 운전에 대한 두려움이 내 삶을 얼마나 제한했는지 깨닫지 못하도록 스스로 만들어낸 핑계였을 수도 있다는 생각이 들었다. 내가 하이킹을 하고, 시설 좋은 수영장에 다니고, 다친 아기 동물들을 돌보며 산다면 어떨까?

정말 그 가능성이 희박하다는 것은 알지만, 극적인 환경 변화로 내가 세상을 완전히 새로운 방식, 즉 멋진 3차원으로 보는 법을 배우게 된다면 어떨까?

나는 그 답을 알아낼 방법을 알고 있었다.

"좋아, 한번 해보자." 내가 말했다.

입체맹의 세계

1988년식 포드 F-150을 보는 순간, 한눈에 반하고 말았다. 우리에게는 공통점이 참 많았다. 나와 비슷한 나이였고, 흙먼지가 잔뜩 묻어 있었으며, 작은 운전석에 비해 크고 탄력 있는 엉덩이, 아니 짐칸이 눈에 띄었다.

이미 우리가 함께할 즐거운 시간이 머릿속에 그려졌다. 산을 탐험하고, 음악 축제에 가고, 숨겨진 물웅덩이를 찾아다니고…….

"완벽해! 이걸로 하자."

"이 차?" 스티브가 물었다.

"응, 저 뒤태 좀 봐."

원래 계획은 시력을 먼저 개선한 뒤 운전을 배우는 것이었지만, 여러 상황이 겹치면서 이사 날짜가 '막연한 미래'에서 '다음 달'로 앞당겨졌다. 자세히 설명하면 지루할 테니 생략하겠다. 한마디로, '연습 삼아 입찰하기' 같은 것은 없었다는 얘기다.

그래도 불평할 건 없었다. 새집은 정말 멋졌다. 숲속에 있는 현대식 오두막으로, 세 면에 테라스가 있고 창문이 커서 햇살이 가득 들어왔다. 다만, 너무 외딴곳에 있다 보니 식당이 없다는 게 문제였다. 피자 가게가 하나 있기는 했지만, 그곳에서 일하는 10대 직원들이 전화 주문을 귀찮아해 수화기를 일부러 내려놓는다는 소문이 돌았다.

차를 빨리 구입해야 했다. 안 그러면 요리를 배워야 할 상황이었다.

그때, 바람에 헝클어진 백발의 한 남자가 천천히 다가오더니 트럭 옆에 팔을 걸치며 말했다.

"안녕하세요, 전 프랭크예요." 그가 말했다. "포드 트럭 보러 오셨나요?"

"네!" 나는 흥분을 감추지 못하고 대답했다.

"광고에 이 트럭의 주행거리가 4만 3000마일(약 7만 킬로미터-옮긴이)밖에 되지 않는다고 돼 있는데, 어떻게 그게 가능하죠?" 스티브가 물었다.

"주행거리계에 그렇게 나와 있으니까요." 중고차 판매원이 어깨를 으쓱하며 답했다.

그가 차 문을 열어줬고, 주행거리계에는 43203이라고 표시돼 있었다. 그런데 그 주행거리계에는 숫자 칸이 다섯 개밖에 없었다.

스티브는 의아한 표정을 지었지만, 나는 계속 신이 나 있었다.

"시승해봐도 될까요?" 내가 물었다.

프랭크는 사위가 휘발유를 가지러 갔다며 조금 기다려야 한다고 설명했다. 연료가 없는 중고차 판매점이라니 조금 이상하긴 했지만, 딱히 할 일도 없어서 기다리기로 했다.

"여기 이 땅을 소유하고 계신가요?"

"네." 프랭크가 답했다. "저는 목사이기도 해요. 11번 국도를 타고 오셨나요? 저는 저기 이사 트럭 대여 업체 옆 교회에서 설교합니다."

프랭크는 말재간이 아주 좋았다. 그는 한 시간 동안 이런저런 이야기를 풀어놓았다. 그중에는 아내가 코로나19에서 회복한 이야기와 자신의 건강 문제에 대한 이야기도 있었다. 어찌 된 일인지 웨스트버지니아 주지사 짐 저스티스Jim Justice 덕분에 아내가 회복했다고 했다.

"지금 병원 예약이 꽉 차서 제 백내장 수술이 또 취소됐어요!"

"오, 저런!" 내가 말했다.

프랭크는 손을 내밀어 손가락을 흔들며 이렇게 덧붙였다. "거의 실명하기 직전이에요. 손을 눈앞에 갖다 대도 거의 안 보여요."

프랭크는 갑자기 화제를 바꿔 그 중고차 매장을 아버지에게 물려받았다는 이야기를 하기 시작했다. 그의 아버지는 고장 난 클래식 카들을 사놓고는 어디에 주차했는지 잊어버리는 특이한 습관이 있었다. 세월이 지나면서 차들은 녹슬었고, 그 주변에는 숲이 우거졌다. 얼마 전 프랭크는 지붕에 사슴 다리가 박혀 있는 낡은 콜벳을 발견했다고 한다.

"사슴이 차에 뛰어올랐다가 지붕을 뚫고 들어간 다리가 빠져나오지 못해 결국 자기 다리를 물어뜯어 떼내고 도망친 게 분명해요." 프랭크가 설명했다.

동물을 사랑하는 나로서는 충격적이었지만, 작가로서는 흥미로운 이야기였다. 나는 덩굴에 뒤엉켜 숲속의 습지로 서서히 가라앉는 머슬카를 상상했다. 선명한 녹색 이끼가 가죽 시트 위로 번지고, 양치식물이 바퀴 구멍에서 자라나고, 불운한 사슴의 말라비틀어진 다리가 라디오 안테나처럼 튀어나와 있는 모습이 떠올랐다.

프랭크의 숲속에는 또 어떤 비밀이 숨겨져 있을까? 내가 숲속 투어를 부탁할 용기를 내기 전에 그의 사위가 휘발유를 들고 돌아왔다.

"이제 시승해볼 시간이 왔네요!" 내가 말했다.

"실은 제 보험이 그걸 허용하지 않아서 제가 운전해야 하고 두 분은 끼어 타야 할 거예요." 프랭크가 설명했다.

나는 운전석을 들여다보며 어떻게 하면 좋을지 고민했다.

"음, 안전벨트가 세 개 있으니 괜찮을 것 같네요." 내가 말했다.

내 안전 의식에 뿌듯함을 느끼고 있던 찰나에 갑자기 두 가지 중요한 사실이 떠올랐다. 프랭크의 아내는 이제 막 코로나19에서 회복했고, 프랭크는 백내장 수술을 받기 전까지 앞이 잘 보이지 않는다는 것이었다.

그가 과장한 것일지도 몰랐다.

"차가 오고 있나요?" 프랭크가 물었다.

도로는 양방향으로 몇 킬로미터 정도 텅 비어 있었다.

상황이 그리 안전해 보이지는 않았지만, 갑자기 주저하는 것도 과한 반응처럼 느껴졌다. 나는 시력이 나쁜 목사님에게 운전대를 맡기는 게 트럭을 구입하는 데 당연한 절차라고 생각하며 정신 승리를 했다.

"가도 될 것 같아요." 내가 말했다.

우리는 아무 사고 없이 1.5킬로미터 정도의 거리를 왕복했다. 트럭의 충격 흡수 기능이 별로 효과적이지 않아 자갈 하나하나가 고스란히 느껴졌다. 그 점만 제외하면 트럭은 잘 달리는 것 같았다.

"이 차로 하겠습니다." 스티브가 말했다.

우리는 여러 장의 서류에 서명하고 나서 현금 2300달러를 지급한 뒤 차량 배송 일정을 잡았다.

"집까지 운전해 가실 생각은 없으세요?" 프랭크가 물었다.

"아니요, 아직 운전할 줄을 몰라서요." 내가 설명했다.

프랭크는 덥수룩한 흰 눈썹을 살짝 치켜올렸다.

"운전을 배우기에 꽤 까다로운 트럭을 선택하셨군요." 그가 말했다.

"전 강인한 여자니까요." 내가 허세를 부리며 답했다. 이미 차를 구매했는데 달리 뭐라고 말할 수 있겠는가.

집으로 가는 길에 트랙터를 뒤따르게 됐다. 천천히 움직이는 그 트랙터는 10대 소년이 몰고 있었고, 그 옆에는 염소가 타고 있었다. 웨스트버지니아가 내 고향인 플로리다와 많이 닮았다는 생각이 들었다. 다채롭고 무법천지에 약간 무질서한 분위기가 느껴졌다. 의심스러운 운전면허를 가진 사람이 도로를 달리기에 좋은 곳 같았다.

"나 운전 연습 더 잘할 수 있을 것 같아." 스티브에게 말했다. "앞이 잘 안 보이는 사람도 할 수 있는데, 뭐 얼마나 어렵겠어?"

완벽한 운전 기록

다음 날 아침 일찍 트럭이 도착했고, 나는 맨발에 잠옷 차림으로 뛰쳐나가 트럭을 맞이했다. 셀카를 찍은 후 서둘러 집 안으로 뛰어들어가 스티브를 깨웠다.

"우리 지금 운전하러 가도 돼?" 내가 물었다.

그는 시간을 확인하더니 벌떡 일어나며 말했다. "10분 후에 회의가 있어."

그 회의가 끝나자마자 또 다른 회의로 이어지고, 그다음에 하나가 더 있었다. 불쌍한 스티브, 줌의 악몽 같은 감시에 매여 목이 다 쉴 지경이었다. 정오 무렵에 나는 기다림에 지쳐 혼자서 트럭을 몰아보기로 했다. 어쨌든 나는 유효한 운전면허증이 있고, 40년 동안 단 한 번도 교통법규 위반 딱지를 뗀 적 없는 완벽한 운전 기록을 갖고 있었다.

나는 "집 주변만 한 바퀴 돌고 올게."라고 스티브에게 문자를 보냈다.

"진입로 옆에 있는 도랑 조심해." 그가 답장했다.

운전교육 중 유일하게 기억나는 것은 절대 샌들을 신고 운전하지 말라는 것이었다. 그래서 크록스로 갈아 신고 트럭에 올라탔다. 트럭에서는 곰팡이와 찌든 담배 냄새가 풍겼으며, 좌석에 앉자 먼지가 피어올랐다.

좌석 아래에 있는 레버를 찾기 위해 손을 뻗었는데, 부드러운 뭔가가 내 손에 닿았다. 작은 발톱들이 내 손등을 움켜쥐었고, 회색의 작은 생명체가 아직 열려 있는 문을 통해 달아났다.

내가 꿈꿔온 야생 동물과의 만남은 이런 게 아니었다.

열쇠를 꽂고 돌리려 했지만 움직이지 않았다. 내가 뭔가를 잊은 것 같은데, 뭘까?

"시리야." 나는 멋쩍은 듯 말했다. "차 시동은 어떻게 거는 거야?"

시리가 단계별 지침이 있는 웹사이트로 나를 안내했다. 아, 맞다! 이제 기억이 난다. 키를 돌리면서 밀어 넣어야 한다. 나는 다시 시도해봤다. 키가 돌아가기는 했지만, 여전히 시동은 걸리지 않았다. 인터넷으로 다시 검색해보니 또 다른 방법이 나왔다. 이번에는 키를 밀고 돌리는 동시에 가속 페달을 밟아봤다.

그러자 트럭이 힘겨운 듯 우르릉거리더니 시동이 걸렸다.

"우와! 잘했어!" 나는 소리쳤다.

기어를 후진에 넣고 천천히 진입로를 빠져나와 매끄럽게 도로로 진입했다. 마치 베테랑 운전자가 된 듯한 기분으로 기어를 드라이브에 넣고 천천히 동네를 돌기 시작했다.

축하 기념으로 다이어트 콜라를 사러 가게까지 갈까도 생각했지만, 그러려면 시속 30킬로미터 이상의 속도를 내야 할 것 같아서 안전하게 동네 한 바퀴만 돌기로 했다.

의기양양하게 우리 집 진입로로 들어서려는 순간 갑자기 트럭이 앞으로 기울더니 꼼짝도 하지 않았다. 스티브가 말했던 도랑이 틀림없었다.

몇 시간이 지난 뒤에야 스티브는 내가 특이한 방식으로 주차해 놓은 것을 알아차렸다.

"내가 도랑 조심하라고 했잖아." 스티브가 말했다.

"조심한다고 했는데, 그냥 못 봤을 뿐이야." 내가 말했다.

나는 입체시에 관한 자료를 닥치는 대로 읽어왔기 때문에 나와 달리 스티브가 땅에서 움푹 팬 곳을 정확히 볼 수 있는 이유를 잘 알고 있다. 스티브가 나무에서 새를 발견하고, 프리스비를 잘 잡아내고, 좁은 공간에 주차를 하고, 새로운 집에서 발을 부딪히지 않고 자유롭게 돌아다닐 수 있는 것도 바로 그 덕분이다.

그에 대한 내 질투가 너무 심해 피부로도 느껴질 정도였다.

벨라 줄레스

1956년 10월 말, 소련 점령하에 놓였던 헝가리는 잠시나마 자유를 경험했다. 부다페스트에서 학생들이 라디오 방송국을 점거했고, 다른 도시에서도 시위대가 동참했다. 그들은 소련의 제2차 세계대전 이후 헝가리 점령 종식, 언론과 표현의 자유, 바르샤바 조약 탈퇴, 자유선거 실시와 같은 요구 사항을 방송을 통해 전했다. 처음 소련은 어떻게 대응해야 할지 몰라 주저했다. 결국 소련은 붉은 군대Red Army(소련의 정식 군대 – 옮긴이)를 수도에서 철수하기 시작했고, 그와 함께 헝가리에는 대담한 개혁들이 일어났다. 새 총리가 임명됐고, 비밀경찰이 해체됐으며, 혁명 평의회라고 불리는 헝가리인 단체들이 모여 지역 자치 문제를 논의했다.

하지만 이 짧은 자유의 시간은 12일 후인 11월 4일 갑작스럽게 끝났다. 소련군 탱크 1000대와 병력 3만 명이 부다페스트에 들이닥쳤다. 사람들이 도망치는 것을 막기 위해 다리들을 폭파했고, 헝가리 시민들은 거리에서 소련군과 맞서 싸웠다.

젊은 토목 기사였던 벨라 줄레스Bela Julesz는 이 혼란에 동참하지 않았다. 그 대신 아내와 함께 한밤중에 아파트를 몰래 빠져나와 인적이 드문 거리를 지나 다뉴브강의 지류로 향했다. 두 사람은 강을 헤엄쳐 오스트리아로 넘어간 뒤, 라디오 방송국까지 걸어갔다.

한편 부다페스트에서는 다른 열한 쌍의 부부가 줄레스 부부의 아파트에 모여 라디오에서 들려올 소식을 초조하게 기다리고 있었다. 라디오 진행자가 암호를 사용해 "곰 인형이 침대에 누워 있습니다."라는 말을 하면 탈출 경로가 안전하다는 신호였다.

하지만 진행자는 조금 다른 말을 전해줬다. "곰 인형이 침대에 누워 있고, 안경은 침실용 탁자 위에 놓여 있습니다."

방 안은 정적에 휩싸였다. 줄레스는 무슨 말을 전하려는 걸까? 그들이 붙잡힌 걸까? 탈출 경로가 위험해진 걸까?

갑자기 줄레스의 아버지가 이마를 치며 말했다. "안경! 안경을 침실에 두고 간 게 분명해."

마침내 열두 쌍의 부부와 줄레스의 안경 모두 서방으로 무사히 탈출할 수 있었다.[1]

줄레스 부부는 뉴저지에 있는 난민 캠프에 도착했고, 그곳에서 줄레스는 세계적으로 유명한 통신 관련 연구소인 벨연구소Bell Labs의 직원과 대화를 나누고 싶다고 요청했다. 벨연구소는 수학자 세르게이 셸쿠노프Sergei Schelkunoff를 보냈고, 줄레스는 그가 마이크로파 안테나에 관한 책을 쓴 바로 그 세르게이 셸쿠노프가 맞는지 물었다. 줄레스는 자신이 두 번째 박사 학위 과정을 밟는 동안 셸쿠노프의 책을 헝가리어로 번역했다고 설명했다. 이 사실을 증명할 자료는 없었지만, 다행히 줄레스는 기억력이 뛰어나 책의 서문을 그대로 낭독할 수 있었다.

그 모습을 보고 감탄한 셸쿠노프는 줄레스를 벨연구소로 데려갔다. 그곳에서 줄레스는 TV 신호를 인코딩하는 고급 기술에 대한 특강을 하게 됐다. 줄레스는 바르샤바 조약 기구의 회원국 출신에다 약간 드라큘라 같은 억양을 갖고 있었지만, 그의 천재성에는 의심의 여지가 없었기 때문에 벨연구소는 즉시 그를 영입했다.

이는 양측 모두에게 큰 행운이었다. 20세기 중반의 벨연구소는 뛰어난 엔지니어와 과학자들이 최첨단 기술을 사용하고 자유롭게 연구할 수 있는 장소였다. 이 조합은 매우 강력한 결과를 만들어냈고, 마 벨Ma Bell(미국의 대형 통신 회사 AT&T를 지칭하는 비공식적인 애칭 - 옮긴이)이 1980년대에 해체되기 전까지 벨연구소는 열한 명의 노벨상 수상자, 2만 6000여 건의 특허, 트랜지스터, 소나sonar, 레이저, 위성 배열Satellite arrays, 유닉스UNIX 운영체제 등 많은 주요 발명품을 탄생시켰다.

줄레스가 맡은 첫 번째 과제는 TV 방송의 대역폭 요구를 줄이는 것이었다. 인간의 시각 시스템을 속여 실제보다 더 많은 것을 보고 있다고 느끼게 하려면 어떻게 해야 할지 고민하던 그는 시각 과학에 대한 자료를 읽었고, 그 과정에서 주요 이론 중 하나에 중대한 결함이 있음을 발견했다.

1950년대에 과학자 대부분은 뇌가 사물과의 거리를 계산하는 방식이 측량사가 삼각측량을 통해 거리를 계산하는 방식과 유사하다고 믿었다. 그럴듯한 이론이었지만, 줄레스는 이 이론이 틀렸다는 것을 바로 알아차렸다. 삼각측량을 하려면 먼저 그 대상을 분명한 개체로 식별해야 하기 때문이다.

줄레스는 제2차 세계대전에서의 경험을 통해 인간은 자신이 무엇을 보고 있는지 전혀 모를 때조차 3차원으로 본다는 것을 알고 있었다. 그는 전쟁 중에 정찰기가 의심스러운 지형을 조금 다른 각도에서 연속으로 찍은 두 장의 사진 덕분에 이 사실을 알 수 있었다. 이렇게 찍힌 사진들을 입체경stereoscope에 넣는데, 입체경은 각 눈에 사진을 한 장씩 보여주는 장치다(1980년대에 유행했던 뷰마스터 View-Master라는 장난감과 비슷하다). 입체시가 뛰어난 사람들이 이 항공사진 한 쌍을 입체경을 통해 보면, 두 이미지를 하나의 3차원 장면으로 결합해 마치 비행기 길이만큼 넓게 떨어져 있는 두 눈을 가진 거인처럼 넓은 시야로 사물을 볼 수 있었다. 예컨대, 건초밭에 건초로 덮인 탱크와 같이 숨겨진 물체가 눈에 확연히 드러나는 것이다.

입체시가 삼각측량에 의존하지 않는다면, 그 대안은 무엇일까? 뇌는 각 망막에 투영된 이미지를 픽셀 단위로 비교해야만 한다. 이를 위해서는 오른쪽 눈에서 특정 지점의 정보를 전달하는 모든 뉴런이 왼쪽 눈의 해당 픽셀과 연결된 뉴런과 나란히 있어야 한다는 뜻인데, 인간의 망막에는 약 1억 개의 뉴런이 있다는 점을 고려하면 이는 매우 어려운 작업이다. 많은 과학자는 이것이 불가능하다고 생각했고, 정찰기 사진 분석가들이 이미지에서 희미하고 감지하기 어려운 특징을 이용해 깊이를 삼각측량해야 한다고 주장했다.

회의론자들을 설득하기 위해 줄레스는 각각 따로 보면 단순한 노이즈처럼 보이지만 입체경을 통해 보면 희미한 형상이 나타나는 두 개의 이미지를 만들었다. 이것이 바로 오늘날 '무작위 점 스테레오그램random-dot stereogram, RDS'이라고 알려진 이미지다.

줄레스의 발명은 기존의 입체시 이론을 명쾌하게 반박했다. 이는 매우 중요한 업적이었고, 그에게 세계적인 명성을 안겨줬다. 이후 수십 년간 줄레스는 이 연구를 발전시키며 여러 상을 받았고, '천재들의 상'이라고 불리는 맥아더 펠로십MacArthur fellowship도 그중 하나였다. 그러나 1979년 그의 제자가 그의 작업을 개선해 더 큰 명성을 얻게 되면서 그는 배신감에 따른 상처를 피할 수 없었다.

매직아이 퍼즐

크리스토퍼 타일러Christopher Tyler는 소살리토에 있는 자신의 수상가옥 침대에 누워 '안경 없이 스테레오그램을 볼 수 있다면 얼마나 멋질까?'라는 생각을 하고 있었다. 그러다 문득 그것이 가능하다는 생각이 들었다. 3차원 정보를 반복되는 패턴 속에 숨기면 뇌가 나머지는 알아서 처리할 것이라는 아이디어였다.

1990년대를 산 사람이라면, 이 대목에서 추억이 떠오를 것이다. 타일러의 발명품인 '오토스테레오그램autostereogram'은 대중문화에 큰 반향을 일으켰다. 그 발명품은 바로 매직아이Magic Eye 퍼즐이다. 당시 이 복잡한 패턴의 다소 몽환적인 이미지를 티셔츠, 카드, 커피잔, 가방, 달력, 화면보호기 등 여기저기서 찾아볼 수 있었다(화면보호기가 뭔지 모른다면 밀레니얼 세대에게 물어보기 바란다). 특히 서점에서는 "그림 뒤에 있는 한 점에 초점을 맞춰 봐.", "눈을 깜빡여봐",

"힘을 빼고 편안하게."라고 말하며 사람들이 조언을 주고받는 모습을 흔히 찾아볼 수 있었다.

나와 수백만 명에 달하는 입체맹 아동은 이 매직아이 이미지를 보려고 애쓰다가 결국 두통만 얻고 실패하곤 했다. 특히 우리 중 많은 사람이 뷰마스터로 실패를 겪고 겨우 회복한 직후였기 때문에 그 타격은 더 컸다.

나는 타일러에게 전화를 걸어 불만을 털어놨다.

"당신 때문에 1990년대가 정말 힘들었어요. 제가 너무 부족한 사람처럼 느껴졌거든요."

타일러는 깔끔한 영국식 억양으로 이렇게 답했다. "정말 미안해요. 하지만 당신만 그런 게 아니었어요. 인구의 절반이 못 봤죠."

타일러는 매직아이 퍼즐의 기초 기술을 발명했지만, 그 열풍으로 수익을 얻지는 못했다. 돈을 번 사람들은 컴퓨터 프로그래머 톰 바체이Tom Baccei와 아티스트 체리 스미스Cheri Smith였다. 그들은 타일러의 흑백 점들을 밝은 색상과 벽지처럼 꾸민 패턴으로 변형하고, 여기에 '매직아이'라는 이름의 상표를 붙였다.

타일러는 이렇게 회상했다. "쇼핑몰에 가면 서점에 오토스테레오그램 포스터가 가득했어요. 사람들이 제게 다가와 '이건 꼭 봐야 해요. 정말 멋져요.'라고 말하곤 했죠."

타일러는 자신을 세상에 드러내지 않으려 했지만, 가끔 문화부 기자들이 그를 찾아냈다. 그는 항상 줄레스의 발명품인 무작위 점 스테레오그램이 진정한 혁신이라고 설명하고자 했다. 그러나 그런 그의 설명이 기사에 제대로 반영되지 않았고, 줄레스는 타일러가 자신의 아이디어를 가로챘다고 믿게 됐다.*

"그는 그 점에 대해 정말 언짢아했어요. 그래서 우리의 우정은 회복되지 않았죠." 타일러가 말했다.

실제로 줄레스의 무작위 점 스테레오그램은 입체시 검사의 표준으로 빠르게 자리 잡았다. 여타 검사와 달리 무작위 점 스테레오그램은 머리를 앞뒤로 움직이거나 시선의 초점을 빠르게 바꾸는 등의 속임수로도 결과가 왜곡되지 않는다.

줄레스의 발명은 또 컴퓨터로 정밀하게 생성된 자극이 인간 시각의 내면 작용을 드러낼 수 있음을 보여주면서 신경과학자 세대에 큰 영향을 미쳤다. 줄레스는 이렇게 말하기도 했다. "저는 칼 없이도 정신해부학을 할 수 있었습니다."[2]

입체시 연구

줄레스의 획기적인 발견은 훗날 노벨상 수상자 데이비드 H. 허블David H. Hubel과 토르스텐 N. 비셀Torsten N. Wiesel이 전통적인 방법으로 입체시를 연구하는 데 영감을 줬다. 만약 당신이 나처럼 동물을 사랑하는 사람이라면, 다음 몇 단락은 건너뛰는 게 좋을 수도 있다.

보통 H&W라고 불렸던 두 사람은 특이한 한 쌍이었다. 허블은 곱슬머리에 수다스러운 캐나다 사람이었고, 비셀은 조용하고 진지한 성격의 전형적인 스웨덴 사람이었다. 허블은 복잡한 개념을 쉽게 설명하는 능력 덕분에 학생들에게 큰 사랑을 받았다. 비셀 역시 학

---

* 안타깝게도 줄레스가 2003년 사망했기 때문에 그의 의견은 들을 수 없었다.

생들에게 존경을 받았지만, 특히 우수한 학생들에게만 사랑을 받았다. 비셀의 쓰레기통은 그의 엄격하고 높은 과학적 기준을 충족하지 못한 대학원생들의 연구로 넘쳐나곤 했다. 두 사람은 업무 외에는 이렇다 할 교류가 없었지만, 신경과학 역사상 무척 생산적인 팀 중 하나로 꼽힌다. 1950~1960년대에 걸쳐 그들은 일차 시각 피질 primary visual cortex의 망막위상적retinotopic 구조와 선이나 움직임 같은 것을 인코딩하는 복잡한 뉴런의 존재를 비롯해 여러 중요한 발견을 했다. 또 그들은 줄레스의 입체시에 대한 예측이 옳다는 것을 밝혀냈다. 입체시는 시각 처리 과정의 초기 단계에서 픽셀 단위로 이뤄진다(물론 이후 과정에서는 삼각측량이 중요한 역할을 할 수도 있다).

H&W는 일련의 획기적인 실험에서 갓 태어난 동물들의 한쪽 눈을 봉합했다. 몇 달 후 봉합한 눈을 다시 열었을 때, 그 눈이 사실상 실명 상태라는 것을 발견했다. 동물의 시각 피질을 자세히 살펴보니, 실명의 원인이 바로 드러났다.

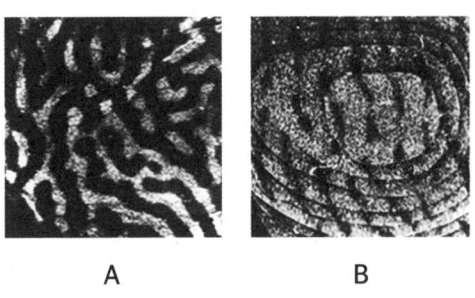

A   B

앞의 두 이미지는 H&W의 실험 중 하나에서 촬영된 슬라이드다. A는 정상적으로 발달 중인 원숭이의 일차 시각 피질을 보여주고, B는 출생 직후 왼쪽 눈이 봉합된 원숭이의 일차 시각 피질을 보여준다. 밝은 줄무늬는 오른쪽 눈과 연결된 뉴런이고, 어두운 줄무늬는 왼쪽 눈과 연결된 뉴런이다(이런 줄무늬를 안구 우위 칼럼ocular dominance column이라고 한다).

정상적인 뇌에서는 흰색과 검은색 줄무늬가 거의 동일한 면적을 차지하는 것을 볼 수 있다. 하지만 태어난 직후 왼쪽 눈을 봉합한 원숭이의 경우, 원래 왼쪽 눈에 반응해야 할 뉴런들이 오른쪽 눈에 반응하도록 전환되면서 왼쪽 눈은 사실상 실명 상태가 됐다. 이런 재조직화는 봉합된 눈을 다시 열었을 때도 계속 유지됐다.

후속 연구에서 H&W는 실험동물의 눈 근육을 절단해 사시를 모방한 실험을 진행했고, 비슷한 결과가 나타났다. 눈이 비정상적으로 정렬되면 뉴런이 작동하는 눈으로 반응을 전환하게 된다. 하지만 이런 실험 결과는 성체 동물에게는 적용되지 않았다. 성체 원숭이의 눈을 봉합해 몇 달 후 다시 열어보면, 눈이 정상적으로 작동하고 시각 피질도 영향을 받지 않았다.

이런 결과는 발달의 결정적 시기라는 개념을 이해하는 데 도움이 된다. 결정적 시기란 신경가소성neuroplasticity이 일어나는 짧은 기간을 말하며, 이 시기가 지나면 뉴런의 배열이 고정된다. 입체시의 경우 이 시기가 매우 짧다. 영아는 약 3개월 반쯤부터 3차원으로 사물을 보기 시작하지만, 많은 어린이와 일부 성인은 그보다 훨씬 늦은 시점에 입체시를 얻기도 한다. 예컨대, 수전 배리는 마흔여덟 살에 처음으로 3차원 시각을 얻었다. 이는 대부분 사람이 불가능하다고 여겼던 일이다.

배리는 허블에게 자신의 경험에 대해 어떻게 생각하는지 묻는 편지를 보냈고, 허블이 그녀의 경험담을 전혀 의심하지 않는다는 답장을 보내오자 안도했다.

특히 허블은 자신과 비셀이 원숭이와 고양이를 시력 교정 수술이나 시력 치료 등을 통해 재활시키려 한 적이 없다는 사실을 언급했다. 그러므로 우리는 성인이 돼 3차원으로 보는 법을 배우는 사람들의 뇌에서 어떤 일이 일어나는지는 전혀 알 수 없다.

이 사실을 알아내기 위해서는 시력 치료 전후의 시각 피질을 고해상도로 촬영해야 한다. 하지만 대부분의 MRI 기계는 이렇게 정밀한 이미지를 촬영할 수 없다.

그런데 최근에 나는 살아 있는 인간의 뇌를 초고해상도 이미지로 촬영하는 방법을 새롭게 제시한 한 과학자의 논문을 발견했다. 마침맞게도 그는 입체시를 연구하는 과학자였다.

그에게 전화를 걸어보기로 했다.

입체맹을 가진 사람은 다르게 세상을 본다

마침내 일을 마친 스티브는 내게 운전 연습을 시켜줬다. 아름다운 봄날 저녁이었다. 개똥지빠귀들은 지저귀고, 개구리들은 경쟁하듯 울어대고, 다람쥐들은 위험하게 도로를 가로질러 다니고 있었다. 내가 몇 번이나 급정거를 하며 다람쥐와 충돌하지 않으려 애쓰자 스티브가 결국 말을 꺼냈다.

"그냥 계속 가면 돼. 보통은 쟤들이 알아서 길을 비켜주거든."

보통은? 나는 더 잘해보려고 애를 썼다. 그런데 스티브가 한참 동안 말이 없었다. 그가 자기 생각을 말하지 않고 있는 게 뻔히 느껴져 답답했다.

"뭔데?" 결국 내가 물었다.

"도로 위에서 갈팡질팡하고 있잖아. 길을 제대로 보고 있는 거야?" 스티브가 말했다.

사실 문제는 그보다 더 심각했다. 나는 앞이 제대로 보이지 않았다. 내 뇌가 왼쪽 눈과 오른쪽 눈을 오갈 때마다 가까이 있는 물체는 몇 센티미터, 멀리 있는 물체는 몇십 센티미터씩 옆으로 튕겨 나가는 것처럼 보였다. 평소에는 눈을 바꿔도 전혀 신경 쓰이지 않았는데, 운전을 하니까 보통 내 뇌가 알아서 처리하는 이 시각적 오류를 더 의식하게 됐다.

시야를 안정시키기 위해 나는 한쪽 눈을 감았다. 갑자기 왜 약시를 '사팔눈'이라고 불렀는지 알 것 같았다.

나는 이 문제를 스티브에게 말하지 않고 있었다. 이미 신경이 곤두서 있는 그에게 이 사실을 다 말하면 상황이 더 나빠질 것 같았다. 그 대신 실용적인 질문 하나를 던졌다.

"차 한쪽 끝에 이렇게 앉아 있는데 어떻게 차선 중앙에 맞추는 거야?" 내가 물었다.

"도로 위에서 당신 차가 어디에 있는지 감으로 느껴야 해." 스티브가 말했다. "차가 당신 몸의 연장선 같은 거지."

공간에서 자신의 몸이 어디에 있는지를 느끼는 것은 입체시를 경험하지 못하고 자란 사람들에게는 매우 어려운 일이다.[3] 신경발달이 정상적인 아이들은 자신의 몸을 관찰하고 근육의 고유 수용

감각에서 오는 정보를 결합해 움직이는 법을 배운다. 그러나 입체맹 아이들은 중요한 시각 정보를 놓치기 때문에 근육의 움직임을 정확하게 조정하는 능력이 떨어진다. 또 입체시는 균형을 잡는 데도 중요한 역할을 하므로, 입체맹인 사람들은 발을 헛디뎠을 때 재빨리 추스르는 데 어려움을 겪거나 쉽게 넘어지고 만다. 더 나아가 우리는 물체가 어디에 있는지 추정하는 데도 어려움을 겪는다. 덜렁댄다는 평가를 받는 아이들이 입체맹인 것으로 밝혀지는 경우가 많은 것도 전혀 이상한 일이 아니다.

많은 의사가 입체시는 전투기 조종사나 안과 의사에게만 필요하다고 말하겠지만 과학자들은 입체맹이 윤곽을 감지하고, 형태를 식별하고, 움직이는 물체를 추적하고, 복잡한 장면에서 특징을 파악하는 것과 같은 기본적인 시각 처리에서 광범위한 결핍을 초래한다는 사실을 발견해냈다.

입체맹은 또 여러 현실적인 문제를 일으킨다. 입체맹인 사람들은 초점을 맞추는 속도가 느리고 정확도가 떨어지며, 이는 우리가 조류 관찰에 능숙하지 못한 또 다른 이유이기도 하다. 우리는 어지럽게 흩어져 있는 물체를 식별하는 데 큰 어려움이 있고, 철자가 빽빽하게 붙어 있는 단어를 읽는 것도 어렵다(이건 모두에게 힘든 일이지만, 우리에게는 특히 더 어렵다).[4]

입체시를 경험하지 못한 상태로 성장한 사람들은 눈에 보이지 않는 것을 포함한 다양한 적응 방법을 발달시킨다. 과학자들은 비디오카메라로 촬영한 슬로모션 영상을 통해 입체맹인 사람과 신경 발달이 정상적인 사람들의 움직임에서 큰 차이를 발견했다. 예를 들어 무언가를 잡으려고 손을 뻗을 때 입체맹인 사람들은 손을 더 천천히 움직이며, 움직이는 중간에 더 많은 경로 수정을 한다. 그리고 물체를 잡으려고 손을 뻗을 때, 손이 물체에 닿은 후에도 손가락이 오랫동안 그 물체에 머물게 한다. 이는 깊이 감각이 부족한 것을 촉각으로 보완하려는 것일 수 있다. 과학자들은 또 입체맹인 사람들이 더 천천히 걷고, 보폭이 좁은 경향이 있다는 사실도 발견했다.[5]

하지만 단점만 있는 것은 아니다. 입체맹에도 적어도 두 가지 작은 장점이 있다. 마거릿 리빙스턴이 발견한 바에 따르면, 입체맹인 예술가는 그림이나 회화에서 약간의 우위를 점할 수 있다. 또 다른 장점은 나와 같이 외사시$_{exotropia}$(사물을 볼 때 바깥쪽을 향하는 듯한 눈)를 가진 사람들에게만 해당한다. 외사시가 있는 사람들은 시야가 약간 확장되는 이점을 누릴 수 있다. 이는 우리 뇌가 약한 눈의 중심 시야만 억제하고, 주변 시야는 그대로 유지하기 때문에 가능하다. 눈이 뒤쪽에 달린 것만큼은 아니지만, 외사시인 부모들은 이 확장된 주변 시야 덕분에 자녀를 더 잘 돌볼 수 있다고 말한다.

결론은? 입체맹인 사람들은 신경전형적인 일반 사람들과 매우 다르게 세상을 본다. 그래서 운전을 배우면서 실수하는 내 모습이 스티브에게는 엉뚱해 보일 수도 있다.

해가 지고 첫 운전 수업이 끝나갈 무렵, 도로를 보는 일이 점점 더 어려워졌다. 특히 이곳은 산악 지역이라 도로의 가장자리가 연석이 아닌 절벽으로 돼 있어 큰 문제였다. 몇 차례 아슬아슬한 상황을 넘기고 나자 스티브는 도로 가장자리와의 거리, 즉 생사의 위협에 대한 정보를 계속 업데이트해줬다.

"60센티미터, 45센티미터, 30센티미터……. 도랑 조심해! 지금 다른 차선을 침범했어……."

상황이 좋지 않아 보였다. 아무래도 이렇게 외딴곳에 집을 사기 전에 미리 운전을 배워둘 걸 그랬나 보다.

7테슬라 MRI가
밝혀낼 비밀

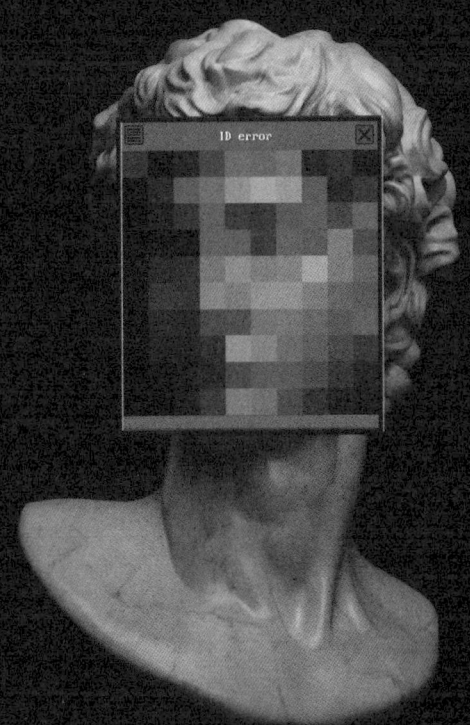

자랑하려는 건 아니지만, 7테슬라 MRI 기계에 들어가려는 참이다. 세계에서도 아주 강력한 MRI 중 하나다. 먼저 금속 탐지기를 통과해야 한다. 환자복 말고는 다 벗었는데도 계속해서 삐삐 소리를 낸다.

"혹시 머리핀 같은 게 남아 있지 않나요?"

샤힌 나스르Shahin Nasr 하버드 의대 방사선과 교수가 묻는다. 빽빽한 검은 머리에 영화배우 같은 얼굴을 한, 이란의 브래드 피트 같은 외모의 교수다.

"와이어 브라를 안 벗은 건 아니죠?"

나는 부끄러워하며 손으로 몸을 훑었다. 머리핀이나 브라는 확실히 모두 치웠지만, 지구 자기장보다 14만 배 이상 강력한 자석 근처에 갈 때는 조심 또 조심해야 한다. MRI의 역사에는 커다란 사고가 두 건 있었는데, 하나는 한 여성의 머리핀이 부드러운 입천장으로 마치 총알처럼 들어가 박힌 일이고, 다른 하나는 잘못 놓인 산소 탱크가 아이 하나를 으스러뜨린 일이었다. 이 사고들은 3테슬라 MRI에서 발생했다. 7테슬라짜리 MRI에서 어떤 일이 벌어질지는 궁금하지도 않다.

나스르가 체내에 금속 이식물이나 총알 조각 같은 게 있는 건 아닌지 벌써 세 번인가 네 번째 묻고 있다.

"없어요."라고 대답은 했지만, 100퍼센트 확신은 없었다. 그저 없기를 바랄 뿐.

나스르는 (그의 표현에 따르면) "생물 의학 영상계의 구글"이라는 하버드 의대 마르티노스 바이오메디컬 이미징 센터에서 근무한다. 그는 7테슬라 MRI를 이용해 인간의 시각 피질을 유례없는 수준으로 자세히 촬영한다. 일반적인 3테슬라 MRI는 약 3세제곱밀리미터까지 확대해 수백 개의 뉴런을 잡아낸다. 7테슬라의 복셀voxels(3차원 픽셀)은 0.5~1세제곱밀리미터 수준으로, 약 6000개의 뉴런을 포착할 수 있다.

이것이 무엇을 의미할까? 일반적인 MRI는 방추상얼굴영역처럼 작은 구조적 수준에서 뇌 활동을 포착한다. 그에 비해 나스르의 7테슬라 기계는 (죽은) 동물의 뇌를 슬라이드로 만들어 허블과 비셀이 관찰한 안구 우위 칼럼과 같은 뉴런의 칼럼을 이미지로 보여줄 수 있다.

금속 탐지기가 고장이 난 듯하여 나스르는 나를 그냥 기계에 누우라고 손짓했다. 어려서 머리에 파편이 박힌 사고는 없었는지 떠올리면서 뇌를 닦달하는 걸 그만두고, 나는 최대한 편안히 누워 있는 데 집중했다. 7테슬라 기계는 아주 작은 움직임에도 민감하다. 가장 이상적인 건 두 시간 동안 숨을 참고 심장도 뛰지 않게 하는 것이지만, 그건 무리이기 때문에 나스르는 나에게 아주 최대한 가만히 있으라고 지시했다.

기계로 빨려 들어가면 마치 둥글게 말린 벽 안에 갇히는 듯한 느낌이 든다. 자기장은 내 전정계가 기능하지 못하게 한다. 방향 감각을 상실하거나 메스꺼움을 느끼거나 금속 맛이 난다고 하는 사람들도 있지만, 나는 전력이 충분치 않은 락 텀블러(돌을 다듬고 매끄럽게 하는 원통 모양의 기계 - 옮긴이) 안에 들어온 느낌이다. 지금까지는 견딜 만하다.

나스르의 나지막한 목소리가 기계 안에서 울린다. 뭘 물어보는 것 같길래 손에 쥐고 있던 제어 패드에서 '네'에 해당하는 버튼을 눌렀다. 이때 내가 의미한 건 '이제 준비됐어요.'였지, '자, 그러면 이제 내 뇌를 슬라이드로 만들어봅시다.'는 아니었다.

건조기 안에서 테니스화가 돌아가듯 기계가 쿵쿵대는 소리를 냈다. 이 안에서 내 임무는 의식이 있는 상태에서 나스르가 틀어주는 영상을 보는 것이었다. 잠들지 않았음을 알려주기 위해 화면 중앙에 있는 더하기 기호의 색이 바뀔 때마다 버튼을 눌러야 했다(이 정도로 손가락을 까딱이는 건 마지못해 허락해준다). 교수가 틀어준 영상은 드구티스의 영상보다 훨씬 더 지루했기 때문에 해야 할 일이 있어서 그나마 다행이었다. 몇 분마다 다양한 폭과 색상의 선이 화면을 가로질렀고, 점들이 움직이거나 제자리에 있었고, 그 외에도 잘 기억나지 않는 여러 새로운 패턴이 등장했다.

그 상태로 두 시간이 지났고 드디어 기계가 나를 뱉어냈다.

"이제 움직여도 돼요." 나스르가 말했다.

"하, 살겠네." 볼을 벅벅 긁으며 내가 말했다.

한 시간 전부터 살짝 가렵기 시작했던 것을 내내 긁고 싶어 죽는 줄 알았다. 그걸 참을 수 있었던 것은 누군가에게 전해 들은 회복 중인 알코올 중독자의 조언 덕분이었다. "미래에 대해 생각하지 마세요. 순간순간을 받아들여요. 숨을 쉬세요."

"정말 잘하셨어요. 아예 움직이지도 않던데요!" 나스르가 말했다.

그 말이 축 처진 내 자존심을 높여줬다. 나는 못하는 게 많지만, 날 때부터 죽은 척은 정말 잘했다.

다르게 보면 다르게 생각하게 된다

입체맹을 극복한 성인들은 마치 아이의 눈을 통해 보는 것처럼 인생이 뒤바뀌는 경험이라고 말한다. 평범한 코트 위로 비치는 빛의 움직임이 어느 네덜란드 거장의 그림과 같은 매혹적인 깊이감을 보여준다. 나무는 정교한 입체 조각이 되고, 숲은 더 광활해지며, 여백도 거의 보인다. 내리는 눈 속에서 빙글빙글 돌거나, 시냇가에 돌을 쌓아놓고 냇물이 그 주변을 돌아 흐르며 물결치는 모습을 하염없이 바라보는 등 우스꽝스러운 행동을 할지도 모른다.

다르게 보는 법을 배우면 '생각하는' 방식에도 영향이 미친다. 예를 들어 수전 배리는 자기 아이들이 골동품 시계를 보자마자 모든 부품이 어떤 식으로 작동해 시계가 돌아가는지 이해하는 모습을 보면서 깜짝 놀란 적이 있다고 한다. 배리에게는 그것이, 그러니까 여러 가지 과정이 동시에 벌어지는 일을 상상하는 것이 불가능했다. 3차원으로 보는 법을 배우기 전까지는 말이다. 마치 그녀의 정신적 능력이 시각적 세계와 함께 확장된 듯했다.

시야가 바뀌기 전의 배리처럼, 나도 '만약 달랐다면'이라고 생각하는 방식을 고집하는 내 마음에 제약을 느낄 때가 자주 있다. 나도 농담이나 말장난 같은 걸 할 수 있도록 수평적 사고를 더 쉽게 할 수 있다면 좋겠다. 3차원을 볼 수 있게 된다면 더 재미있고 창의적인 사람이 될 수 있지 않을까?

보는 것과 사고하는 것 사이의 관계는 놀랍게 느껴지지만, 이는 어쩌면 당연한 일일 수도 있다. 언어에는 '본다'는 행위가 광자와 망막만의 문제가 아님을 보여주는 증거로 가득하지 않은가. "알겠어I see." "그 사람은 시야가 좁네short-sighted." "그녀에게는 이 회사에 대한 비전vision이 있어."

수많은 은유적 표현이 보는 것과 이해하는 것을 동일시하는데, 이는 5장에서 다뤘던 도리스 차오와 로드리고 키안 키로가의 연구와도 맞아떨어진다. 이들은 뇌가 시각적 경험(자연환경에서 완벽한 원에 가까운 원형을 보는 것)을 기반으로 추상적 개념(완벽한 원)을 구축한다는 사실을 발견했다(시각뿐만 아니라 다른 감각들도 마찬가지일 것이다.). 이는 당연한 일인 것이, 보는 행위는 시각적 동물인 우리가 세상을 파악하는 주된 방법이기 때문이다.

권태감이 지배적인 현재 내 마음 상태를 고려할 때 3차원으로 보는 일이 어떤 것일지 상상하기는 어렵다. 심지어 코로나19 팬데믹이 발발하기 전에도, 내가 해고되기 전에도, 나는 내 (놀랍도록 멋진) 삶에 약간의 지루함을 느끼고 있었다. 수많은 연극을 보고, 멋진 레스토랑에서 식사도 하고, 전시회도 보러 다니고, 파티란 파티는 다 다녔다. 재미있는 일을 하면서 그것에 관한 글을 쓰는 것, 그게 바로 내가 하는 일이었다. 어느 외딴곳에 살면서 운전도 할 수 없는 지금의 나는 진정한 지루함이 무엇인지 계속해서 알아가고 있다.

방금 '그만 좀 징징거려!'라는 생각을 했는가? 나도 그렇게 생각한다. 그러나 중년이 되면 온갖 일에서 불만을 느끼기 마련이다. 80개국에서 200만 명을 대상으로 진행한 연구를 비롯한 수많은 연구에 따르면 행복 곡선이 U자형이며, 양 끝의 꼭대기에서 행복해하는 청년층과 노년층 사이로 중년층이 행복 곡선의 밑바닥에 있는 것으로 나타났다.[1]

다른 유인원들도 같은 U자형 인생을 산다. 사육사를 대상으로 진행한 한 연구에 따르면, 침팬지와 오랑우탄은 28~35세에 느끼는 행복감이 가장 낮은 것으로 나타났다. 그들 인생에서 절반이 막 지났을 때다.[2] 인간도 마찬가지로 45~50세에 느끼는 행복감이 가장 낮다.

앞서 언급한 두 논문의 공동 저자인 영국 워릭대학교의 앤드루 오즈월드Andrew Oswald는 사회적·경제적 지위, 삶에서 요구되는 것, 자녀의 유무 등 잠재적으로 영향을 미칠 수 있는 모든 요인을 배제한 결과라고 밝혔다.

"U자형 곡선은 현대 행동과학에서 가장 대중적이면서도 수수께끼 같은 패턴입니다. 우리 일생에서도 대단히 중요한 문제죠. 저도 이 그래프의 끝에 다다르기 전에 그 과학적 근거를 찾아내고 싶군요." 오즈월드 교수는 말한다.*

내 이론은 이렇다. 중년이 되면 우리 뇌는 매일 정해진 시간에 어떤 일이 벌어질지 정확히 안다. 어떤 정보에 집중해야 하고 어떤 것을 무시해도 되는지 안다. 초콜릿케이크는 어떤 맛이 나는지 알기 때문에 케이크를 음미하는 데 주의를 덜 기울인다. 지루한 세상은 안전하다. 그리고 뇌는 우리를 안전하게 지키도록 진화했다.

중년이 지나면 더 행복해지는 이유는 뭘까? 죽음이 가까워지면서 일상적인 즐거움에도 감사하게 되는 걸까? 때가 되면 알려주겠다. 우선 나는 세상을 3차원으로 보는 법을 배워 경이로움을 다시 느끼고 싶다.

입체시를 얻은 사람에게 일어난 일

물론 위험성도 있다. 성숙한 뇌에서도 뇌 화학 구조의 혼란에 따른 과도한 신경가소성은 신경성 동통, 이명, 현기증, 근경련 등 여러 질병과 관련이 있다. 짜증이 심해지거나 과도하게 활동적이거나 과민해졌다고 느낀다면 당신의 뇌에 비정상적인 변화가 일어났다는 신호일 수 있다. 3차원을 보기 시작한 배리에게 일어난 일이

---

* 오즈월드 교수에게 이 U자형 행복 곡선이 야생에 있는 유인원이나 현존하는 소수의 수렵·채집 부족에게도 적용되는지 물었다. 그는 자신이 아는 한 누구도 답을 구하려 하지 않은 흥미로운 질문이라고 답했다. 그러니 학위 논문을 위해 아주 어렵거나 다수의 여행을 해야 하는 주제를 찾는 대학원생이라면 한번 살펴보길 바란다.

바로 그것이다.

아드리아나 발렌시아Adriana Valencia의 사례도 나를 고민하게 했다. 나처럼 발렌시아도 어린 시절 눈의 방향을 맞추는 수술을 여러 차례 받았지만 여전히 사시인 채로 지냈다. 그리고 20대가 돼 시력 치료를 받았는데, 그게 통했던 거다. 8개월쯤 지나자 그녀의 세상은 강렬하고 무시무시한 3차원으로 보였다.

발렌시아는 이렇게 회상한다. "약간은 무섭고 불쾌했어요. 걷고 있다 보면 이런 느낌이 드는 거예요. '아니, 이 나무들은 왜 나를 향해 이렇게 튀어나와 있는 거지? 풀은 왜 이렇게 뾰족한 거야?'"

발렌시아는 이내 3차원이 된 삶의 커다란 단점을 또 발견했다. 동양학 박사 과정을 밟는 학생으로서 그녀는 영어와 아랍어로 된 문헌 더미를 빠르게 훑고 이해하는 능력을 충분히 활용하고 있었다. 그러나 3차원으로 보기 시작하면서 이 능력은 급격히 힘을 잃었다.

"같은 문장을 읽고 또 읽어도 도대체 무슨 말인지 이해할 수 없었어요. 그래서 내린 결론은, 입체시가 독해 능력에 관여하던 제 뇌의 일부를 사용하기 시작했다는 거였죠."

시력 치료를 멈추자 세상은 다시 밋밋해졌지만 그녀의 뛰어난 독해 능력이 돌아왔다. 발렌시아의 사례가 나를 주저하게 한다. 읽기는 내 직업에서도 중요한 부분을 차지한다. 눈을 '바로잡고' 난 뒤 내 중요한 능력을 잃는다면 끔찍할 정도로 멍청해진 느낌이 들 것 같다.

3차원으로 보는 법을 배우는 데 성공한다면 약간의 예술적 능력을 포기해야 할 수도 있지만, 그 정도는 별문제 없다. 그림 그리는 법을 배운 지 40년이 지났지만 별안간 그림에 흥미를 느끼게 되리라고는 생각지 않으니까.

이는 다시 중년의 위기에 관한 두 번째 이론으로 이어진다. 나는 지난 40년 동안 내 장점을 충분히 활용해왔다. 나는 컨트리 음악의 한 장르인 블루그래스 밴드에서 바이올린을 연주한다. 내 직업은 낯선 사람들을 만나고 글을 쓰는 일이다. 최근에는 좁은 공간에서 참을성 있게 누워 있는 능력이 있다는 사실도 발견했다. 새로운 경험을 하고 꾸준히 성장하려면 내 약섬, 특히 내 뇌 속에 굳게 자리를 잡은 듯한 약점부터 해결해야 한다.

첫 번째 목표였던 얼굴지각 능력 향상 부문에서는 큰 성공을 거두지 못했다. 3차원으로 보는 법을 배우는 건 좀 더 유망한 목표 같았지만, 이는 결국 전에 해본 적 있는 일이었다. 게다가 입체시를 교정하면 얼굴지각 능력이 나아질 수도 있다. 신경전형인에게 한쪽 눈을 가린 채 얼굴을 학습시키고 다시 맞혀보게 하면 결과의 수준이 급속도로 저하된다.[3]

입체맹을 교정하는 가장 좋은 방법은 시력 치료를 받는 것이다. 안타깝게도 가장 가까운 행동검안센터는 우리 집에서 한 시간 거리에 있으며, 내 보험은 매주 45분씩 진행되는 200달러라는 상당한 금액의 치료 비용을 보장해주지 않는다. 다른 방법은 없는지 알아보기 위해 캘리포니아대학교 버클리 캠퍼스의 신경과학 및 검안학 교수인 데니스 리바이Dennis Levi에게 전화를 했다. 미국심리학회의 사이크인포에서 '약시'라는 단어를 검색했을 때 최상단에 등장한 이름이었다. 무려 80개 이상의 연구에 이름을 올린 저자였다.

나는 입체맹을 위한 새로운 치료법을 알아보는 중이며, 이를 직접 체험해보고 관련해 글도 쓸 수 있다고 설명했다. 리바이 교수는 부드러운 남아공 억양으로 좋지 않은 소식을 전했다.

"대체로 약시 치료법은 프랑스의 조르주[조르주루이 르클레르 Georges-Louis Leclerc] 뷔퐁 백작이, 1743년 시력이 낮은 눈이 제 역할을 하도록 학습시키려면 시력이 높은 쪽을 불편하게 해야 한다는 사실을 발견한 이후로 변한 게 없어요. 그게 지금까지도 표준적인 치료법이고요."

하지만 곧 변화가 생길 수도 있다고 덧붙였다. 여러 기업에서 입체맹이 있는 사람들에게 두 눈을 함께 쓰는 법을 가르치기 위한 가상현실 헤드셋용 프로그램을 개발하고 있다. 두 눈이 완전히 다른 방향을 본다고 하더라도 가상현실 기술은 각 망막 중앙에 이미지를 집중시키고 점차 두 눈을 모으도록 훈련시킬 수 있다. 가상현실 기반 프로그램은 시력이 낮은 눈의 '신호를 강화'해 뇌가 주의를 기울일 수밖에 없을 정도로 밝은 빛을 받아들이게 할 수 있다.

해당 기술의 예비 연구는 전망이 좋지만 대부분이 아동을 대상으로 실험이 진행되고 있다고 리바이 교수는 말했다.

"7~8세가 지나면 뇌의 신경가소성이 거의 사라진다는 생각들이 있어요. 그보다 나이가 많은 환자를 대상으로는 치료를 하지 않거나 심지어 시도조차 하지 않았죠. 그래서 저희 팀은 나이 든 개에게 이 기술을 적용할 수 있을지 무척 궁금해하고 있었어요."

"제가 바로 그 나이 든 개예요!" 내가 말했다. "그 기술, 제가 배워보고 싶어요!"

리바이 교수는 내가 연구에 참여할 자격이 되는지 확인하기 위해 실험실 조교에게 내 시력 검사 기록을 보내라고 말했다. 전화를 끊기도 전에 나는 기록을 보냈다.

기억할 사람들

나는 다시 팸의 집으로 가기로 했다. 팸과 그녀의 파트너(폴이었던가?)는 최근에 이사를 왔는데 아직 짐도 풀지 않았다. 그런데도 소파를 내준다고 하다니, 정말 좋은 사람들이다.

초인종을 누르기 전에 이메일 폴더 중 '기억할 사람들' 폴더를 뒤적이며 1년도 더 전에 미래의 내가 참고할 수 있도록 기록해둔 메모를 읽었다. 어떤 남자가 문을 열었다.

"안녕, '데이비드'!" 내가 밝은 목소리로 인사했다.

"안녕, 세이디." 팸이 주방에서 외쳤다. 지금은 핫핑크 색의 머리를 하고 있지만, 내가 생각하는 팸이 맞을 거다. 그리고 안경을 쓴 키 큰 백인 남자면 십중팔구 '데이비드'일 가능성이 크다.

두 앤과 저녁을 먹기로 했는데 함께 가지 않겠냐고 팸에게 물었다.

"그러고 싶은데, 언니를 만나기로 해서." 팸이 말했다.

"언니가 근처에 살았지? 좋겠다." 메모에서 커닝한 정보를 떠올리며 자신 있게 말했다. 그녀의 언니는 팸보다 일곱 살 더 많다는 것도 안다. 그 사실을 말할 구실을 떠올리기 위해 열심히 머리를 굴렸다.

사실 지난번에는 두 앤을 만나지 못하고 집으로 돌아갔다. 그래서 둘을 만나러 가는 길이 조금 불안하다. 벌써 몇 년이나 지났는데(한 10년은 됐을 거다) 내가 둘을 알아볼 수 있을까? 그들은 나를 알아볼까?

식당에 도착하니 브라운 앤이 먼저 와 있었다. 브라운 앤을 보자 완전히 잊은 줄 알았던 추억이 파도처럼 밀려왔다. 거실에서 함께 막춤 같은 체조를 하던 것부터, 노라라는 친구에게 그녀의 하키 스틱에 키스하라며 돈으로 꼬드기던 일, 봄 방학 때 돈이 없어서 하트퍼드에 가서 마이애미인 척 놀았던 일까지. 이내 레드 앤이 도착했고, 그녀가 자리에 앉자마자 레드 앤의 방에서 화려한 칵테일을 만들어 마시던 것부터 애프터눈 티를 즐기던 일, 대형 트레일러에 거의 치일 뻔했던 일까지 추억들을 쏟아냈다. 내 친구들의 얼굴을 뇌에 저장하지 못한다는 건 행복한 기억을 떠올리기 위해선 이들의 얼굴을 봐야만 한다는 의미인 걸까(이때 디지털 액자를 사야겠다고 마음속으로 다짐했다).

두 앤에게 무슨 재미있는 소식 없냐고 물었더니, 있단다. 그러나 안타깝게도 나는 이들이 말하는 사람들이 누구인지 도통 모르겠다. 그래서 아는 척하는 대신 솔직히 고백했다.

"학교 다닐 때 알았던 애들은 거의 기억나질 않아. 솔직히 너희 애들 이름이나 나이는 얼마나 됐는지, 어디에 사는지도 기억나질 않아."

"하루 이틀인가, 뭐." 브라운 앤이 말했다.

"어차피 네가 기억할 거라고 기대하는 사람 없어." 레드 앤이 말했다. "뭐 좋은 얘기나 좀 해줘."

마음속에서 기쁨과 감사가 휘몰아쳤다. 얘넨 날 너무 잘 알아! 비록 친구들의 삶에 관한 정보들은 내 뇌를 스쳐 지나가지만, 말하는 투를 비롯해서 어떤 음료를 주문할지, 운전하는 법을 배우고 있다는 내 이야기에 어떻게 반응할지 등 몸소 얻은 바에 한정한다면 나 역시 이들에 대해 잘 알고 있다(운전한다는 말에 레드 앤은 내 안전을 걱정할 테고, 브라운 앤은 다른 사람들의 안전을 걱정할 거다).

팸의 집으로 돌아오니 식사 자리에서 메모를 전혀 하지 않았으며 두 앤이 말한 내용 중 이미 절반은 까먹었음을 깨달았다. 그래도 괜찮다. 가장 친한 친구와 함께할 때는 꾸밈 없는, 있는 그대로의 나일 수 있으니까.

자기수용이라, 그것참 정말 멋진 개념이군.

부모의 죄책감

세 번째로 MRI를 촬영하기 전, 오래된 공업용 건물이 여기저기 보이는 수변공원에서 나스르 교수를 만났다. 내가 진행 중인 프로젝트 전반에 관해 설명하고, 내가 겪는 안면인식장애가 부분적으로는 입체맹 때문에 발생한 것 같다는 내 직감을 전달했다.

"당신의 약시가 무엇 때문에 생겼다고 생각해요?" 나스르가 물었다.

"글쎄요, 가족력도 없고. 아마 제가 태어날 때 어떤 외상이 있었던 게 아닐까 싶어요. 저산소증이라든가······. 어머니가 그러시는데, 진통 시간이 무척 길었고 제가 약간의 청색증을 보였다고 해요. 그리고 아시다시피 안과 수술을 여러 차례 받았지만 나아진 건 없었죠."

"그러면 부모님의 책임이 있다고 보는 거군요." 나스르가 말하기 시작했다.

논리적 비약에 나는 잠시 말을 잇지 못했다.

"저는 누굴 탓하려는 게 아니에요! 제 머리가 너무 컸던 걸 수도 있고……." 나는 우물거리며 말했다.

나스르는 본인이 내 아버지였다면 내 프로젝트를 두고 꽤 괴로워할 것 같다고 말했다. "제 아들이 저에 관한 책을 쓰면서 '우리 아버진 잔인한 사람이었어요.'라고 밝히는 모습은 상상하고 싶지 않네요."

"아니요, 아니에요." 내가 항변했다. "우리 아버진 훌륭한 분이에요. 부모님 두 분 다요. 집안 형편은 어려웠지만 제가 최고의 치료를 받을 수 있게 해주셨다고요."

나스르에게는 어린 자녀가 둘 있는데, 내가 한 말 때문에 30년쯤 후에 아이들이 아버지를 탓하는 모습을 상상하며 걱정한 듯하다.

그래서 그의 연구로 화제를 돌렸다. 이미 인터넷 검색을 통해 그가 인간의 시각 체계 구조를 유례없는 수준으로 자세하게 파악하고 있으며, 인간에게 존재한다고 추정은 되나 원숭이를 대상으로 한 연구에서만 발견된 하부 구조를 찾아냈다는 사실을 알고 있었다.

앞서 언급한 '일차 시각 피질'을 기억하는가? 일차 시각 피질은 '시각 영역 V1'이라고도 불리는데, 후속 단계를 참 창의적이게도 '시각 영역 V2'와 '시각 영역 V3'이라고 부른다. 원숭이를 대상으로 한 연구 결과, 이 영역들은 양안시차(3차원 시각)를 처리하는 굵은 줄무늬와 색을 처리하는 얇은 줄무늬로 구성된다는 사실이 밝혀졌다. 나스르는 획기적인 연구를 통해 인간 역시 같은 구조를 지닌다는 사실을 발견했다. 이뿐만 아니라 입체맹이 있는 사람들의 경우 (3차원 시각을 처리하는) 굵은 줄무늬의 뉴런이 본래의 직업을 버리고 색을 처리하기 시작한다는 사실도 밝혀냈다.

"대단한데요? 그러면 저는 남들보다 뛰어난 색각을 지니고 있는 건가요?"

"그건 아니에요." 나스르는 우리의 대화가 끝나기 전까지 몇 번이고 내가 한 말에 찬물 끼얹는 소리를 했지만, 워낙 매력적인 사람이므로 딱히 신경 쓰지 않기로 했다.

나스르의 설명에 따르면 사실 약시는 색각 이상color vision deficiency과 관련이 있으며, 이는 내 경험과도 일치한다. 나는 색맹은 아니지만 오래도록 다른 사람들과 색을 보는 방식이 다르다고 의심해왔다. 한번은 내가 주황색이라고 묘사한 조끼가 실은 노란색인지 아닌지 뉴스룸 전체를 대상으로 투표를 한 적도 있다. 압도적인 표차로 내가 지기는 했지만, 나는 동료들이 나를 속이는 게 아닌가 하는 느낌을 떨칠 수 없었다(그 조끼는 분명 주황색이었다).

교수가 연구하고 있는 약시의 또 다른 증상은 멀리 있는 사물을 잘 알아보지 못한다는 것이다. 이는 단순한 시력의 문제가 아니다. 내 눈은 양쪽 모두 1.0이다(라식 수술에 이 영광을 돌린다). 하지만 나는 다른 사람들은 어렵지 않게 식별하는 표지판을 읽을 수 없다. 왜일까? 한 가지 가능성은, 일반 시력을 지닌 사람들은 영유아기에 멀리 있는 사물을 분석하는 데 더 많은 뉴런을 사용하도록 학습

됐기 때문일 수 있다. 입체맹이 있는 영유아는 거리를 잘 가늠하지 못하기 때문에 그와 같이 학습되지 못하는 것이다.

"그러면 제가 3차원을 보는 법을 배운다고 해도 이 모든 문제는 그대로 남는다는 건가요?"

"이론적으로는 그래요." 나스르가 말했다. 게다가 시각 체계의 기본 구조를 근본적으로 바꿔야 하기 때문에 성인의 약시는 아마 고칠 수 없을 거라는 더 나쁜 소식까지 덧붙였다. 지각의 근본적인 요소들은 분자 수준의 자물쇠로 잠겨 있으며, 신경과학자들은 다시 학습이 가능하도록 이 자물쇠를 열 방법을 알아내려 노력하고 있다. 하지만 인간을 대상으로 그 결과를 확인하려면 앞으로 수십 년은 더 걸릴 것이다.

나는 나스르 교수에게 수전 배리를 비롯해 입체로 보는 법을 배운 다른 성인들의 사례를 설명했지만, 그는 자신의 의견을 고수했다. 그를 비롯한 과학자들은 이들이 완전한 입체맹은 아니었으며, 영유아기에 3차원 세계를 어느 정도는 볼 수 있었기 때문에 성인이 돼서도 다시 보는 법을 학습할 수 있었으리라고 추정한다. 설사 그들의 의견이 맞다고 해도 수전 배리를 비롯한 여러 사례는 입체맹을 지닌 나를 포함해 수많은 성인이 잠재적으로는 3차원을 보는 법을 배울 수 있다는 의미라고 생각한다.

그럴 일은 없을 거라고 거의 확신하면서도 나스르는 만약 내가 3차원을 다시 보게 된다면 내 시각 피질을 다시 촬영해 신경 수준에서 무엇이 변화했는지 확인해보겠다는 데 동의했다.

"3차원을 왜 보고 싶어요?" 나스르 교수가 덧붙였다. "당신의 시력은 완벽해요. 당신에게는 '세이디 비전'이 있잖아요! 당신 같은 시각을 지닌 사람은 아무도 없어요."

이런 '얘, 기운 내!' 같은 대사는 우리 아버지가 하던 말을 떠올리게 했다. '네가 바꿀 수 없는 것을 걱정하지 마라.' 친절한 격려이긴 했지만, 나는 이 말이 다소 가식적이라고 느꼈다. 입체맹이 정말 별것 아니라면 국립보건원이 매년 약시 연구에 수천만 달러를 투자하지는 않겠지.

우리 아빠처럼 나스르도 내가 운전하는 것을 불안해했다.

"왜 꼭 운전을 하고 싶어 하는 거예요? 위험할 수도 있어요." 교수가 걱정스레 웃으며 말했다.

"입체맹이 있는 사람이 운전하는 것도 사실 안전해요. 관련한 연구를 보내드릴게요." 내가 말했다.

그러고는 아무것도 보내지 않았다. 부모의 불안은 부모의 죄책감과도 같아서 이성적으로는 이해할 수 없다.

10장

양 눈의 정보를
한 이미지로 통합하는 일

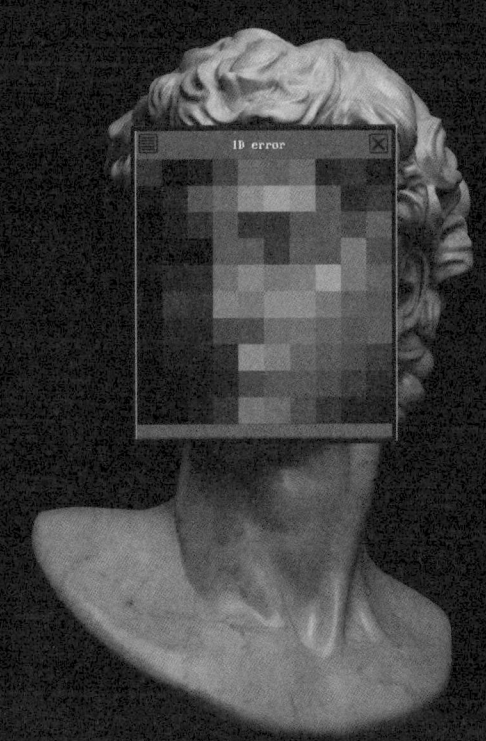

2009년 12월, 제임스 블라하James Blaha는 가족과 함께 〈아바타〉를 보러 가는 게 썩 내키지 않았다.

"저는 어차피 3D 영화는 못 봐요. 머리만 아플 뿐이죠." 블라하는 말했다.

프리랜서 컴퓨터 프로그래머인 블라하는 평생 입체맹이었다. 그리고 이는 부분적으로 본인의 탓도 있다고 생각했다. 어려서 안대를 잘 착용하지 않았기 때문이다.

블라하의 부모님은 어쨌든 보러 가자며 그를 설득했다. 영화가 시작되고 몇 분 뒤, 영사기 두 대 중 한 대가 멈췄다. 정상 시력을 지닌 극장 안의 모든 이에게 영화는 평범한 2D 영화가 됐지만, 블라하에게는 화면이 돌연 검게 보였다. 화면의 왼쪽 끄트머리에서는 영화가 살짝이나마 보였다. 오른쪽 눈을 감아 왼쪽 눈으로 어떻게든 보려 애쓰자 전체 화면이 다시 보이기 시작했다.

"영사기 오작동이 제 시력을 억압하던 원인을 알려줬어요. 영화보다 훨씬 더 흥미로웠습니다."

그는 온몸이 푸른색인 외계인들에게 무슨 일이 벌어지는지는 전혀 알지 못했지만, 자신의 시력이 대부분 사람과 어떤 면에서 다른지에 대해 새로운 관점을 얻었다. 그의 뇌는 주변부의 아주 약간의 정보들을 제외하곤 비우세안 nondominant eye (두 눈 중에서 기능이 좋지 않거나 근거리를 더 잘 보는 눈을 의미한다. 반대로 기능이 좋거나 원거리를 더 잘 보는 눈은 우세안이라고 한다)에서 오는 모든 정보를 무시하고 있었다.

블라하는 영화관을 나설 때부터 양 눈에서 얻은 정보를 하나의 입체적 이미지로 통합하는 법을 뇌에 가르치는 3D 비디오게임을 만들어야겠다는 아이디어를 구상했다.

집으로 돌아온 그는 3D 영사기를 구입하려고 알아봤지만 수천 달러에 달하는 가격에 크게 낙담했다. 몇 년 후, 가상현실 헤드셋이 출시됐고 블라하는 몇백 달러에 '오큘러스 리프트' 개발자 키트를 구매했다.

블라하는 첫 번째 실험에서 각 눈에 나타나는 상의 밝기를 조절할 수 있는 3차원 회전 정육면체를 만들었다. 뇌에서 억압돼 있는 부분을 극복하기 위해 왼쪽 눈에 나타나는 상을 점점 더 밝게 만들었다. 그리고 오른쪽 눈에 표시되는 것보다 밝기를 20배 더 높였을 때 예상치 못한 일이 벌어졌다. 정육면체가 그를 향해 튀어나온 것이다. 그는 뾰족한 모서리를 피하려 머리를 뒤로 확 젖혔다.

"정말 깜짝 놀랐어요. 그런 건 처음 봤거든요."

블라하의 다음 실험인 '브레이커 Breaker'는 정사각형 격자를 향해 가상의 공을 튕기는 고전 게임에서 영감을 받았다.

이어 그는 눈의 정렬 여부와 관계없이 각 사람의 눈에 이미지의 중심을 맞출 수 있는 가상의 분광기를 개발하기 시작했다. 프리즘 사용을 점진적으로 줄이면서 사람들이 눈 근육을 사용해 눈을 정렬하도록 훈련하게 하는 것이 목적이었다. 블라하는 이 방식이 미용을 위해서가 아니라 시력 개선에 도움이 되기 때문에 수술보다 훨씬 낫다고 말한다.

이 모든 작업은 많은 시간을 잡아먹었기 때문에 블라하는 프로젝트 자금을 마련하기 위해 크라우드 펀딩 플랫폼인 인디고고 Indiegogo에서 캠페인을 시작했고, 캠페인은 시작과 동시에 대박이 났다. 이틀 만에 초기 목표액이었던 2000달러 이상이 모였다. 두 달이 지나자 2만 달러가 모였다.

"그때 생각보다 많은 사람에게 약시가 있으며, 이런 기술에 큰 수요가 있다는 걸 깨달았어요." 블라하는 말한다.

블라하는 스타트업 육성 기관의 도움으로 비비드 비전Vivid Vision이라는 회사를 세우고 컴퓨터 프로그래머 몇 명과 과학 자문을 한 명 고용했다. 원래 계획은 (회사명과 같은 제품명) 비비드 비전을 직접 소비자에게 판매하는 것이었다. 하지만 몇 차례의 베타 테스트(제품 상용화 전 단계에 수행하는 테스트 - 옮긴이) 참가자들이 복시를 겪으면서 블라하(또는 그의 변호사들)는 프로그램의 효과가 너무 강해 의료 전문가의 지도 없이 제품을 사용하기에는 무리가 있다고 판단했다.

FDA는 2018년, 비비드 비전을 의료 기기로 승인했고 시력 치료사들이 자신들의 치료실을 통해 해당 프로그램을 제공하기 시작했다. 그러나 FDA에서 '디지털 치료법'에 관한 정책을 계속해서 발전시키고 있었기 때문에 그 과정은 험난했다. 2022년 1월 1일, 비비드 비전은 FDA의 새로운 요건을 맞추기 위해 소프트웨어의 미국 내 판매를 일시적으로 중단해야 했다.

블라하는 이를 기회로 삼아 시력 치료사들이 환자에게 맞춰 계속해서 설정을 조정할 필요가 없도록 소프트웨어에 자동화 기능을 추가했다.

"각 환자의 시각적 능력 수준을 자동으로 파악해 모든 활동을 알아서 설정하는 알고리즘을 작성하고 있어요."

블라하는 비비드 비전의 설립자이면서 제품을 사용하는 고객이기도 하다. 자신이 개발한 비디오게임을 이용한 지 1년쯤 지난 뒤, 산에 오른 블라하는 나뭇가지가 자신을 향해 삿대질하듯이 '튀어나온' 것을 봤다.

"충격이었죠. 어떤 느낌인지 말로는 설명하기 어려워요."

놀라움을 가라앉힌 블라하는 3차원으로 보는 숲의 전혀 다른 모습에 감탄했다. 시야를 꽉 막던 얽히고설킨 나뭇가지들이 이제는 시원하고 탁 트여 보였다. 태어나 처음으로 나무와 나무 사이에 있는 공간을 진정으로 '볼' 수 있었다.

"영화는 잘 모르겠지만, 실제 세상은 3차원으로 보는 편이 훨씬 더 낫더군요. 더 선명하고 생생해요."

블라하는 자신이 만든 발명품을 입체맹을 지닌 사람들이 꼭 사용하게 하고 싶었지만, 그 과정은 참으로 지난했다. 쉽사리 승인을 해주지 않는 FDA는 차치하더라도 비비드 비전의 잠재적 수익성을 투자자들에게 계속해서 증명해야 했기 때문이다.

"투자자들은 수익을 최대한 높이고 제품을 최대한 활용하려는 게임을 하고 있어요. 이게 게임이 아니라 사람들의 실제 건강을 위한 일이라는 걸 잊기 쉽죠."

또 다른 가상현실 기반 치료 솔루션을 제공하는 회사인 루미노피아Luminopia는 2021년 10월 20일, FDA로부터 4~7세 아동의 약시 치료에 가상현실 소프트웨어를 사용해도 좋다는 승인을 받으면서 비비드 비전보다 한발 앞서나갔다. 무작위 대조 임상 실험에서 루미노피아의 소프트웨어는 시험 대상 중 3분의 2에 가까운 아동의 시력을 개선했고, 아이들은 시력이 낮은 눈으로도 일반적인 시력 검사표에서 두 줄이나 더 읽을 수 있었다(흥미롭게도 대조군 역시 약 0.8줄 더 읽을 수 있을 정도로 시력이 개선됐다). 또한 실험군의 입체맹도 통계적으로 유의미할 정도로 개선됐다. 이들은 시력이 낮은 눈을 훈련하기 위해 시력이 높은 쪽을 가리는 등의 전통적인 치료법으로 효과를 보지 못했던 아이들이다.[1]

비비드 비전과 달리 루미노피아는 비디오게임을 활용하지 않는다. 그 대신 아이들은 가상현실 고글을 쓰고 TV 쇼를 시청할 뿐이다. 루미노피아 소프트웨어는 시력이 높은 눈에 나타나는 이미지의 품질을 저하시키고 시력이 낮은 쪽 눈에는 선명하고 대비가 높은 이미지를 보여준다. 그러면 뇌는 시력이 낮은 눈을 사용해 이미지를 완성하는 번거로운 작업을 하기 시작한다.

"이 치료법은 지난 10년간 약시 치료 분야에서 최초로 등장한 신기술입니다." 엔드리 앙젤리 Endri Angjeli 루미노피아 임상 개발 부문 부사장은 말한다.

나는 블라하와 앙젤리에게 그 소프트웨어를 사용해보게 해달라고 간청했다. 무료로 홍보할 기회라는 점도 강조했다. 그리고 충동적으로 외딴곳으로 이사한 내 사연과 내가 얼마나 절박하게 운전을 배우고 싶어 하는지, 3차원으로 보는 것이 얼마나 큰 도움이 될 수 있는지 설명했다. 두 사람 모두 공감은 했지만, 내 부탁을 들어줄 수는 없다고 했다. FDA의 눈 밖에 나지 않으려면 몸을 사려야 하니까.

40대 초보 운전자

보스턴에서 돌아온 뒤 운전 교습을 다시 시작했는데, 정말이지 큰 스트레스였다. 운전대를 잡을 때마다 평소에는 자제심 강한 남편이 불안감을 숨기지 않고 뿜어댔다. 그 기운이 눈에 보일 정도였다. 한편 스티브에 따르면 내 얼굴은 "두려움으로 잔뜩 찌푸려져" 있었다.

실제로 그만큼 무서웠다. 쭉 뻗은 길들이 수평선에 다다르면 어떻게 수렴하는지 아는가? 내게는 이것이 마주 오는 차들이 마치 내게 '달려드는 것'처럼 보이는 듯한 착시 현상을 일으킨다. 그럴 때마다 나는 비명을 지른다. 그리고 도로에서 벗어나지 않기 위해 온 의지를 마지막 한 방울까지 짜낸다.

스티브에게 이런 상황을 대체 어떻게 해결했는지 묻자 확실한 답을 들려주지 않았다. 아마 그에게는 별문제가 아닌가 보다.

텅 빈 시골길을 달린 지 한 달, 스티브는 내가 2차선 고속도로에 도전할 때가 됐다고 봤다. 액셀을 밟자 트럭이 시속 약 90킬로미터로 빠르게 속도를 높였다. 하도 덜커덕거리는 소리를 내는 탓에 부품이 떨어져 나가는 건 아닌지 무서웠다. 게다가 아니, 사람들은 왜 저렇게 내 차를 추월하는 거지?

"다들 왜 저러는 거야? 난 제한속도를 잘 지키고 있는데." 내가 소리쳤다.

'진짜' 제한속도는 표지판에 표시된 숫자에 10킬로미터를 더한 것이라고 스티브가 설명했다. 정말 충격이었다.

"저 모든 사람이 밥 먹듯이 법을 위반한다는 거야?"

고개를 돌려 보지는 못했지만 스티브가 눈을 한껏 치켜뜨며 어깨를 으쓱하고 있을 것 같았다.

슈퍼마켓에 도착하고 스티브가 만족할 정도로 주차에 성공하기 위해 세 번이나 시도해야 했다. 안심한 우리는 비틀거리며 매장으로 들어가 스스로에게 주는 선물로 탄산음료를 샀.

"다시 운전해 돌아갈 준비 됐어?" 스티브가 물었다.

"대신 해줄 수 있어……? 오늘 치 도파민은 충분히 즐긴 것 같아." 나는 거의 빌었다.

스티브가 키를 받았지만 또 다른 문제가 우리를 기다리고 있었다. 트럭에 시동이 걸리지 않는 것이다. 나야 기술적인 건 잘 모르지만, 스티브가 키를 돌릴 때마다 엔진에서는 '부릉' 대신 '틱, 틱, 틱' 하는 소리만 났다.

"배터리가 방전됐네. 배터리 점프를 해야겠어." 스티브가 말했다.

도움을 구하기도 전에 밀리터리 무늬의 야구모자를 쓴 남자가 점프 케이블을 손에 쥐고 나타났다. 스티브는 내게 어떤 식으로 하는지 잘 지켜보라고 했고, 야구모자 아저씨도 동의했다.

"이 정도 연식의 트럭이면 이런 상황이 자주 생길 겁니다." 야구모자 아저씨가 말했다.

그의 말은 맞았다. 다음 날 아침 일어나자 배터리가 다시 방전돼 있었고, 한 시간 동안이나 차를 몰고 다니며 충전해야 했다. 하지만 그날 아침 이후로 배터리는 완전히 맛이 가버렸다. 아무리 점프를 해도 다시 살아나지 않았다.

다음에는 시동 장치가 명을 다했고, 곧이어 교류 발전기도 그 뒤를 따랐다. 안 좋은 소식은, 점점 더 많은 돈이 정비소에 들어가고 있는 것이었다. 좋은 소식은, 내가 점차 운전에 능숙해지고 있다는 것이었다.

그러고는 모든 게 안정적이었다. 아무 일 없이 한 달이 지나갔다.

"될 줄 알았어. 시작이 험난해서 그랬지." 나는 스티브에게 말했다.

트럭은 그저 때를 기다리고 있을 뿐이며 거짓 안정감으로 우리를 안심시키고 있다는 사실을 우리는 잘 몰랐다.

어느 오후, 스티브가 홈디포에 갔다가 땀에 흠뻑 젖은 채 잔뜩 놀라 집으로 돌아왔다.

"액셀이 고장 났어. 고속도로를 달리고 있었는데, 차가 점점 더 빨리 달렸다고."

"맙소사, 무슨 짓을 한 거야? 주차 브레이크는 당겼어?" 내가 물었다(어디선가 이렇게 하면 된다고 읽은 적이 있다).

"아니. 액셀이 전혀 말을 듣지 않아. 이 트럭 갖다 버려야 할 것 같아. 너무 위험해!"

낡은 트럭 뒤에 흙을 잔뜩 묻히고 카약을 싣고 다니는 꿈을 포기하기는 아쉬웠다. 하지만 이 트럭이 내 남편을 거의 죽일 뻔하지 않았는가(나도 마찬가지고). 스티브의 말이 옳았기 때문에 우리는 춤추는 풍선 인형이 있고 기름도 넉넉히 채울 수 있는 흔한 중고차 매장으로 향했다. 내가 마쓰다3 옆을 어슬렁거리자 판매원이 바로 다가와 내 면허증을 복사하고 키를 건넸다.

"뭐, 잘 샀네." 약간 실망한 나는 스티브에게 말했다.

새것에 가까운 차에 흠집이라도 날까 불안했던 나는 아주 천천히 그리고 조심스럽게 차를 몰았다. 좁은 도로로 접어들자 헤드업 디스플레이에 경고 표시가 깜빡이며 메시지가 흘러나왔다. "운전대를 돌리세요!" 그리고 어느 쪽으로 돌려야 하는지 간단한 영상을 보여줬다.

"아, 적당히 좀 해." 나는 우는소리를 했다. "아직 연석 근처에도 안 갔다고."

깜빡이를 켜자 마쓰다는 경고와 함께 불빛을 깜빡이며 사각지대에 누군가가 있다는 사실을 알려줬다.

"나도 봤어. 진정해." 내가 말했다.

차가 나를 쥐고 흔들긴 하지만, 마음에 들었다. 마치 심통 부리는 10대 청소년이 된 것 같았다. 겁에 잔뜩 질린 할머니에 비하면 엄청난 회춘이었다. 걱정하는 부모의 영혼이 담긴 이 작고 멋진 마쓰다는 내게 완벽한 차였다.

마쓰다를 사고 오래 지나지 않아 나는 공원부터 슈퍼마켓, 산 반대쪽 등 갈 수 있는 모든 곳을 운전해 다니며 무엇이든 보러 다녔다. 이 차는 전의 트럭보다 운전하기가 훨씬 더 쉬웠다. 운전자 보조 기능도 훌륭했지만, 운전대를 돌리면 차가 실제로 그 방향으로 간다는 사실이 훨씬 더 좋았다. 포드 트럭은 내 말을 순순히 듣지 않았다.

차선 중앙을 유지하며 운전하는 게 늘 순조롭지는 않았다. 이와 관련해서 인터넷으로 검색을 좀 해보니 같은 조언이 계속해서 나왔다. 후드 장식을 우측 차선에 맞추라는 것이었다. 마쓰다에는 후드 장식이 달려 있지 않아서 하나 샀다. 큰 냉장고 자석이 툭 튀어나와 있는 듯한 모양새가 됐지만, 효과는 있었다.

인터넷 검색에서 또 하나의 영감을 받아, 자동차 앞뒤로 붙일 자석 범퍼 스티커를 주문했다. 스티커에는 이런 글귀가 적혀 있다. '초보 운전자입니다. 너그러이 봐주세요.'

"집에 10대 자녀가 있나 보죠?" 주유소에서 어떤 남자가 물었다.

"실은 제가 바로 그 초보 운전자예요. 어렸을 때 운전을 배우지 못해서요."

"그럼, 행운을 빌어요." 남자가 씩 웃으며 대답했다. 주유소를 빠져나오는데 그 남자가 멀리 떨어져서 운전하는 게 보였다.

이런 모험은 보통 혼자 하는 편인데, 나는 유효한 운전면허증을 갖고 있으니 물론 법적으로 전혀 문제가 없다. 나는 1996년부터 대체 어떻게 땄는지 모를 운전면허증을 계속해서 갱신해왔고, 거의 눈 하나 깜박이지 않고 워싱턴 D.C.에서 웨스트버지니아까지 운전한 적도 있다. 이런 사실이 다소 걱정된다면 내가 무척 외딴 지역에 살고 있다는 점을 떠올리기 바란다. 내가 위험에 처하게 하는 건 오로지 나 자신뿐이다(가끔은 다람쥐도).

내 사고 기록은 엄밀히 말하면 완벽하다. 그러나 주차 기록에는 약간의 흠이 있다. 스티브는 속도를 줄이지 않고도 후진해서 차를 차고에 넣는다. 반면 나는 차를 완벽히 정렬시킨 다음 시속 1.5킬로미터 정도의 속도로 차고를 향해 후진한다. 이보다 더할 수 없을 정도로 조심하는 편이다. 몇십 센티미터마다 멈춰서 제대로 정렬돼 있는지 확인한다. 그러고도 주기적으로 차 옆면을 긁어 먹는다.

처음 차를 긁었을 때는 사이드미러를 거의 날릴 뻔했다. 이때의 사고로 우측 차체에 약간의 스크래치가 남았지만, 흙먼지에 뒤덮여 잘 보이지는 않았다. 그래서 굳이 남편에게 말할 필요도 없다고 생각했다.

처음으로 (그리고 유일하게!) 실제 충돌로 이어졌던 사고는 차고를 나서면서 내 트럭과 부딪힌 것이었다. 마쓰다를 탓하려는 건 아니지만, 차에서 아무런 경고음도 나지 않았기 때문에 나는 충분히 지나갈 수 있다고 생각했다. 하지만 그 생각은 틀렸다. 트럭의 범퍼는 거의 반파됐고, 안 그래도 얼마 안 될 중고차로서 트럭의 가치는 심각하게 떨어졌다.

트럭 범퍼가 달랑거리는 모습은 보지 않으려야 안 볼 수가 없었다. 그래서 스티브에게 솔직히 털어놓았다. 그러자 스티브는 몇 달 전에 말해줬으면 참 좋았을 유용한 조언을 건넸다.

"꼭 후진해서 차를 넣을 필요 없는 거 알지? 전진주차 하면 돼."

그 이후로는 아무런 사고도 없었다. 적어도 내가 아는 한은.

사시에 관한 편견

두 번째 수술 이후, 눈은 대체로 정렬된 듯 보였으나 늘 그런 건 아니었다. 피곤할 때면 왼쪽 눈이 옆으로 멀어졌다. 예전에는 몰랐지만, 지금 생각해보니 애들 사이에서 소외된 듯 느꼈던 게 비뚤어진 눈 때문이 아니었나 싶다.

그보다 더 중요한 건, 최근 수년간 양쪽 눈이 더 흐트러졌다는 거다. 게다가 사시와 관련한 자료를 읽다 보니 바르게 정렬돼 있지 않은 내 눈 때문에 사람들이 나에 대해 가질 편견이 걱정되기 시작했다. 자료를 좀 읽어본다고 해서 두려움이 가시지는 않는다.

교사들은 사시가 있는 아이를 반 친구들보다 덜 똑똑하고 더 게으르고 더 불행해한다고 여긴다.[2] 사시가 있는 아이들은 친구의 생일 파티에 초대받을 확률이 더 낮다.[3] 아이에게 눈이 사시인 인형을 주면 인형에게 뽀뽀를 덜 하고 더 때릴 가능성이 크다.[4] 사시가 있는 아이의 엄마들은 일반 아이를 둔 엄마들보다 덜 보살피고 더 독재적으로 구는 경향을 보인다.[5] 그리고 이 엄마들은 더 큰 우울감을 느끼는 경향이 있다(해당 연구는 아빠에 관해서는 언급하지 않았다).

사시라는 낙인은 성인이 돼도 사라지지 않는다. 여러 연구에 따르면, 사시가 있는 사람들은 취직이 되거나 승진 대상으로 고려될 가능성이 작다.[6] 또한 잠재적인 데이트 상대들에게 덜 매력적이고, 덜 똑똑하며, 소통에 서투르다고 여겨지곤 한다('소통에 서투르다'는 가정은 시선의 방향과 눈 맞춤을 중요시하는 사회적 암시에 기인하는 것일 수

도 있다).⁷

이 모든 편견은 사람들에게 정신적 압박을 가한다. 사시가 있는 성인들은 미용상으로 정렬된 눈과 평균 5년의 수명을 맞바꿀 수 있다고 답했다.⁸

사시와 관련한 낙인에 관해 읽고 나니 그것이 어디에서나 보이기 시작했다. 〈라이온 킹〉에 나오는 미친 하이에나 빌런 캐릭터 중 '에드'를 기억하는가? 이 하이에나는 제정신이 아닌 듯 그저 웃기만 하는데, 에드의 사시 때문에 미치광이 같은 모습이 한층 더 부각된다. "우리 집 고양이 입에서는 고양이 사료 냄새가 나"라는 대사로 유명한 〈심슨 가족〉의 '랠프 위검'은 약간의 외사시가 있는데, 그 특징이 그의 멍청한 표정을 한층 더 강조한다. 성인 애니메이션 〈릭 앤 모티〉의 한 에피소드에서는 '릭'이 얼빠진 사팔눈 모습을 하고 등장한다. 모두가 사랑해 마지않는 〈세서미 스트리트〉의 '쿠키 몬스터'는 눈이 돌아간 채로 등장할 때가 많다(사실 예전의 쿠키 몬스터는 내가 디저트를 앞에 두고 보이는 행동을 정확히 보여주는데, 사람들이 어떻게 오해하는지 알 수 있다).

외사시는 제정신이 아닌 상태를 나타내는 경향이 있는 반면, 내사시는 캐릭터가 순간 압도된 모습을 표현하는 데 활용되는 경우가 많다. '오스틴 파워'가 사타구니를 맞았거나 시간 여행에 관해 너무 열심히 생각할 때처럼 말이다. 변형으로는 일본 포르노에서 유래된 '아헤가오ァヘ顔'라는 것이 있는데, 안쪽으로 눈이 몰린 채 "오!" 하며 감탄하는 표정을 뜻한다. 이 표정은 침을 흘리거나 근골격계의 통제력을 잃었다는 신호를 보인다. 틱톡과 인스타그램에서

도 눈을 모들뜨기로 뜨는 건 멋진 인플루언서들이 우스꽝스럽고 친근해 보일 수 있는 손쉬운 방법이 됐다.

이런 후진적 태도는 우리 언어에도 고스란히 녹아 있다. '사팔눈의$_{cockeyed}$'라는 단어에는 '멍청한' 또는 '우스꽝스러운'이라는 뜻이 있다.

우리 문화에 이런 낙인이 팽배해 있다는 점을 고려하면 내 눈을 흘끗흘끗 쳐다본 사람을 본 적이 없다는 게 이상할 정도다.

두 앤에게 이 주제를 꺼내자, 둘은 내가 지금껏 외모에 신경을 쓰지 않았다고 주장했다.

"아니야. 난 누구 못지않게 외모에 신경 쓴다고!" 내가 대답했다.

이 두 가지 상반되는 사실을 머릿속에서 정리하려 하자 놀라운 가설이 머리를 스쳤다. 반대되는 즉각적인 증거가 없는 한, 나는 내 외모가 봐줄 만한 수준과 아주 놀라운 수준 사이 어딘가에 있다고 가정한다는 것이다. 물론 나는 틀릴 때가 많다.

그러고 보니 한번은 지하철에서 한 남자가 눈살을 찌푸리며 나를 끌어당기더니 노숙자 쉼터 목록을 건네준 적이 있다.

"아, 전 노숙자가 아니에요." 내가 말했다.

"사실이에요. 이 사람은 저랑 같이 살고 있어요." 스티브가 덧붙였다.

"고마워." 스티브에게 속삭였다. "이 사람은 이제 내가 당신의 자선사업 대상자인 줄 알겠지." (현명하게도 스티브는 이 말에 별다른 대꾸를 하지 않았다.)

그 남자는 왜 내가 가난하다고 생각했을까? 궁금함에 반대쪽 차창에 비친 내 모습을 살피다가 몇 가지 사소하지만 관계가 있을 법도 한 부분들을 발견했다. 일단 내 얼굴에는 먼지 자국이 있었고, 머리카락은 새 둥지 같았으며, 물건이 가득 담긴 쓰레기봉투를 들고 있었다.

스티브는 왜 내게 세수를 하거나 머리를 빗으라고 말하지 않았을까? 왜 비에 젖은 배낭을 말려서 쓰라고 이야기해주지 않은 걸까? 스티브에게 물어보니 그는 내가 딱히 헝클어진 상태임을 깨닫지 못했다고 했다. 그러자 두 가지 가능성이 동시에 떠올랐다. 스티브가 관찰력이 심하게 없거나, 내가 늘 이런 모습이라는 것이다.

과도하게 낙관적인 자아상 역시 입체맹 때문인 걸까? 아니면 안면인식장애 탓인가? 관련한 페이스북 그룹에 비슷한 경험을 한 사람이 있는지 질문을 올렸지만, 댓글 알람은 울리지 않았다.

모든 부모는 자녀가 정상이라 믿고 싶어 한다

그해 여름이 끝나갈 무렵, 아빠와 새어머니와 할머니가 우리 집에 들렀다. 스티브가 저녁 식사를 준비하는 동안 (내 친구 시빌이 "소름 끼치지 않는 빌 클린턴"이라고 묘사하는) 아빠는 집 안을 여기저기 어슬렁거리며 배관들을 청소하고 경첩에 기름칠도 하고 진열장 문을 조였다. 아빠도 나처럼 낮잠은 잘 자지만 의외로 가만히 앉아 있지를 못한다.

반면 스티브와 나는 그동안 꽤 게으른 시간을 보냈다. 열지도 않은 상자들을 당장 식탁과 의자로 써야 하는 지경이 됐을 때, 이사 후 짐 정리가 난관에 부딪혔다는 사실을 깨달았다.

"아빠, 가구 만드는 것 좀 도와줄 수 있어?" 내가 물었다.

"당연하지." 실은 '아빠가' 가구 좀 만들어달라는 부탁임을 알면서도 아빠는 대답했다. 이는 꼭 내가 게으르기 때문만은 아니다. 나는 정확히 조립할 수가 없다. 이제는 그 이유를 안다.

내 의심쩍은 '도움' 요청에 응해 아빠는 식탁과 의자 여섯 개로 구성된 야외 가구 세트를 뚝딱 만들었다. 아쉽게도 밖에서 식사를 하기에는 벌레가 너무 많아서 거실에 식탁을 놓고 둘러앉았다.

스티브가 양지머리 요리를 내놓았고, 우리 가족은 특유의 침묵을 지키며 첫술을 떴다. 그러나 이내 적나라한 기쁨의 탄성이 흘러나왔다.

"이런, 스티브." 말문이 막힌 듯 할머니가 말했다. "대체 어디에서 요리를 배운 거니? 식당 차려도 되겠어!"

스티브의 얼굴이 붉어지자 나는 주의를 내게로 돌렸다.

"나 버클리에서 입체맹 연구를 시작했어. 가상현실을 이용한 시력 치료를 연구할 거야. 그리고 그걸로 내가 치료된다면, 로저 페더러Roger Federer(세계적으로 유명한 스위스 출신 테니스 선수 - 옮긴이), 조심하라고!" 내가 말했다.

"약시 때문에 테니스를 못 쳤다고 생각하니?" 아빠가 물었다.

"당연하지! 어디 있는지도 모르는 공을 어떻게 치겠어."

예전에도 아빠한테 이야기한 적이 있지만, 처음으로 아빠가 이를 심각하게 받아들이는 듯했다.

"테니스와 소프트볼 성적이 안 좋았던 게 내 눈 때문이라고는 생각한 적 없어?" 내가 물었다.

"글쎄다. 유전일 수도 있지." 아빠가 말했다.

아빠가 자조적인 농담을 할 때는 대화 주제를 바꾸고 싶다는 뜻이라는 걸 안다. 하지만 나는 계속 이어갔다.

"그건 아니야. 아빠 운동 신경은 선수급이잖아. 대학에서는 럭비랑 라켓볼도 했고."

"그러면 엄마 때문인가."

"아니. 엄마는 테니스 잘 치잖아. 그리고 사울은 페탕크$_{pétanque}$(프랑스에서 유래한 구기 스포츠 - 옮긴이) 챔피언인걸." 내가 맞받아쳤다.

"세상에. 그러면 네 눈 때문이구나." 아빠가 말했다.

아빠 머리 위에 만화에서나 볼 법한 전구가 반짝 켜지는 듯했다. 이 명백한 진실을 받아들이는 데 아빠는 왜 이렇게 오래 걸린 걸까? 모든 부모는 자녀가 완벽히 건강하고 정상이라고 믿고 싶어 할 것이다. 이해한다. 도움이 되는 가정이다. 하지만 나는 아빠가 현실을 받아들이고 나를 있는 그대로 받아들여 주기를 바란다. 세 개의 서로 다른 과학자팀에 관심을 가질 정도로 요상한 뇌를 가진 나를 있는 그대로 받아들여 주기를 바란다.

"우리 가족 중에 나 빼고 약시가 있는 사람은 없어. 유전적 요인을 제외하면 가장 흔한 원인은 출산 과정에서 저산소증을 겪으면서 발생하는 경미한 뇌 손상이야. 엄마 진통이 좀 길었잖아, 그렇지? 그때 내 심박수가 떨어졌던 거 기억해?" 내가 말했다.

아빠의 얼굴이 구겨지면서 눈이 젖어 들었다.

"할 말이 있단다." 아빠가 말했다.

아빠가 이야기를 꺼내자 주변이 쥐 죽은 듯 조용해졌다. 내가 생후 6개월쯤 됐을 때, 나는 흔들의자에 앉은 아빠 가슴 위에서 잠이 들었다. 아빠도 함께 잠이 들었다. 그리고 잠에서 깨자 내가 아빠의 발치에 있었다고 한다. 아빠의 가슴 위에서 미끄러져 바닥에 떨어진 게 분명했다.

"네가 막 보채거나 그러는 애는 아니었어." 아빠가 말했다.

"아빠! 그건 아무 상관 없어. 나는 날 때부터 사시였다니까."*

식탁을 돌아 아빠를 안아드리러 갔다. 나스르 교수가 맞았다! 부모들은 늘 죄책감에 시달린다.

아빠는 이야기를 이어갔고, 또 다른 고백을 하기 시작했다. 한 살쯤 됐을 때 나는 할머니 집 주방에서 보행기를 타고 돌아다니고 있었다. 내가 집 밖으로 나와 짧은 계단 아래로 굴러떨어졌을 때 이를 눈치챈 사람은 아무도 없었다. 내가 사라진 걸 깨달은 아빠와 할머니는 보행기에 거꾸로 매달려 있으나 비교적 멀쩡해 보이는 나를 발견했다.

"네 엄마에겐 말하지 않았다." 아빠가 미안해하는 표정으로 말했다.

"아빠. 내가 거리 감각이 부족했기 때문에 그런 일이 일어난 걸 수도 있지만, 그게 원인은 아니었어."

"네 아빠가 전에도 이 이야기들을 했단다." 새어머니가 말했다. "계속 아빠 마음속 짐이었어."

40년 동안이나? 불쌍한 우리 아빠!

---

* 다들 그렇게 말하지만, 이는 극히 드문 사례다. 약시는 대개 생후 4개월 이후 또는 아동기 후반에 나타난다.

"아빠는 세상에서 가장 훌륭한 아빠야." 아빠를 꼭 껴안으며 말했다. "나도 잘됐고, 사울도 잘됐고, 우리 모두 잘됐잖아!"

내 이상한 뇌에 관한 최근의 조사는 내 삶에 대한 오랜 수수께끼를 해결하려는 시도다. 범인을 찾아내려는 게 아니라 인과관계를, 아니면 하나 또는 두 개의 전환점을 찾고 싶은 거다. 그리고 내 인생을 극적으로 바꾼 하나의 특별한 순간이 있었고, 그 순간은 전적으로 아빠가 만들어낸 것이라는 결론에 도달했다.

"전에 슈퍼마켓에서 수전과 만났던 거 기억해? 웨일리스였나? 뭐, 암튼. 그때 아빠가 말했지. 모르는 사람이라도 아는 척하라고. 그리고 사람들이 자기에 대해 이야기하게 하기만 하면 그들은 너를 지금껏 만난 사람 중 가장 흥미로운 사람으로 여기게 될 거라고. 그건 내 인생 최고의 조언이었어. 내 삶을 바꿨다고."

"너나 사울이 내 말을 주의 깊게 듣는지 몰랐구나." 아빠가 말했다.

"아빠는 내 인생이라는 이야기에서 악당이 아니야. 영웅이지."

이제 우리 모두 눈물을 훔치고 있었다. 보청기를 잃어버린 할머니만 빼고 말이다.

"그런데 엄마한테 그 계단 얘기 해도 돼?" 내가 짓궂게 물었다.

아빠의 얼굴에 두려움이 서렸다. 웃겼다. 벌써 20여 년 전에 이혼하고 지금은 수백 킬로미터 떨어진 곳에 살고 있으면서. 엄마는 아마 그냥 웃고 말 게 분명하지만, 이번에는 아빠를 좀 봐드려야겠다. 충분히 그래도 된다, 불쌍한 사람 같으니라고.

3차원으로 보는 방법

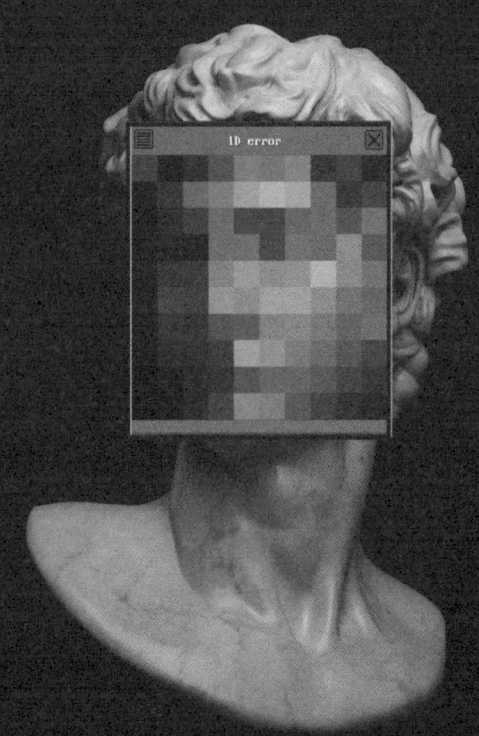

캘리포니아대학교 버클리 캠퍼스는 마치 다른 세계와도 같은 아름다운 자연 속에 모여 있는 특별할 것 없는 건물들의 집합체다. 대학을 지으려는 건축가들이 이 바위투성이 언덕을 측량하고는 왜 군이 여기에 지으려 하냐며 손사래를 치는 모습을 상상해본다. 하지만 너무 뭐라 할 건 아니다. 버클리 캠퍼스의 건물들은 서로 톤이라도 다른 베이지색이니 스탠퍼드보다는 낫다.

마이너홀 앞에서 스프링롤을 우걱우걱 먹으며 서 있는데 시과학자 지안 딩Jian Ding이 방화문 너머로 나타났다. 단번에 내가 기다리던 사람이라는 걸 알았다. 그가 입은 파란색 셔츠에 '리바이시각연구소Levi Eye Lab'라고 적혀 있었기 때문이다. 연구소가 자체 티셔츠를 만든다는 건 좀 웃긴데, 나도 하나 갖고 싶어졌다.

우리는 계단을 따라 세 개 층을 오른 다음 내가 참여하고 있는 것과 매우 흡사해 보이는 어떤 연구를 홍보하는 포스터를 지나쳤다.

"본인이나 지인 중에 약시 진단을 받은 사람이 있나요? 시력 치료에 참여할 수 있을지도 몰라요."

시간당 15달러를 준다고 한다. 새로 생긴 버블티 중독에 재정적 도움이 될 것 같아서 구미가 당겼다.

세 시간 후, 나는 시간당 15달러가 터무니없이 적은 금액이라는 걸 깨달았다. 이 검사들은 거의 고문 수준이었다. 드구티스 교수의 연구에 대해서도 같은 말을 했지만, 그 말은 취소해야겠다. 버클리 캠퍼스에서 겪은 눈부신 환각 수준의 편두통은 보스턴에서 겪은 두통을 좋은 추억으로 격상시켰다.

모든 건 천진난만하게 시작됐다. 멀리서 여러 줄의 문장을 읽고, 색깔 방울들 사이에서 글자를 골라내고, 파란색 입체 카드에서 어떤 만화 캐릭터가 튀어나오는지 말하면 됐다. 딩이 작은 플라스틱 선반 위에 턱을 올려놓으라고 하기 전까지는 모든 게 순조로웠다.

"말씀드릴 게 있는데, 제가 안압 측정 검사를 좀 무서워해요." 내가 말했다.

"이건 그 검사와는 달라요." 딩이 대답했다. 그리고 그의 말이 맞았다. 딩의 기기는 입체도와 비슷하지만, 비뚤어진 내 눈을 보조할 수 있도록 조절할 수 있는 거울이 달려 있었다. 기기 뒤에는 컴퓨터 화면이 있는데, 지금 내 왼쪽 눈에는 수평선이, 오른쪽 눈에는 수직선이 표시돼 있다.

"더하기 기호가 보이도록 거울을 조절하세요." 딩이 말했다.

정상 시력을 가진 사람에게는 이미 더하기 기호가 보일 거다. 하지만 내게는 두 개의 선이 따로따로 보인다. 딩은 내게 어떤 문제가 있는지 모르는 걸까? 바로 그 문제 때문에 내가 지금 여기 있는 건데!

딩이 설명을 이어갔다. 더하기 기호가 보이기 시작하면 스페이스바를 누른다. 그러면 기호는 사라지고 흑백 비치볼처럼 생긴 도형이 화면을 채운다. 화면 상단에 있는 공이 하단에 있는 공보다 내게 더 가까워 보이면 위쪽 화살표를 누르고, 그 반대면 아래쪽 화살표를 누른다. 거울을 아무리 조절해도 더하기 기호가 내 눈에는 보이지 않는다는 점만 제외하면 간단해 보인다.

"일단 최선을 다해보세요." 딩이 말했다.

딩은 방의 불을 끄고 다른 방으로 들어갔다. 나는 10분 정도 거울을 계속해서 이리저리 기울였다. 그래도 안 되면 오른쪽 눈을 감았다. 왼쪽 눈으로 수평선이 보이면 오른쪽 눈을 다시 살살 떴다. 수직선이 서서히 나타나는 동안 수평선을 계속해서 보고 있으려 노력했다. 드디어 됐다! 더하기 기호가 보였고, 나는 '내가 보는 것을 의식적으로 제어하는' 새로운 능력을 발견하고는 놀랐다. 물론 왼쪽 눈이 집중력을 잃기 전까지 찰나의 순간만 볼 수 있었지만 말이다.

더하기 기호를 보려면 작은 물건을 공중부양하는 것과 같은 수준의 집중력이 필요하다. 기계에서 눈을 돌리면 왠지 내 주변에 연필과 종이 클립이 공중에 떠 있을 것만 같다.

하지만 안타깝게도 더하기 기호는 검사를 시작하기 위한 조건일 뿐이다. 스페이스바를 누르는 순간 집중력은 사라지고 공중에 떠 있던 상상 속 연필과 종이 클립이 떨어지는 소리가 들린다. 비치볼

이 화면에 표시되고 나는 아무거나 선택해야 했다.

30분쯤 이 짓을 하고 나니 컴퓨터 프로그램 개발자들이 보는 것과 같이 글자로 가득한 화면이 표시됐다. 대부분은 무슨 소린지 알 수 없었으나, '0.49'는 알아볼 수 있었다. 내 테스트 정확도가 49퍼센트라는 의미다. 결국 동전 던지기를 한 셈이다.

"다 했어요!" 옆 방을 향해 소리쳤다.

다음 테스트도 전의 것과 동일했다. 비치볼의 크기와 개수만 달랐다. 두 번째 검사 점수는 51퍼센트였다.

조금씩 다른 테스트가 이어졌고, 어느 순간이 되자 나는 그냥 눈을 감고 마구 클릭했다. 점수는 떨어지지 않았다. 결국은 무작위로 누른 거다.

그날 저녁, 뇌 시각장애cerebral vision impairment, CVI가 있는 장애인 권리 운동가 네이Nae를 만났다. 뇌 시각장애는 뇌에서 발생한 모든 시각장애를 뜻하므로 약시와 얼굴인식불능증도 포함되지만, 이 용어는 보통 더 심각한 시각장애를 표현할 때 쓰인다. 예를 들어 네이는 기능적으로 시각을 상실했다. 기능적으로 시각을 상실한 사람은 밝고 어두운 부분을 볼 수 있지만, 이 정보는 거의 쓸모가 없다. 땅에 보이는 어두운 부분은 그림자일 수도 있고 구덩이일 수도 있다. 네이는 지팡이의 도움을 받아야만 그 차이를 알 수 있다.

네이가 어렸을 때는 보이는 사람처럼 세상을 헤쳐가야 했는데, 이는 무척 무서운 일이었다. 가끔은 얼굴에 공을 맞거나 벽에 부딪히기도 했다. 네이는 볼 수 있는 척하는 데 모든 에너지를 쏟아부었다. 방의 배치를 외우고, 시력 검사의 항목들까지 외웠다. 네이는 특히 사람들의 눈을 응시하는 척하는 데 능했다. "그렇게 하지 않으면 사람들이 나를 버릇없다고 하거나 화를 낼 것 같았어요."

네이의 부모님은 아이에게 뇌에 기인하는 어떤 알 수 없는 시각 장애가 있다는 사실을 알았지만, 그것을 고칠 수 없다는 사실은 받아들이지 않았다. 그 때문에 네이는 수백 시간에 달하는 시각 치료를 받아야 했다. 뇌 시각장애가 있는 다른 아이들은 크게 신경 쓰지 않을 수도 있지만 네이에게 이 경험은 너무 힘든 과정이었다.

"하루에 열세 시간이나 치료를 받은 적도 있다고요! 시키는 대로 동공을 확장시키는 법처럼 몇 가지 요령이 생기기도 했지만, 정말 끔찍했어요. 그래서 당신이 얼마나 안타까운 상황에 있는지 잘 알아요." 네이가 말했다.

"말도 안 돼요! 저는 제가 물리적으로 볼 수 없는 대상을 세 시간 동안 보고 있으라는 것만 해도 끔찍했는데, 어린 시절의 당신은 얼마나 힘들었을까요." 내가 말했다.

리바이연구소에서의 힘들었던 경험은 네이가 어린 시절 내내 겪은 악몽과는 비교 자체가 안 되겠지만, 진짜 '전혀' 유쾌하지 않았다. 앞으로 이틀은 더 검사를 받아야 하는데……, 솔직히 잠적해버리고 싶었다.

네이는 뇌 시각장애를 가진 자녀를 둔 부모들에게 아이의 의견을 따르라고 조언한다. 가능한 한 정상적으로 보는 법을 배우고 싶어 하는 아이가 있는 반면, 다른 감각들을 통해 세상을 탐험하는 편을 선호하는 아이들도 있을 것이다. 어느 쪽이든 전혀 문제없다.

"사람들은 무엇이 자신에게 가장 잘 맞는지 알아요. 아이들도요." 네이가 말했다.

"모든 신경다양인도 마찬가지라고 생각해요." 내가 덧붙였다. "'정상적'으로 기능하는 방법을 배우고 싶어 하는 사람이 있을 거고, 자기만의 강점에 집중하고 싶어 하는 사람도 있겠죠."

"그 둘을 모두 원하는 사람도 있을 테고요. 중요한 건, 아이들이 스스로 결정할 수 있게 하는 거예요." 네이가 말했다.

네이는 수많은 뇌 시각장애 환자가 명백한 뇌 손상이 발견되지 않는 탓에 시각 상실을 공식적으로 인정받거나 삶에 변화를 불러올 수도 있는 서비스를 이용할 수 없다고 말한다.

"어처구니가 없네요. 왜 그런 구분이 필요한 거죠? 볼 수 없다고 하면 그 말을 믿어야죠." 내가 말했다.

가상현실 헤드셋

검사 마지막 날. 드디어 내가 원하던 보상을 받았다. 가상현실 헤드셋을 받은 것이다! 내 소유가 되는 건 아니지만, 앞으로 두 달 동안은 절친이 돼 지낼 녀석이다. 앞으로 주 6일, 하루에 40분씩 비비드 비전 게임을 해야 한다.

그러나 먼저 고장 내지 않고 헤드셋을 사용할 수 있음을 증명해야 한다. 힐러리 루Hilary Lu라는 연구 조교가 내 머리에 메타 퀘스트(구 오큘러스 리프트)를 조심스럽게 씌우고 벨크로 끈을 조였다. 그러고는 장애물이 없이 고정된 경계를 설정하는 법을 알려줬다.

"이제 게임을 해봐도 되나요?" 내가 물었다.

루가 어떤 버튼을 누르자 눈앞에 형광 연두색 공 네 개가 확 떠올랐다. 깜짝 놀랐다. 실제 세계에서 3차원을 본다면 이런 느낌일까? 공 사이의 여백이…… 선명히 보였다! 그리고 공들을 손으로 만져볼 수도 있을 것 같았다!

"빨리 적응해야겠어요." 내가 말했다. 사실 생경한 감각에 어쩔 줄 몰라서 잠시 밋밋한 세상으로 돌아와야 했다. 헤드셋을 위로 올리고 방을 둘러봤다. 공기는 존재감도 없고 무척 옅었다! 숨을 들이마시고 헤드셋을 다시 내렸다. 그리고 컴퓨터가 만들어낸 불룩한 공들을 보고 다시 한번 감탄했다.

"가장 가까이에 있는 공을 누르세요." 루가 말했다.

이 게임은 사실 내 입체시 개선을 위한 게임 중 하나가 아니라 훈련 전후로 실시하는 테스트다.

평균적으로 성인은 45각초$_{\text{arc second}}$(각도의 단위로, 1각초는 1도의 3600분의 1에 해당한다 – 옮긴이)의 입체시력을 지니며, 이 정도의 3차원 시력이면 가까운 곳에 있는 몇 센티미터 크기의 물체를 감지할 수 있다. 공군에서 파일럿이 되려면 입체시력이 25각초 미만이어야 한다. 보통 80각초 이상이면 장애가 있는 것으로 간주한다.

내 입체시력이 궁금한가? 숫자를 하나 말해보라.

그보다는 높다.

그거보다도 더 높다.

이제 그 숫자에 4를 곱하고 7을 더하면 된다.

정답은, 3207각초다.

내가 입체맹이라는 사실이 딱히 놀랄 일은 아니나, 수치로 직접 보니 전보다는 몸으로 와닿는 느낌이다. 나는 입체를 '아예' 볼 수 없다. 그러니 당연히 프리스비도 못 잡지!

리바이연구소를 위해 특별 제작된 비비드 비전이 탑재된 헤드셋을 갖고 집으로 향했다. 이 특별 버전에는 반야드 바운스Barnyard Bounce, 브레이커, 페퍼 피커Pepper Picker, 버블스Bubbles, 점프 덕션Jump Duction, 타깃Target 등 총 여섯 개의 게임이 내장돼 있다.

타깃은 단순한 표적 사격 게임이다. 앞서 잠깐 등장했던 브레이커는 탁구채로 빨간색 공을 튀겨 눈앞에 벽처럼 서 있는 정사각형 나무들을 맞히는 게임이다. 맞히면 정사각형이 사라지는데, 모든 정사각형을 없애는 것이 목표다. 이유는 알 수 없지만, 브레이커는 소행성 지대 같은 곳에서 진행되며 타깃은 박람회장에서 진행된다. 비비드 비전에서 만든 게임 중에는 이동하면서 가축을 획득하는 게임이 많다.

타깃과 브레이커는 기존에 있던 게임의 변형이나, 반야드 바운스는 지금까지 봐온 게임들과는 다르다. 이 게임에서는 캐릭터가 점프해서 공중에 떠 있는 섬을 차례차례 타고 올라가야 한다. 섬은 위로 올라가느냐 아래로 내려가느냐에 따라 단단할 수도 있고 다공성의 형태일 수도 있다.

게임은 쉬웠고, 첫 번째 플레이에서 나는 레벨 49까지 올라갔다. 그러자 이상한 일이 벌어졌다. 모든 발판이 사라지고 하늘에서 단풍과 황금알이 떨어지기 시작한 것이다. 더는 위로 점프할 수 없어서 이 소소한 영상이 일종의 보상이라고 생각하며 경치를 감상하면서 가만히 앉아 있었다. 그러자 다시 가장 아래에 있는 섬으로 떨어졌다.

이후 몇 주 동안 나는 황금알이 떨어지면 게임에서 이겼다는 뜻인 줄 알았다. 그러던 어느 날 저녁, 황금알이 다 떨어지고 나서 내가 아주 빠르게 움직이면 다시 발판으로 올라가 점프할 수 있다는 걸 알게 됐다.

레벨 99까지 올라간 나는 다시 황금알을 만났다. 이번에는 내 닭 캐릭터를 좌우로 움직일 수 있다는 사실을 깨달았다.

"스티브!" 내가 소리쳤다. "방금 내가 뭘 알아냈는지 알아? 황금알을 '잡아야' 하는 거였어!"

"으음."

"그리고 이제 새 캐릭터도 생겼어. 양이야!"

"멋지네." 스티브가 말했다.

"농부를 이긴 다음 돼지에게 먹이기만 하면 되는 거였어."

"으음."

"내 말 듣고 있어?"

"듣고 있어. 농부를 죽이면 되는 거였잖아. '동물농장' 게임처럼."

"실은 아니지만, 어쨌든 양 캐릭터를 얻었어."

나중에 블라하에게 어떻게 이런 테마를 떠올렸냐고 묻자, 그는 그저 웃었다.

공간 감각 왜곡

처음 웨스트버지니아로 이사 왔을 때 가입했던 여성 하이킹 클럽이 점차 실내 가십 클럽으로 변해갔다. 새 친구들과 수다를 떠는 건 좋지만, 운동을 할 수 없어서 혼자 하이킹을 가기 시작했다. 이 소식을 들은 아빠는 깜짝 놀랐다.

"길을 잃으면 어쩌려고? 누가 널 해코지라도 하면 어쩌니?"

나는 우리 동네 공원의 살인 범죄 발생률은 꽤 낮은 편이라며 아빠를 안심시켰다. 게다가 나는 거의 매일 같은 길을 오르기 때문에 길을 잃을 염려도 거의 없다.

"고리처럼 끝과 끝이 만나는 길이야. 그런 데서 어떻게 길을 잃겠어."

그리고 며칠 후, 나는 내가 틀렸음을 몸소 보여줬다. 신발 끈을 묶고 몸을 일으킨 다음 몸을 돌려 온 길을 거꾸로 가기 시작한 것이다. 그렇게 1.5킬로미터를 더 걸었고, 나는 끝을 모르고 늘어나는 내 진단 목록에 '지형인식불능증'을 추가해야겠다는 생각이 들었다.

하버메일 코스는 다리에서 시작해 수많은 바위 사이로 흐르는 개울을 따라 이어진다. 좁은 나무판자가 깔린 늪지를 건너면 이끼로 덮인 아름다운 언덕을 오를 수 있다. 내리막길에서는 작은 개울을 가로질러 바위를 넘고 질퍽거리는 땅을 건너면 출발점으로 돌아온다.

나는 작년에 이 코스를 따라 걸으며 멸종 위기에 처한 우드터틀과 밝은 주황빛의 도롱뇽, 등이 울퉁불퉁한 두꺼비 등 온갖 멋진 동물을 발견했다. 하지만 캘리포니아에 다녀온 이후로는 눈에 잘 띄지 않는다. 내 입체시 테스트 때문인 것 같다. 지금 내 머릿속을 가득 채운 생각은 '내가 지금 3차원으로 보고 있나? 지금은 어떻지? 지금은?'뿐이기 때문이다.

수전 배리에 따르면, 3차원으로 보이기 시작하는 순간을 알아차리기는 어렵다고 한다. 수전의 경우에는 시력 치료를 받고 8개월이 지난 뒤 3차원이 보이기 시작했다. 어느 날 차에 탔는데 운전대가 자기 앞으로 툭 튀어나와 있더라고 했다.

"평범한 계기판 앞에 달린 평범한 운전대였는데, 그날은 완전히 새로운 차원으로 다가왔어요."라고 수전은 적었다.

수전은 눈을 감으며 운전대가 다시 평평해지는 것을 지켜보다가 다시 눈을 떴다. 운전대는 다시 튀어나왔다. 지금 내가 그걸 하고 있는 거다. 무언가가 3차원으로 보인다고 느껴질 때마다 그 사물을 보면서 한쪽 눈을 감았다가 두 눈을 모두 뜨고 다시 본다. 가끔은 예기치 않게 어떤 부피감이 얼핏 보이는 듯도 하지만, 눈을 감는 순간 세상은 다시 평평해지고 그렇게 굳어버린다. 입체가 보이는 순간들은 어설프고 너무 순간적이라, 내 머릿속에서 만들어내는 걸 수도 있다.

아직 내게는 효과가 없다는 가설에 대한 추가 증거는 나무에 앉은 새를 좀처럼 발견하지 못한다는 점이다. 오히려 발견하는 능력이 점점 더 약해지고 있다. 최근 친구들과 함께 가을 솔새를 보러 갔는데, 내게는 고문과도 같은 시간이었다.

"저기 봐." 스티브가 한 10억 개는 얽혀 있는 듯한 나뭇가지들을 손가락으로 가리키며 말했다. "소나무 솔새야!"

"어어, 저기 있네!" 내 친구 새라Sara도 맞장구쳤다. "와아, 정말 귀엽다."

"당신도 보여?" 스티브가 내게 물었다.

"아직 모르겠는데……." 내가 말했다.

"좋아, 저기 베리 열매가 달린 나무 뒤에 브이자 모양으로 된 나뭇가지 보여?"

나는 왜 스티브가, 아니 누가 됐든 그들이 가리키는 곳이 어디인지 알 수 없는지 그 이유를 정확히 알았다. 연구자들이 발견한 바에 따르면, 약시가 있는 사람은 세로로는 압축돼 있고 가로로는 늘어진 모양새로 공간 감각이 왜곡돼 있다. 즉 누군가가 가리키는 곳보다 더 높이, 더 가까운 곳을 바라봐야 한다는 의미다.[1]

새를 보러 다니는 사람들에게는 두 가지 특징이 있다. 하나, 나무를 잘 식별하지 못한다. 둘, 다른 사람들이 특정 새를 볼 수 있도록 정말 열심히 노력한다. 당신이 만약 주변 모든 이의 도움을 받는 쪽이라면, 가끔은 거짓말을 해야 한다. 너무 정직하게 굴면 모두 굶어 죽거나 새들에게 들키고 만다.

"잠깐만! 내게 좋은 생각이 있어!" 결국 말하고야 만다. 나는 휴대전화를 꺼내 나무의 사진을 찍었다. "새가 있는 곳에 동그라미를 쳐줄래?"

"그러지 뭐." 스티브가 말했다. "그런데 이미 날아가 버렸어."

"새가 날아가는 거, 정말 싫어." 새라가 한숨을 내쉬듯 말했다.

"새가 날아가는 게 싫다고?"

"내 말은, 무슨 얘긴지 알지?" 새라가 웃으며 말했다.

서서히 일어난 변화

처음 리바이연구소에 갔을 때 나는 헤더Heather라는 친구의 집에 머물렀는데, 그녀에게 나는 아마 최악의 손님이었을 거다. 대화도 하지 않고, 저녁 식사를 도와주지도 않고, 그녀의 사랑스러운 딸과 놀아주지도 않았다. 아무것도 하지 않았다. 나흘 동안 버클리 캠퍼스에서 불가능에 가까운 시력 검사를 받거나 헤더의 진통제를 탈탈 털어가며 그녀의 침대에 누워 신음하기만 했다.

비비드 비전을 사용하고 두 달이 지난 뒤, 훈련 후 검사를 받기 위해 다시 버클리 캠퍼스에 가게 됐다. 이번에는 헤더에게 연락을 하지 않았다. 헤더에게는 미안하지만 어쩔 수 없었다. 매일 세 시간씩 편두통을 일으키는 검사를 하고 나면 사교 활동은 불가능하다. 이번에는 눈을 감고 호텔 침대에 누워 스스로를 안쓰럽게 여기며 모든 시간을 보낼 요량이다. 타이레놀도 들고 왔다.

첫날, 연구소로 향하기 전에 마음을 진정시키기 위해 버블티를 마셨다. 그리고 한 잔을 더 사서 연구소에 들고 갔다. 마이너홀 후문에서 딩을 만나 위층으로 올라갔다.

"그동안 수고하셨어요. 뭔가 달라진 게 있나요?" 딩이 말했다.

"아뇨." 세상이 새로운 차원으로 보이길 늘 바라고 있지만, 변한 건 없다. "뭐, 바늘 꿰는 건 좀 더 잘하는 것 같네요."

힐러리 루가 나를 컴퓨터 앞에 앉혔고, 나는 전과 같은 검사를 받는 것 같았다.

"검사받는 동안 오디오북을 들어도 되나요?" 내가 물었다. 어차피 뭘 듣는다고 해서 내 시력에 영향이 있을 것 같지는 않았고, 그래야 앞으로의 며칠을 훨씬 덜 지루하게 보낼 수 있을 듯했다.

"물론이죠." 루가 말했다. "좋은 생각이네요."

『다이애나 연대기 The Diana Chronicles』를 들으면서 작은 플라스틱 받침대에 턱을 올리고 컴퓨터 화면을 바라봤다. 수평선이나 수직선이 나타나기를 기다리고 있는데, 아니었다. 당연하다는 듯 내 눈앞에 더하기 기호가 떴다. 내 뇌가 양 눈에서 오는 신호를 '동시에' 받아들이고 있는 것이었다!

스페이스바를 누르자, 이어 흑백 비치볼 여러 개가 나타났다. 위에 있는 공이 아래에 있는 공보다 확실히 더 가깝게 보여 위쪽 화살표를 눌렀다. 컴퓨터에서 정답이라는 의미의 '삐빅' 하는 소리가 났다. 흥분으로 가슴이 두근거렸다. 심호흡을 하면서 진정하려고 노력했다. 삐빅. 이번에도 맞혔다! 삐빅. 이번에도!

한편, 다이애나 공주는 자신이 결국 그렇게 멍청하지 않았다는 사실을 알게 된다. 파키스탄 출신의 유명한 심장 전문의와 만나며 심장학과 이슬람 미술에 관해 배우기 시작했다. 학교 성적이 좋지 않았다는 이유로 많은 이가 다이애나를 멍청하다고 말했다. 이미 알고 있지만, 그녀의 미래를 떠올리며 가슴이 부풀었다.

공은 점점 더 작아졌고, 가까이 보이는 공과 멀리 보이는 공 사이의 간격도 좁아졌지만 나는 그냥 찍는 것보다 훨씬 더 잘하고 있었다.

40분이 지났다. 편두통은 느껴지지도 않았다. 나는 다이애나 공주, 버블티와 함께 어둠 속에 앉아 이제는 할 만해진 시력 검사를 하며 아주 만족스러워하고 있었다.

컴퓨터 화면에 어쩌고저쩌고하는 어려운 말이 잔뜩 떴다. "다 했어요!" 점수를 찾기 위해 화면을 빠르게 눈으로 훑으며 소리쳤다.

루와 딩이 왔고, 나는 '0.85'라는 숫자를 가리켰다.

"85퍼센트라는 뜻인 거죠?" 내가 물었다.

"와, 제 점수보다 높은데요!" 딩이 눈을 크게 뜨며 말했다.

내 마음은 모래주머니를 모두 버린 열기구와도 같았다. 실험 쥐이자 늘 남들의 비위를 맞춰주려 하는 사람으로서 이보다 더 즐거운 오후는 없었다.

나머지 이틀간의 검사도 기본적으로 같았다. 내가 검사를 끝낼 때마다 딩과 루가 달려와 내 높은 점수에 감탄사를 연발했다.

이번 입체시력 점수는 몇이 나왔는지 맞혀보시라.

지금 생각하는 그 점수보다 아래다.

그보다도 더 아래다.

지금 그 숫자를 2로 나누고 1을 더하라.

정답은, 179각초다. 기억하는가? 지난번 결과는 3207각초였다.

놀라운 변화다. 아직 정상 수치와는 거리가 있지만.

어서 나스르 교수에게 가서 내 뇌를 다시 스캔해달라고 부탁하고 싶다.

관찰자에서 참여자로

2012년, 신경과학자 브루스 브리지먼Bruce Bridgeman은 영화관을 나서면서 새로운 세상에 발을 들여놓았다. 그는 이렇게 기록했다. "가로등이 배경에서 앞으로 튀어나오는 걸 보고 깜짝 놀랐어요. 나무, 차, 심지어 사람들까지 지금껏 경험한 어떤 것보다 더 생생해 보였어요."[2]

브리지먼은 수전 배리가 받은 것과 같이 입체시를 위한 집중적인 시력 치료를 받은 게 아니었다. 그는 그저 영화 〈휴고〉를 3D로 봤을 뿐이다. 과장된 입체적 감각에 둘러싸인 채 두 시간 동안 몰입한 것만으로도 그의 양안 뉴런이 '깨어난 것' 같았다. 그리고 놀랍게도 그 상태는 이후에도 지속됐다.

브리지먼은 무척 놀랐다. 시각 신경과학자로서 허블과 비셀의 연구에 대해 알고 있었기 때문이다. 그는 날 때부터 사시였기 때문에 기회를 놓친 지 오래라고 생각하고 있었다.

그는 전반적으로 운전을 잘하거나 새를 잘 발견하지는 못했지만, 자신이 장애인이라고 생각하지 않았다.

"사람들이 고개를 들어 나무에 앉으려 하는 새를 보며 이야기할 때면 저는 그들이 대화를 끝낼 때까지도 그 새를 찾지 못했어요." 브리지먼은 BBC와의 인터뷰에서 이렇게 말했다. "다른 사람들에게는 새가 앞으로 튀어나온 듯 보였겠죠. 하지만 제게는 그저 배경의 일부였어요."[3]

이후 그의 운전 실력은 나아졌을까? 새는 더 잘 보였을까? 브리지먼에게 전화를 걸어 물어보려 했지만, 2016년 타이베이에서 버스에 치여 사망했다는 비극적인 사실을 알게 됐다.

그러나 우리는 적어도 새롭게 얻은 3차원 시각이 그의 삶을 크게 바꿔놓았다는 사실을 안다. 그는 올리버 색스에게 보낸 이메일에 이렇게 적었다. "이 시각적 세계의 관찰자가 아니라 참여자가 된 느낌이 듭니다."[4] 이 글을 읽으니 정신이 아득해진다.

나도 내가 참여자가 아니라 관찰자처럼 느껴질 때가 많다. 다른 사람들이 그림을 보듯 세상을 보기 때문일까? 입체적으로 보는 법을 배우면 태어나 처음으로 내 삶에 진정 몰입한다는 것이 무엇인지 느낄 수 있을까?

입체시를 배우기 위해 브리지먼 기법을 시도해보려고 영화관을 뒤지니 〈아바타: 물의 길〉이 상영 중이었다. 영화나 TV 프로그램을 썩 좋아하지 않는 탓에 1편을 보지 않았다. 예전에는 내가 지적 능력이 높아서 독서를 좋아한다고 생각했는데, 이제는 내 안면인식장애가 큰 영향을 미친다는 사실을 깨달았다. 누가 누군지 모르면 줄거리를 따라가기 어렵다.

〈아바타: 물의 길〉 러닝타임은 세 시간인데, 아직 점심 전이라 치폴레에서 산 부리토를 몰래 갖고 들어갔다. 과거에 3D 영화를 보다가 구토감을 느낀 적이 있어서 진저에일과 구토봉지도 가져왔다. 이 모든 물건을 내 커다란 코트 안에 넣었지만, 티는 좀 났다. 가운데 자리를 예매한 게 실수였을지도 모르겠다.

자리에 앉으니 상영 전 광고가 이미 흘러나오고 있었다. 춤추는 탄산음료가 눈에 들어오지만, 그리 통통해 보이지는 않는다.

"저거 지금 3D로 보이세요?" 두 좌석 건너 앉은 남자에게 물었다.

"아뇨. 광고 말고 영화만 3D로 나와요." 그가 답했다.

"다행이네요." 내가 말했다.

난 오늘 내가 어떤 일을 겪게 될지 알 수 없었다. 아마 그리 큰 무언가는 아닐 거다. 큰 기대를 하는 건 아니다. 영화가 시작됐고, 뾰족한 거대 열대우림 식물이 내 얼굴을 향해 달려들었다. 너무 심하게 놀란 나머지 무릎 위에 올려 둔 진저에일이 어둠 속으로 떨어져 누군가의 좌석 밑으로 굴러갔다.

내 음료를 되찾고 싶지만 스크린에서 눈을 뗄 수 없었다. 이상한 동물들이 소리를 지르며 머리를 흩날리고 있었다. 기계 발이 위에서 쾅 내려앉았다. 심장이 벌렁거린다. 밟히겠어!

'세이디, 이건 영화야.' 정신없이 되뇌었다. '진정해.'

몸이 푸른 한 남자가 열대우림을 가로질러 거대한 공간으로 뛰어내린다. 나는 남자가 비스듬히 내리쬐는 빛 사이로 계속해서 떨어지는 모습을 숨죽여 바라본다. 속이 울렁거렸다. 구토봉지는 필요 없었다. 나는 지금 두려움을 느끼고 있다.

나는 고소공포증이 있다. 하지만 지금 내가 느끼는 건 평소와 같은 두려움이 아니다. 롤러코스터를 타는 듯한 스릴이 느껴졌다.

때마침, 영화가 끝난 후에는 '전설적인' 수전 배리와 통화를 하기로 돼 있었다. 배리에게 태어나 처음으로 액션 영화를 보며 '신이 났다'고 말했다. 나는 보통 액션 장면들을 보면 내 동생이 레슬링하는 걸 처음(이자 마지막으로) 봤을 때와 비슷한 느낌을 받는다. 무슨 일이 벌어지고 있는지는 모르겠지만 맘에 들지 않는다. 그리고 누군가가 다칠까 봐 겁이 난다.

"이제야 왜 사람들이 이런 걸 보는지 알겠어요." 내가 말했다.

배리도 비슷한 경험을 했다고 말했다. 입체시를 얻기 전에는 액션 영화의 매력을 이해하지 못했다고 했다.

"액션 장면이 나오기 시작하면 졸곤 했죠." 배리가 말했다. "애들 반응도 이랬어요. '아니, 우주정거장이 폭발하는데 우리 엄마는 자고 있네!'"

배리는 졸음이 오는 반응이 과도한 자극 때문이라고 추측했다. 빠르게 지나가는 장면들을 소화하려면 집중적인 시각 처리가 필요하기 때문에 시각장애인들은 액션 영화를 볼 때 상당히 애를 먹는다.

전에는 내가 다른 사람들보다 시각 처리에 더 많은 에너지를 쏟아야 한다는 식으로 생각해본 적이 없었다. 그런데 실은 당연한 일이었다.

"제가 난장판인 모습을 보면 스트레스를 받는 이유가 그것 때문인가요? 이것저것 뒤섞여 있고 너무 가까이 있는 물건들을 보면 정말로 뭐가 뭔지 모르겠거든요."

"맞아요. 혹시 다른 사람들과 달리 어둠 속에 있으면 더 편안하다고 느끼나요?" 배리가 물었다.

어떻게 알았지? 이상하게 들릴 것 같아서 말하지는 않았지만, 나는 어둠 속에서 샤워하는 걸 좋아한다. 불을 다 끄고 문을 닫은 다음 문틈 사이를 수건으로 막아 틈새로 들어오는 빛까지 차단한다. 촉감으로 비누를 찾고 냄새로 샴푸와 컨디셔너 통을 찾는다. 배리는 가족들과 달리 자신이 계단을 오르내릴 때 불을 켤 필요를 느끼지 못한다는 사실을 깨닫고 이를 알게 됐다고 한다.

입체맹이 있는 다른 사람들도 완전히 보이지 않는 사람들처럼 다른 감각을 이용해 보완하는지 궁금하다. 나는 잘 보지는 못하지만 듣는 건 잘한다. 여러 새 소리 간의 미묘한 차이가 들리고, 거의 무엇이든 귀로 듣고 연주할 수 있다. 배리도 이런 걸 잘하는지 묻고 싶었지만 시간도 부족했을뿐더러 정말로 묻고 싶은 건 꽤 사적인 질문이었다.

"그래서 저는 늘 자신이 관찰자 같았어요. 세상에 '속해 있지' 않은 관찰자 말이에요. 3차원으로 볼 수 있게 되면 이런 이방인 같은 느낌이 조금은 줄어들길 바라고 있어요. 당신도 그런 경험이 있는지 궁금해요."

배리는 이에 관해 깊이 생각해본 적은 없다면서 기꺼이 자기 생각을 들려줬다. 그녀는 예컨대 눈이 내릴 때 신체적으로 더 몰입된 느낌을 받는다고 했다. "그러면 여기에서 궁금해지는 건, 그런 감각이 사람들에게 둘러싸여 있을 때 받는 느낌과 같은 걸까요?" 배리가 물었다.

"그러게요, 파티 같은 곳에서 말이죠."

"아마 그럴 것 같아요. 입체시를 얻게 되면서 수줍어하거나 부끄러워하는 게 훨씬 줄었어요. 나이가 들어서 그런 것도 있겠지만요. 그렇지만 예전보다는 사람들과 더 편하게 지내는 것 같아요." 배리가 말했다.

몇 주 후, 나스르와 화상 통화를 했다. 이번 대화의 주제는 '세이디가 새로 발견한 입체시에 놀라는 나스르 교수'였지만, 그는 주제를 무시했다. 내 입체시력은 아직 정상에서 거리가 멀다고 그는 말했다.

"물론 다시 스캔하는 건 어렵지 않아요. 하지만 지금은 어떤 것도 발견되지 않을 거예요. 100각초 이하로 내려가면 그때 알려주세요."

실망스러웠지만 절망적이지는 않았다. 사실 나는 시력이 얼마나 주관적인지 조금이나마 알 수 있게 해준 약시에 고마움을 느낀다.

원할 때면 양쪽 눈을 바꿔가며 원하는 시각으로 볼 수 있으니 말이다. 오랜 훈련 덕분에 나는 사물을 두 개로 보거나 입체경처럼 두 개의 상을 동시에 볼 수도 있다. 내 의지만으로 사물을 흐리게 하거나 아예 사라지게 하는 건 시각적 세계가 지극히 현실적인 동시에 어쩔 수 없이 환상에 불과하다는 사실을 끊임없이 상기시킨다.

2년 동안 이 일에 매달리면서 나는 비신경전형인다운 모든 방식을 이해했다고 생각했지만, 곧 틀렸다는 걸 알게 됐다. 가능한지조차 모르고 있던 또 다른 시각이 존재했기 때문이다.

입체맹, 서운해하지 말고 조금만 기다려요. 잠시 아판타시아의 마법사를 만나고 올 테니.

12장

아판타시아:
이미지를 상상할 수 없는 사람들

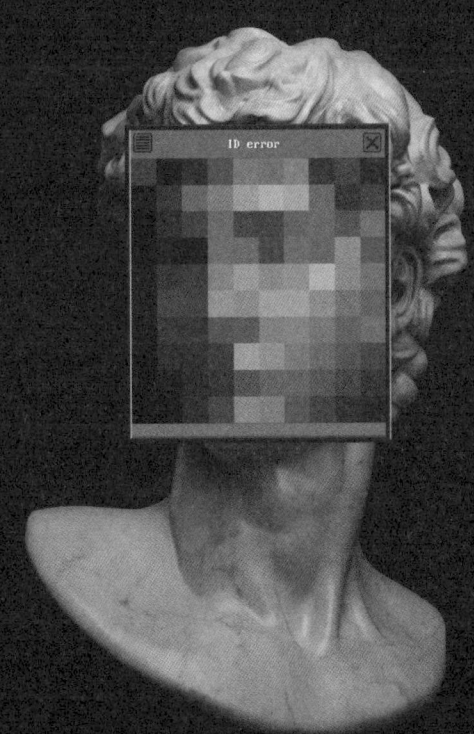

19세기의 박식가 프랜시스 골턴Francis Galton 경과 친구로 지내는 일은 꽤 어려웠을 것이다. 1880년경, 사람들로 북적이는 런던의 거리. 나는 골턴 경이 등장하자 모두가 숨거나 황급히 흩어지는 모습을 상상한다.

골턴 (막 인쇄된 종이를 흔들며) 오, 마셜. 여보게, 내 오랜 친구여!

(해부학자 존 마셜John Marshall이 마차 뒤로 획 숨는다.)

골턴 마셜, 잠시 기다려보게.

마셜 (놀란 척하며) 골턴, 자네였군! 알아보지 못해 미안하네. 그렇지만 내가 지금 서둘러야 해서 말이야!

(골턴이 마셜에게 작별 인사를 하고, 막 가게에서 나오는 참인 찰스 다윈Charles Darwin에게 시선을 돌린다.)

골턴 사촌! 자네로구먼!

다윈   프랜시스, 여기서 보다니 뜻밖이구먼. (지친 눈빛으로 골턴이 들고 있는 종이를 본다.) 또 다른 설문지를 흔들고 다니는 건 아니겠지?

골턴   (열정적으로) 실은 그렇다네, 찰스. 게다가 막 찍은 것이라고! 자네의 안목이 필요하겠는데…….

다윈   (말을 자르면서 길을 건너는 고양이를 가리킨다.) 이런, 저기 보게. 펠리스 카투스Felis catus(고양이의 학명 – 옮긴이)잖아! 아주 진귀한 종이야. 어서 따라가 봐야겠군! 아쉽지만 우리 대화는 다음으로 미뤄야겠어, 프랜시스.

골턴   (다윈을 몇 발짝 따라가며) 발가락이 여섯 개인가? 한번 세어 보게, 사촌.

(골턴이 혼자 서서 쓸쓸히 설문지를 바라보는 모습으로 장면이 끝난다.)

사촌인 찰스 다윈이 『종의 기원』을 출간한 뒤 골턴은 신에 대한 믿음을 내려놓고 그 자리에 과학을 올려놓았다. 자연을 이해하고 통제하는 것이 인간의 의무라고 믿게 됐으며, 눈에 보이는 모든 것을 정량화하는 데 헌신했다.

걸작을 완성하기까지는 붓질을 얼마나 해야 할까? 런던의 여성은 애버딘의 여성보다 얼마나 더 아름다울까? 홍차와 우유의 완벽한 비율은 무엇일까? 숫자에 대한 골턴의 집착은 그저 헛짓거리가 아니었다. 그는 기상학, 통계학, 법의학 등 수많은 분야를 개척했다.

거기에서 멈췄다면 좋았을 텐데. 골턴은 말년에 이르러 우생학에 집착하게 된다. '좋은' 유전자를 가진 인간을 선별해 인구를 증가시켜야 한다는 학문이다. 이 개념에 얼마나 심각한 결함이 있는지는 굳이 설명할 필요가 없을 것이다. 흥미롭게도 골턴 자신은 자녀를 갖지 않았는데, 매춘부에게서 성병을 옮았기 때문인 것으로 추측된다.¹

골턴은 지능이 가장 가치 있는 특성이라고 믿었다. 그러나 지능이 유전되는 것인지는 알지 못했다. 이에 그는 40개의 주관식 질문을 작성해 종이에 인쇄해 170명의 신사 과학자(경제적 여유가 있어서 물질적 보상에 기대지 않고 연구하던 과학자 – 옮긴이)에게 보냈다. 그리고 이 과정에서 설문지라는 것을 발명했다. 질문지와 더불어 골턴은 동료들에게 상세한 족보와 그들의 성격, 특징, 종교적 신념, 사업 관행, 재능, 교육을 함께 기술해달라고 부탁했다.

당시 과학자들을 조사하던 중, 골턴은 흥미로운 현상을 발견했다. 일부 과학자가 마음의 눈으로 숫자를 '본다'고 주장한 것이다. 어떤 이는 왼쪽부터 오른쪽까지 동일한 간격을 두고 공중에 숫자가 떠 있는 모습을 상상했다고 주장했다. 어떤 이는 숫자들이 중앙의 어떤 지점에서 나선형으로 뻗어 나오는 모습을 상상했다고 주장했다. 또 어떤 이는 10이 거듭제곱된 형태로 마치 케이크처럼 층층이 쌓여 있는 듯 보인다고 주장했다.

다른 동료들은 골턴이 대체 무슨 말을 하는 건지 이해할 수 없다고 했다.

골턴은 과학자들이 보고한 다양한 정신적 경험에 놀랐고, 이른바 '아침 식사 식탁 설문지'라고 불리는 또 다른 설문지를 작성했다. 해당 설문은 간단한 지침으로 시작한다.

오늘 아침의 식탁과 같이 최근에 본 대상의 이미지를 떠올려보라. 색감은 어떤가, 희미한가 선명한가? 빛이 잘 들어오는가 어두운가? 이미지는 선명한가 흐린가? 이미지 속 사물은 실제보다 더 큰가 작은가? 이미지 속 시야는 실제보다 더 넓은가 좁은가?

응답자 중 일부는 이 모든 조사가 쓸모없다고 말했다. 해부학자 존 마셜은 이와 관련해 이렇게 적었다. "마음의 눈으로 사물을 보는 능력이 있다고 하는 사람의 말은 조금도 믿을 수 없네. 그것을 뒷받침하는 증거는 그 근원부터 오염돼 있다네. 아무리 생각해봐도, 자네에게 돌아올 답변들은 과학적 근거가 아닌 오류로 가득할 거네."

이에 대한 골턴의 반응은 어땠을까? 그는 혼자 적은 메모에 이렇게 남겼다. "마셜은 둔하다."[2]

찰스 다윈도 마셜과 같은 생각인 듯했으나, 조금 더 에둘러 표현했다. "최선을 다해 질문에 답했지만, 나는 내 마음을 들여다보려 한 적이 없어서 내 대답들은 형편없다네. 다른 이들의 답변이 나보다 훨씬 더 낫지 않다면, 자네의 그 질문들은 소용이 없을 거네."

그러면서 다윈은 자신의 아침 식사 장면에 대한 심상을 꽤 선명하게 떠올릴 수 있다고 적었다. "차가운 쇠고기 한 조각, 포도와 배, 식사를 마친 후 접시의 상태 등은 꽤 뚜렷하게 떠올릴 수 있으며 그 외 일부 사물은 내 눈앞에 사진을 둔 듯 선명하다네."[3]

그런데도 골턴은 다윈의 답변을 중간 정도로 평가했다. 사실 골턴의 전체적인 분석은 과학자 집단은 심상을 떠올리는 능력이 부족하다는 사전적 추정에 따라 형성된 것으로 보인다. 2006년, 골턴의 데이터를 다시 분석한 결과 과학자와 비과학자 사이에는 시각화 능력에 큰 차이가 없는 것으로 나타났다.[4]

골턴의 전체적인 결론이 완전히 옳은 건 아니었지만, 무엇인가는 간파했다. 세상에는 머릿속에서 '아무것도' 시각화하지 못하는 사람들이 있는데, 이들은 추상적 사고라는 측면에서는 다소 강점을 보이는 듯하다. 이 사람들은 STEM(과학, 기술, 공학, 수학 분야를 일컫는다-옮긴이) 분야에서 과도하게 부각되는 면이 없지 않은데, 그렇다고 전체 평균을 끌어내릴 정도는 아니다.

골턴은 전무후무한 상상력의 도약을 이뤘다. 그는 인간에게는 숨겨져 있는 다양한 의식적 경험이 있다는 사실을 깨달았다. 이처럼 차이에 대한 예리한 안목을 가진 사람이, 그저 다르다는 이유로 열등한 인간을 없애려 했다는 건 참 아이러니한 비극이다.

시각적 기억력

내 친한 친구인 미리엄Miriam은 웨스트버지니아에 있는 나를 가장 먼저 찾아주었다. 작고 에너지 넘치는 풍자해학극 댄서인 미리엄은 늘 한 줄기 햇살 같은 존재다. 하지만 오늘은 비를 잔뜩 머금은 잿빛 먹구름 같다.

"무슨 일 있어?" 내가 물었다.

"새드Thad에 대한 생각을 떨칠 수가 없어." 미리엄이 대답했다.

친구를 꼭 안아주었지만, 속으로는 끄응 하고 신음했다. 대체 왜 아직도 그 남자에게 집착하는 거야? 애초에 그렇게 좋은 남자도 아니었고, 헤어진 지 1년도 더 됐잖아.

난 이미 미리엄에게 내가 개발한 '이별하는 법 3단계'를 조언한 적이 있다. 1단계: 전 남친의 사진을 숨겨놓아라. 2단계: SNS에서 전 남친의 계정을 차단하라. 3단계: 실생활에서 전 남친을 피하라.

미리엄은 지금까지도 착실히 조언을 따르고 있다고 맹세했지만 그녀에게는 통하지 않는 모양이다.

혼란스러웠다. 모든 걸 단숨에 끊어버리는 이 방식이 내게는 효과가 있기 때문이다. 그것도 아주 빠른 효과를 보였다. 한번은 동거하던 남자친구와 꽤 극적으로 헤어지고 한 달 뒤 그를 길에서 마주친 적이 있었는데, 아무 감정도 느끼지 못했다. 나는 걸음을 멈추고 마치 목석처럼 냉정한 모습으로 대화를 했지만, 그는 눈에 보일 정도로 당황해했다. 최고의 기분이었다.

나는 고생 끝에 사람들이 조언을 원하는 게 아니라 자기 말을 듣고 위로를 건네길 바란다는 사실을 배웠다. 그래서 미리엄의 말을 그저 들어줬다. 듣다 보니 미리엄이 자신의 강박적인 생각들을 영화처럼 표현하고 있음을 알 수 있었다.

"그러면 새드와 마주치는 상황을 생각할 때 그 장면을 머릿속에서 그려보는 거야?" 내가 물었다.

"응, 눈으로 보듯이. 눈으로 보는 것 이상이야. 가상현실처럼 현실감이 넘쳐."

내가 자세히 설명해달라고 하자 미리엄은 마치 영화감독처럼 장면을 설명했다.

"우리는 애덤스 모건의 아프가니스탄 식당 아래층에 있는 한 카페에서 만나. 원래는 칸막이가 없지만 내가 어떻게든 마련해서 우리는 자리에 앉아. 오후의 햇살이 위층 유리 출입구를 통해 지하 카페를 따뜻하게 비추고 있어. 오래된 테이블 램프 건너편에는 새드가 앉아 있지. 반팔 셔츠를 입어서 팔이 드러나 있고, 그에게선 흙 내음이 풍겨."

이렇게 입체적이고 감각적인 묘사라니. 내게도 이런 상상력이 있다면 집 밖을 나가지 않을 텐데!

미리엄이 이별에 괴로워하는 것도 당연하다. 머릿속에서 실제 크기와 같은 3차원 모델을 그릴 수 있다면 그 사람을 보지 않는 건 불가능할 거다.

"네게는 하이퍼판타시아hyperphantasia가 있는 것 같아. 나는 완전히 반대인데. 난 아판타시아가 있어. 머릿속에서 시각화를 전혀 못해." 내가 말했다.

처음 아판타시아에 관해 읽은 건 2015년으로, 사울이 'MX'라고 불리는 65세 남성의 흥미로운 사례를 소개하는《뉴욕타임스》기사 링크를 보내주었을 때다.[5]

MX는 그의 주치의가 한 번도 마주한 적 없는 증상을 호소했고, 신경과 전문의 애덤 제먼Adam Zeman을 소개받았다. 제먼 역시 이런 증상은 본 적이 없었다. 온라인 화상 통화에서 부드러운 스코틀랜드 억양으로 말하는 쾌활한 성격의 MX는 제먼과의 첫 대화를 이렇게 회상했다. "혈관성형술을 받고 몇 주 지났을 때, 밤에 침대에 누우면 잠들기 전에 하던 일, 그러니까 우리 아들딸과 손주들의 모습을 상상하는 일을 할 수가 없다는 걸 깨달았어요. 아예 머릿속에 떠오르지 않았어요."[6]

99부터 숫자를 거꾸로 세며 각 숫자를 시각화해 떠올리는 그만의 잠들기 비법도 소용없었다. 어떤 것을 머릿속에 그려보려 해도 더는 할 수가 없었다.

MX가 잃은 것은 시각적 기억력visual memory만이 아니었다. 그는 시각적 상상력visual imagination도 잃었다. 예전에는 책을 읽으면 모든 등장인물과 배경이 머릿속에 그려졌다. 수술 이후, 책은 그저 글자가 인쇄된 종이에 불과했다.

"혈관성형술 중 무슨 일이라도 있었나요?" 제먼이 물었다.

MX는 그렇다고 했다. 당시에는 크게 신경 쓰지 않았지만, 머릿속에서 어떤 '울림'이 느껴졌고 왼팔이 약간 저렸다고 했다.[7]

제먼은 경미한 뇌졸중이 발생한 것으로 의심했지만, MX에게 큰 영향은 미치지 않은 것으로 보였다. MX는 일반적인 신경 검사를 모두 높은 점수로 통과했으며 시각적으로 상상하는 능력을 잃은 것 외에는 지극히 정상으로 보였다.

"달라진 건 없었어요. 제 기억력은 이전과 같았고요." MX는 말했다. 그가 좋아하던 장소를 방문하는 것을 이제는 상상할 수 없었지만, 그곳의 모습과 건물의 특정 부분들은 떠올릴 수 있었다. "떠올릴 수는 있지만, 머릿속에 그릴 수가 없었어요."[8]

할 수 있는 건 없었지만 제먼은 MX의 특이한 증상을 과학적으로 더 조사해보고 싶었고, MX도 기꺼이 협조하기로 했다.

제먼과 동료들은 MX에게 시각적 상상력을 활용해 대답해야 할 법한 질문들을 던지며 더 많은 검사를 실시했다. '알파벳 중 하강 문자(g, j, y와 같이 기준선 아래로 내려가는 문자-옮긴이)로는 무엇이 있나요?' '아보카도와 잔디 중 무엇이 더 녹색을 띠나요?' MX는 망설임 없이 답했다.

MX는 심상 회전mental rotation 검사도 받았다. 그의 점수 패턴은 특이했다.

당신도 한번 해보길 바란다. 다음 그림 속 세 사람이 깃발을 왼손에 들고 있는지 오른손에 들고 있는지, 최대한 빨리 말하고 친구에게 그 시간을 재보라고 하자.

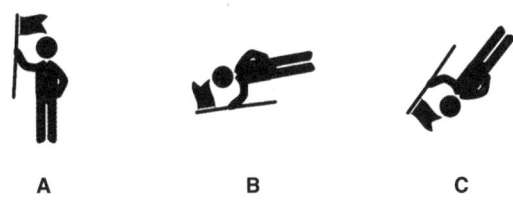

일반적으로 사람들은 똑바로 선 자세에서 더 많이 회전해 있을수록 대답하는 데 시간이 더 걸린다. 즉, 바르게 서 있는 A의 경우 대답하는 데 가장 짧은 시간이 걸리며, 99도 회전해 있는 B는 그보다는 조금 더 걸릴 것이다. 140도 회전한 C의 경우 대답하는 데 가장 오랜 시간이 걸린다. 더 많이 회전해 있을수록 생각하는 데 시간이 더 걸린다는 사실은 대부분 사람이 마음속에서 이미지를 시곗바늘처럼 회전시킨 후 판단한다는 걸 시사한다.

그런데 이상하게도 MX는 회전된 각도와 상관없이 대답하는 데 모두 같은 시간이 걸렸다. 이는 정체를 알 수 없는 비시각적인 방법이 적용됐음을 암시한다.

제먼은 MX를 스캔 기기에 들어가게 하고 유명인의 사진을 보여주며 이들의 얼굴을 시각화해보라고 요청했다. 유명인들의 얼굴을 보는 동안 예상대로 MX의 방추상얼굴영역이 활성화됐다. 하지만 얼굴을 시각화하려 하자 해당 영역은 활성화되지 않았다(대조군 피실험자는 유명인의 얼굴을 볼 때와 시각화할 때 모두 방추상얼굴영역이 활성화됐다). 더불어 이때 MX의 전전두피질이 정상 상태보다 더 활성화됐는데, 아마도 심상을 형성하기 위해 그의 의식이 시각 영역에서 과도한 일을 하고 있었기 때문일 것이다.[9]

제먼은 2010년 아판타시아에 관한 논문을 발표했다. 이후 그는 MX와 같은 증상을 겪었으나 MX와 달리 '태어나 한 번도 시각화를 할 수 없었다'고 주장하는 사람들의 이야기를 듣기 시작했다.

제먼의 논문을 처음 읽고 난 뒤 내 반응은 더도 말고 덜도 말고 딱 이랬다. "흠."

평소라면 호기심이 더 일었을 테지만, 나는 이삿짐 푸는 일은 말할 것도 없고 '운전하기와 3차원 보는 법 배우기' 프로젝트에 한창이었다. 하지만 기다랗게 늘어선 할 일 목록 때문만은 아니었다. 대부분 사람과 비교할 때 내 세상은 타인이 상상할 수 없을 정도로 평평하고 밋밋하다는 사실과 씨름하는 것만으로도 힘들었다. 내 '시각적 상상력'이 심각하게 결핍돼 있을 가능성까지 고민하기에는 버거웠다.

그런 와중에 미리엄의 낭만적인 고뇌가 내 호기심을 자극했다. 나는 제먼의 논문을 다시 읽었고, 나를 제외한 대부분 사람이 상상 속에서 온갖 이미지를 만들어낼 수 있다는 사실과 다시 한번 마주했다. 몽상, 상상의 친구, 누군가를 보며 야한 생각을 한다거나 양을 세는 등 그저 비유적 표현이라고 여겼던 것들이 내 생각과 달리 실제로 벌어지는 일이라는 걸 깨달았다.

왜 아무도 내게 말해주지 않은 걸까?

지금 와서 생각해보면 조짐은 있었다. 예전에 무대 공포증을 극복하기 위해 관객이 모두 옷을 벗고 있다고 상상하는 훈련을 한 적이 있다. 그때 나는 '관객이 대체 어떻게 알몸이 될 수 있지?'라고 생각하며 훈련했다. 내가 그런 생각을 하는 동안 옆의 동료 음악가들은 맨몸으로 꽉 채워진 관객석을 바라보고 있었겠지. 그 외에 어떤 상상을 했을지까지는 상상하고 싶지 않다(사람들은 춤추고, 신체의 여러 부위는 달랑달랑 흔들리고……! 정말 끔찍한 조언이었다는 생각이 들기 시작한다).

고개를 드니 스티브가 소파에 앉아 요리 중인 양지머리에 꽂아두었던 온도계의 숫자를 분석하고 있었다. 순수하게 추상의 세계에서 사는 사람이 있다면 바로 스티브일 거다.

"당신도 머릿속에서 장면들을 그려볼 수 있어?" 내가 물었다.

"그렇지. 그래도 미리엄이 하는 것처럼 생생하지는 않아."

말도 안 돼. 우리 둘 중 누가 더 창의성이 넘치냐고 한다면 그건 바로 나다. 밝은색의 옷을 입고 그림자 인형극으로 아이들을 즐겁게 해줄 수 있는! 그런데도 어떻게 스티브가 나보다 상상력이 더 뛰어나단 말인가?

미리엄이 와 있는 동안 나는 질문을 쏟아냈다. 세상에, 그 작고 귀여운 머릿속에 어떻게 이토록 많은 생각이 담겨 있는 건지. 미리엄은 늘 머릿속에 대화의 방향을 한두 개 생각해놓고, 어떤 말을 할지 계획하고 상대방의 반응을 상상한다. 다시 말하지만, 나는 이런 게 가능하다는 생각을 해본 적이 없다. 그렇지만 말이 되긴 한다. 말하기 전에 생각을 하라는 말을 종종 듣곤 하는데, 이제야 다들 그렇게 한다는 걸 알았다.

나는 한 번에 한 가지 생각만 할 수 있지만, 미리엄은 과거의 어떤 순간을 떠올리거나 미래를 상상하면서 동시에 현재의 대화에 참여할 수 있다. 잠시 테이프를 멈추고 되감아서 다른 행동을 할 수도 있다. 어떨 때는 그저 재미로 모든 사람에게 다른 옷을 입혀보기도 한단다. "인형놀이 하는 것 같아." 미리엄은 말한다.

"그러면 너무 정신없지 않아?" 내가 물었다.

ADHD가 있는 미리엄은 물론 정신이 없다고 말한다. 산만한 머릿속 세상 탓에 가끔은 정신이 제 기능을 하지 못할 때도 있다고 한다. 갑자기 미리엄이 매번 지각한다는 사실에 큰 연민이 느껴졌다.

내면의 시각

그 주 후반에 사울에게 전화를 걸어 수년 전 내게 보내준 아판타시아 관련 논문에 관한 이야기를 꺼냈다. 우리 둘 다 시각화를 할 수 없고 다른 모든 사람은 할 수 있는 것 같다는 이야기를 잠시 나눈 뒤, 우리는 서로의 기억이 조금 다르다는 걸 발견했다.

"네가 그 논문을 보내줬을 때 말이야……." 내가 말을 꺼냈다.

"난 안 보냈어. 누나가 나한테 보내줬지." 사울이 말했다.

"아냐. 네가 보냈잖아."

둘 다 이메일을 검색해봤지만, 아무것도 나오지 않았다. 그때 올케 캐서린이 끼어들어 판결을 내려줬다. 사울이 팟캐스트에서 아판타시아에 관해 들은 후 내게 그에 관해 이야기를 했고, 내가 논문을 보내줬다는 것이다.

그날 늦게 제먼에게 전화를 걸어 사울과의 에피소드를 들려주자 그는 웃음을 터뜨렸다. 자기가 한 일을 기억하지 못해서 배우자에게 묻는 건 전형적인 아판타시아 환자의 모습이라고 했다.

"아판타시아 환자의 3분의 1가량은 자전적 기억력도 좋지 않아요. 하지만 기억력과 아판타시아 사이의 관계는 복잡합니다. 환자들 중에는 자신이 가족 중 기억력이 제일 뛰어나다고 하는 사람도 있거든요." 제먼이 말했다.

"아판타시아가 유전될 수도 있나요?" 내가 물었다. 우리 가족을 조사해봤지만, 나와 동생 외에 아판타시아 환자는 없었다.

제먼은 유전이 될 수도 있지만, 아마 많은 유전자가 관련돼 있을 것이며 그 정체를 밝힌 사람은 아직 아무도 없다고 말했다.

나는 내가 지닌 신경학적 특이점을 모두 설명했고, 제먼은 아판타시아 환자의 약 3분의 1이 안면인식장애를 겪는다고 했다. 그러나 두 증상 사이의 관계는 불분명하다. 아판타시아 환자 중 얼굴을 정상적으로 인식하는 사람도 있고 심지어 남들보다 더 잘 인식하는 사람도 있기 때문이다.

"제 동생이 그런 사람 중 하나예요." 내가 말했다.

"아판타시아 환자도 내적으로 시각적 표상이 있는 게 분명합니다. 다만 그 표상을 이용해 심상을 만들어내지 못할 뿐이지요." 제먼이 말했다.

"아판타시아 환자가 보이는 증상이 다양할 수도 있겠죠. 시각화가 아예 불가능한 사람들도 있을 테고, 시각화를 할 수 있기는 하지만 의식의 표면 아래에 있기 때문에 그것을 인지하지 못하는 사람들도 있을 거예요." 내가 말했다.

제먼은 모르겠지만, 아판타시아에도 하위 그룹이 있는 것 같다. 실제로 일부는 이미 그 존재를 드러냈다. 제먼은 시각적 상상력이 없는 사람을 표현하고자 '아판타시아'라는 단어를 만들었지만, 이 용어는 청각적 상상력이 부족한, 즉 마음의 소리를 듣지 못하는 사람들을 칭할 때도 사용된다. 어떤 감각으로도 정신적 경험을 떠올릴 수 없다면 '종합적 아판타시아 환자'이며, 내 동생이 여기에 해당한다. 그에 비해 나는 늘 머릿속에서 노래가 흘러나온다.

갑자기 심상이라는 개념이 더 잘 이해가 됐다. 내면의 시각은 마치 내면의 청각과도 같은 것이다! 실제와 같이 생생하거나 시끄럽지는 않아도, 귀찮거나 정신없거나 심지어 즐거울 정도로 현실적이기는 하다.

제먼에게 하고 싶은 질문이 100만 가지는 더 있다. 맛과 냄새를 상상할 수 있는 사람은 얼마나 많은가? 눈을 떴을 때와 감았을 때, 둘 중 언제 시각화가 더 쉬운가? 시각과 기반 접근법이 아판타시아 환자를 대상으로 한 치료나 지도에 효과적인가? 우리는 그 대신 무엇을 해야 하는가?

제먼이 말을 잘랐다. "아무도 모르죠. 이에 대한 연구는 아직 초기 단계예요. 골턴 이래로 100년 동안 연구가 별로 이루어지지 않았어요."

대체 왜? 골턴의 친구인 존 마셜이 그에 대한 가장 적절한 대답을 내놓았을지도 모르겠다. "마음의 눈으로 사물을 보는 능력이 있다고 하는 사람의 말은 조금도 믿을 수 없네. 그것을 뒷받침하는 증거는 그 근원부터 오염돼 있다네."

제먼은 주관성을 연구한다는 것이 어렵기는 하지만 불가능하지는 않다고 말했다. 그래도 부분적으로는 제먼이 아판타시아를 발견하고 해당 증상에 대한 관심을 불러일으킨 덕분에 과학자들은 뇌 활동을 직접 관찰하거나 의식적으로 제어되지 않는 생리적 반응을 측정하는 등 자기 보고self-report(응답자가 지문을 읽고 외부적 개입이나 간섭 없이 스스로 응답을 선택하는 조사 유형 – 옮긴이)를 검증할 수 있는 새롭고 기발한 방법들을 고안해내고 있다.

지구 밖outer space은 잊어라. 인간의 내면inner space이야말로 마지막 개척지다.

행동주의

독립기념일 주간, 오랜 친구인 시빌을 방문하기 위해 비행기를 타고 미네소타주로 향했다. 우리는 하이킹에 나섰고 폭포를 향해 가던 중에 앞이 거의 보이지도 않을 정도로 좁은 길을 마주쳤다. 길을 잘못 든 것 같았다. 우는소리를 하고 싶었지만 고통받고 있는 시빌을 보며 참았다. 작은 드론만 한 크기의 모기 여러 마리가 친구의 드러난 어깨에 앉아 붉은 자국을 만들고 있었다. 그중 하나를 찰싹 때렸고, 시빌이 놀라 비명을 질렀다.

"감사 인사는 넣어둬." 내가 말했다.

시빌의 차로 터덜터덜 돌아가는 길, 문득 나는 내 절친의 내면에 관해 아무것도 모른다는 생각이 들었다. 우리가 함께 보낸 그 수많은 시간 동안 우리는 그런 이야기를 한 번도 한 적이 없다. 그래서 물었다.

"응, 나는 시각화할 수 있어. 대부분은 정지 화면이지만, 어떨 때는 영상처럼 재생할 수도 있지." 시빌이 말했다.

영상의 경우는 시빌이 딸을 낳았을 때처럼 무척 감정적인 경험이 대부분이다. 친구는 그날 노란색 벽에 흩뿌려진 토사물에 대해 색깔부터 질감, 무늬까지 마치 영화처럼 자세하게 묘사했다.

"제발 그만해!" 나는 빌었다.

"잠깐. 그런데 언제부터 이런 주제에 관심을 가졌어?" 시빌이 몸을 빙글 돌려 나를 보고 물었다. 나는 당황하며 신음소리를 냈다.

"넌 늘 자유 의지는 환상이고 의식은 부수 현상에 불과하다고 사람들과 논쟁하곤 했잖아." 그녀가 말했다.

정확히 기억은 안 나지만 아마 시빌의 말이 맞을 거다. 20대 초반에는 형이상학에 관해 토론하는 게 매력을 발산하는 행위라고 생각했으니까(그래서 아무도 내게 데이트 신청을 하지 않았던 건가).

내가 짜증 나게 굴었을지는 몰라도 (아마) 내 주장이 맞을 것이다. 지난 20년 동안 자유 의지에 반대되는 증거는 점점 쌓여만 갔다. 예를 들어 2008년 공개된 한 연구에서 독일의 연구자들은 fMRI 기계에 들어가 있는 피실험자들에게 오른손으로 버튼을 누를지 왼손으로 누를지 결정하라고 요청했다. 그들은 타이머를 볼 수 있었는데, 결정을 내린 순간을 기록하라는 요청을 받았다. 피실험자의 전운동 피질premotor cortex 활성화 정도를 관찰한 결과, 연구자들은 피실험자들이 결정을 내리기 최대 '7초' 전에 어느 쪽 손을 사용할지 예측할 수 있다는 사실을 발견했다.[10]

나는 우리 정신의 의식적 부분이 백악관 대변인처럼 행동한다는 의심을 하게 됐다. 실제와 다르더라도 마치 그런 척하며 우리의 행동에 그럴듯한 이유를 가져다 붙이는 데 능숙하다는 말이다.

일례로, 2005년 연구에서 스웨덴 연구진은 학생들에게 두 장의 사진 중 더 매력적인 인물을 고르라고 요청했다. 학생들이 선택한 후 연구진은 날쌔게 두 사진을 바꾼 다음 그들이 그렇게 선택한 이유를 설명해달라고 했다. 학생들은 '사실은 자신이 선택하지 않은' 사진을 보며 매력적인 부분들을 신나게 설명했다.[11]

그날 저녁, 시빌은 나에 관한 또 다른 부끄러운 옛 기억을 떠올렸다. 저녁 파티 중, 주방에서 고수를 다지고 있는데 내 이름이 들려왔다.

"세이디는 대학 시절에 쥐 훈련 수업에서 가장 뛰어난 학생이었어요." 시빌이 이야기를 시작했다.

"안 돼! 그 이야기는 하지 마." 내가 소리쳤다.

"이제는 말해야지." 파티 주최자가 정확히 지적했다.

수업 제목은 '심리학 연구 방법'이었다. 그리고 내가 데리고 있던 쥐 '템플턴'은 우리의 우수한 성적에 대한 공적의 절반은 인정받을 자격이 있었다. 나는 긍정 강화(동물이 반복하도록 만들고자 하는 행동에 보상을 주는 것)를 이용해 레버를 누르도록 훈련시켰고, 템플턴은 실험실의 다른 모든 쥐보다 빠르게 적응했다.

처음에는 템플턴이 레버를 누를 때마다 약간의 음식을 주었고, 그 결과 템플턴은 일정하지만 특별히 빠르지는 않은 속도로 레버를 눌렀다. 누르는 속도를 높이기 위해 나는 '변동 비율 강화 계획'이라는 방식을 적용했다. 나는 템플턴이 여러 번 레버를 누를 때마다 간식을 주었는데, 평균 3회로 횟수는 매번 달랐다. 템플턴이 레버를 누르는 속도가 빨라졌고, 심지어 보상으로 받은 간식을 먹기도 전에 다시 레버를 눌렀다.

우리 교수님은 거의 한 세기 전에 전성기를 누렸던 심리학 분야인 행동주의의 전문가였다. 행동주의는 주관적 경험을 객관적으로 관찰하는 방법이라는 오랜 질문에 간단한 해답을 제시했다. '관찰하지 말라.'

"행동주의자들이 보는 심리학은 순수하게 객관적이고 실험적인 자연과학의 한 분야로, 화학과 물리학만큼이나 성찰이 필요하지 않다." 행동주의 창시자인 존 왓슨John Watson의 말이다.[12]

내면의 언어나 심상 같은 주관적인 현상은 철학자, 즉 괴짜들에게 맡기는 게 최선이라고 그는 주장했다.

경고 | 응용행동분석에 트라우마가 있는 분들은 13장으로 넘어가세요.

행동주의를 처음 접했을 때 나는 첫눈에 반했다.* 왓슨은 내가 늘 믿어왔던 것, '생각은 그리 중요한 것이 아니다.'라는 점을 유창하게 설명했다. 자기가 정말로 무슨 생각을 하는지 아는 사람이 있을까? 나는 확실히 모른다.

나는 행동주의가 실제로 얼마나 잘 작동하는지 본 뒤 이 개념에 완전히 집착하게 됐다. 겨우 20분의 훈련만으로도 템플턴은 완벽하게 레버를 눌렀다. 몇 주 후에는 신호에 맞춰 원을 그리며 돌고 뒷다리로 서는 동작을 보였다. 곧 심리학 실험실에서 할 수 있는 재주는 바닥이 났고, 나는 훈련할 다른 동물을 찾기 시작했다.

첫 번째 타깃은 내 룸메이트 셰릴Cheryl이었다. 셰릴은 온종일 〈로미오와 줄리엣〉 영화음악을 틀어놓는 습관만 제외하면 누구보다 사랑스러운 친구였다. 그리고 몇 달이 지나자 나는 셰릴의 오디오 플레이어를 (그리고 어쩌면 셰릴까지도) 창밖으로 던져버리는 상상을 하기에 이르렀다.

그래서 어떻게 했냐고? 우리는 차분하고 성숙한 대화를 시작했고, 서로 받아들일 수 있는 해결책을 찾았다.

으하핫, 농담이다. 나는 실험실에서 쥐를 대상으로 배운 기술을

---

* 물론 인간(과 그 밖의 동물)을 생각 없는 로봇처럼 대하는 데는 아주 많은 문제가 있으며, 그중 하나를 머잖아 내가 직접 겪게 된다. 이와 관련해 더 자세히 알고 싶다면 H. 쿠퍼스타인H. Kupferstein의 〈응용행동분석에 노출된 자폐증 환자에게서 나타나는 PTDS 증가의 증거Evidence of Increased PTSD Symptoms in Autistics Exposed to Applied Behavior Analysis〉(*Advances in Autism* 4, no. 1(2018): 19~29, https://doi.org/10.1108/AIA-08-2017-0016)를 참고하길 바란다.

적용했다.

이미 확립된 행동, 특히 보상이 주어지는 행동을 없애는 건 불가능에 가깝다. 유일한 해결책은 보기 싫은 행동과 동시에 할 수 없는 행동에 보상을 주는 것뿐이다. 예를 들어 쥐가 레버를 그만 누르게 하려면 원을 그리며 도는 등 다른 행동을 할 때 간식을 주면 된다. 셰릴의 경우, 〈로미오와 줄리엣〉 영화음악 외의 음악을 재생할 때마다 나는 아무런 설명 없이 즉시 사탕을 건넸다.

당시 나는 실험심리학을 막 공부하기 시작했던 때라 좋은 기록을 남기지는 못했고, 셰릴이 〈로미오와 줄리엣〉 음악을 덜 틀기 시작했는지는 확실히 알 수 없다. 창밖으로 내던지는 상상은 사그라들었지만, 여기에는 여러 설명이 있을 수 있다. 내가 셰릴에게 사탕을 건네면서 우연히 '나 자신'을 훈련했을 수도 있다. 벤 프랭클린 효과Ben Franklin Effect라고 불리는 현상이다. 누군가를 친절하게 대하기 시작하면 감정도 행동을 따라가는 경향을 보인다.

다음 실험용 쥐는 나 자신이었다. 난생처음 주기적으로 헬스장에 가기 시작했다. 하루라도 빠지면 멀리사라는 친구가 내 네트워크 카드를 빼앗아 인터넷에 접속하지 못하게 했기 때문에 나는 거의 매일 출석했다.

여러 차례의 성공에 들뜬 나는 남자친구 닐Neil에게 눈을 돌렸다. 닐과는 고등학교 4년 내내 같이 지냈고, 대학에 진학한 뒤로는 1500킬로미터도 더 떨어져 있었지만 계속 사귀기로 했다. 당시는 1990년대였기 때문에 전화기는 아직 벽에 붙어 있었고 장거리 전화는 비쌌다. 우리 대학의 전화 시스템은 일반 전화 회사보다 요금

이 더 비쌌기 때문에 닐이 전화카드를 구매해 내게 전화를 걸었다.

한 학기는 순탄히 흘러갔다. 하지만 닐이 전화하는 빈도가 급격히 줄어들었다. 전화기 옆에 앉아 벨이 울리기를 기다리는 동안 나는 점점 울화가 치밀었다. 그리고 닐에게 전화가 오면 나는 말 그대로 그를 난도질했다.

그러던 어느 날 깨달았다. 템플턴이 레버를 누르도록 훈련시킨 것과 같은 일을 내가 하고 있었다는 사실을 말이다. 닐이 전화하는 횟수가 줄어든 것도 당연했다.

과학적 방식을 적용해 문제를 해결할 때였다. 나는 침대맡에 차트를 놓고 닐의 전화를 기록하기 시작했다. 기본 통화 빈도를 설정한 뒤, '고정 비율 강화 계획'을 적용해 소리를 지르는 대신 즐겁고 유쾌하게 대하는 걸 (폰 섹스가 포함됐을 수도 있다) 목표로 삼았다.

마법 같은 효과가 나타났다. 닐이 전화하는 빈도는 급상승했고, 그래프의 기울기는 템플턴의 레버 누르기 그래프와 거의 완벽히 일치했다.

닐이 더 자주 전화하도록 만들기 위해 나는 평균 3회의 '가변 비율 강화 계획'을 적용했다. 예상대로 닐은 미친 듯이 전화하기 시작했다. 남자친구가 다시 돌아왔다는 기쁨도 있었지만 계속 울리는 전화벨로 셰릴을 짜증 나게 했으니, 일거양득이었다.

시빌이 설명하는 내 '남자친구 길들이기 프로그램'을 듣다 보니 내가 생각과 자유 의지의 중요성을 경시하는 이론에 호감을 보였던 건 어쩌면 내가 마음이 제대로 작동하는 직접적인 경험을 하지 못했기 때문은 아닐까 하는 생각이 들었다. 만약 이것이 사실이라면, 행동주의의 창시자인 존 왓슨에게도 어떤 별난 점이 있었던 건 아닐까?

알고 보니, 왓슨의 내면을 궁금해하는 이는 내가 처음이 아니었다. 심리학자 빌 포Bill Faw는 2009년의 한 논문에서 왓슨의 여러 저서를 분석했고, 왓슨의 시각적·청각적 상상력이 부족했음을 시사하는 몇몇 구절을 발견했다.[13]

예컨대 1913년에 발표한 〈행동에서 나타나는 인상과 애착〉이라는 글에서 왓슨은 이렇게 썼다.

> 다른 방법으로는 설득할 수 없는 이에게는 몇 가지 간헐적인 이미지의 사례를 제시해야 할지도 모른다. 하지만 나는 그런 이미지가 간헐적으로 발생하는 것이며, 사람의 행복과 '사고'에는 머리카락 몇 가닥의 많고 적음을 논하는 것만큼이나 불필요한 것이라고 주장하는 바이다.[14]

같은 글에서 왓슨은 내면의 독백이라는 현상에도 의문을 제기했다.

> 내 주장에는 내잠적 행동(생각과 심상 등)을 관찰하는 방법이 존재하거나 존재해야 한다는 의미가 내포돼 있다. 그런 방법은 현재 존재하지 않는다. 나는 후두에서 대부분의 현상이 발생한다고 믿는다.[15]

왓슨은 (그리고 나도) 우리의 개인적 경험이 모든 인간이 겪는 전형적인 경험이라고 가정하는 고전적인 실수를 한 것 같다.

그러나 자책할 필요 없다. 배웠다는 사람들도 같은 실수를 했으니. 서양 철학의 위대한 사상가 중 일부는 자신의 의식이 표준이라고 가정했다. 소크라테스는 내적 언어가 생각과 동의어라고 주장했기 때문에 확실히 내면의 독백을 했을 것이라고 포는 논문에서 주장했다. 소크라테스는 '생각'을 "영혼이 자기가 생각하는 어떤 주제에 관해 다른 사람과 소리 내 말하는 것이 아닌, 영혼 스스로와 침묵 속에서 나누는 대화"라고 정의했다. 반면 아리스토텔레스는 "영혼은 심상 없이는 생각하지 않는다."라고 주장했는데, 이를 보면 시각화가 가능한 사람이었음이 분명하다.

골턴부터 제면에 이르는 동안 인간의 의식은 사람마다 다른 형태를 취할 수도 있다는 생각을 한 심리학자는 놀랍게도 거의 없었다. 그러나 1970년대부터 이 문제를 연구해온 정말 드문 심리학자가 한 명 있다. 어서 전화를 걸어봐야겠다.

13장

시각적 기억을
배울 수 있을까

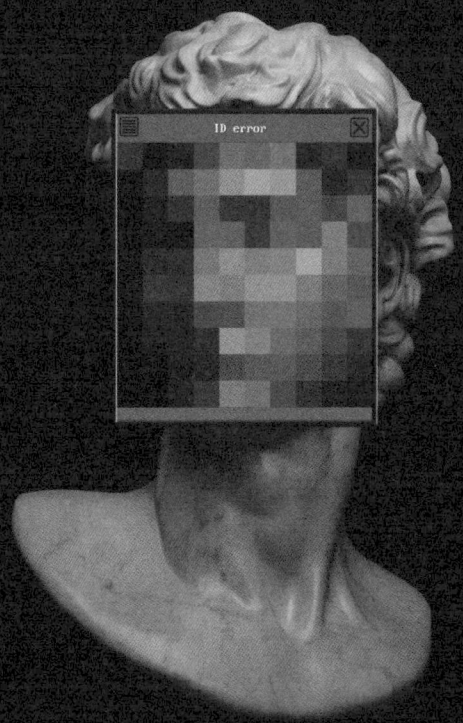

과학적 방법으로서 성찰에 내재한 문제는 객관적으로 검증하기 어렵거나 불가능하다는 점뿐만이 아니다. 더 큰 문제는 해당 주제에 관해 생각할수록 그 생각이 바뀐다는 데 있다. 심리학의 창시자 윌리엄 제임스William James의 말을 빌리자면, 성찰은 "어둠의 모습을 보기 위해 불을 더 빨리 켜려는 것"과 같다.[1]

1973년 여름, 러셀 헐버트Russell Hurlburt는 곧게 뻗은 중서부의 고속도로를 달리며 이 문제를 고찰하고 있었다. 사우스다코타주에 있는 심리 대학원에 진학할 계획이었던 그는 인간 내면의 경험을 연구하고 싶었지만, 어떻게 연구해야 할지 감이 잡히지 않았다.

헐버트는 최근 잡지에서 읽은, 바쁜 기업 임원들이 시간을 관리하는 방법을 다룬 기사를 떠올렸다. 기사에서는 실제로 시간을 어떻게 보내는지 알고 싶은 경영진이라면, 비서가 수시로 들러 자신이 하고 있는 일을 적게 하라고 조언했다.

헐버트는 경영진이 실제로 시간을 보내는 법에 관한 문제와 사람의 마음을 파악하는 문제가 비슷하다고 생각했다. 두 가지 경우 모두, 회상하는 방식으로 지난 활동을 설명해달라고 하면 오류가 발생할 가능성이 크다. 종일, 아무 때나 무작위로 활동들을 수집해야 한다. 헐버트는 인간 내면의 경우 '놀라움'이라는 요소가 핵심이 될 것으로 생각했다.

하지만 이를 어떻게 실천한단 말인가? 물론 비서를 고용해 예고 없이 참가자들을 놀라게 한 다음 그들의 생각을 적게 할 수도 있다. 그러나 헐버트는 더 좋은 방법을 생각해냈다. 엔지니어 출신인 헐버트는 운전하면서 머릿속으로 어떤 기기를 고안했다. 간헐적으로 고음의 '삐-' 소리를 내는 기계로, 참가자는 이 소리를 들으면 직전까지 마음속에서 이뤄지던 내면의 경험을 메모하는 원리다. 헐버트가 발명한 이 착용 가능한 정신 감시 기기는 무선 호출기 같은 모습이었는데, 당시에는 아직 발명되지 않은 기술이었다.

헐버트는 이 기술에 경험 묘사 샘플링Descriptive Expeience Sampling, 즉 DES라는 이름을 붙였다. 그리고 수년에 걸쳐 내적 시각, 내적 청각, 비표상적 사고,* 감정, 감각 인식과 같은 다섯 가지 유형의 의식적 경험을 발견했다. 헐버트는 의식에는 다양한 맛이 있으며, 사람마다 각각의 요리법이 있는 듯 보인다고 말한다. 모든 유형의 의

---

*   비표상적 사고는 심적 형상이나 내적 언어 등이 동반되지 않는 생각을 뜻한다. 비가 올 때 심적 형상 없이도 우산을 챙겨야 한다고 생각하는 것이 대표적인 예다.

식적 경험을 골고루 맛보는 사람이 있는가 하면, 두세 가지 위주로 맛보는 사람도 있다. 그리고 이를테면 '언제나' 그림의 형태로 생각하거나 감각 또는 감정의 바다에 빠져 있는, 그야말로 순수주의자들도 드물지만 존재한다. 복잡성이 늘어난다는 것은 사람들이 여러 의식의 유형을 동시에 경험할 수 있다는 말과 같다.

헐버트는 일반화하기를 싫어하는 사람이지만, 그럼에도 그는 몇 가지 대표적인 경향을 발견했다. 예를 들어, 한 연구에서 그는 내적 독백을 하는 학생이 시각적으로 생각하는 학생보다 대체로 더 행복한 경향이 있다는 사실을 발견했다(나는 실은 반대를 예상했다).[2] 다른 연구에서 헐버트와 동료 연구진은 섭식장애가 있는 사람의 내면이 굉장히 복잡한 경향을 보인다는 사실도 발견했다.[3]

섭식장애 관련 연구에서 폭식증을 겪던 연구 참가자 제시카Jessica는 호출기가 울릴 때 우연히 〈스크럽스〉라는 TV 드라마를 보고 있었다. 드라마에서는 예쁘고 마른 여성이 막 방에 들어온 참이었고, 모든 남성이 움직임을 멈추고 그녀를 바라봤다. 호출기가 울리기 직전 제시카의 내면에서는 두 개의 독백이 동시에 들렸는데, 하나는 머리 앞쪽에서, 다른 하나는 머리 뒤쪽에서 울렸다고 한다. 앞쪽에서 울린 목소리를 기울임체로 표시해 둘을 합치면 이런 내용이었다. "왜 영화나 TV 프로그램에는 항상 *남자들이 쳐다보는 금발에 마른 여자들이* 나오는 거야?" 그와 동시에 제시카의 뇌는 과거에 본 TV 프로그램과 영화에 대한 기억을 뒤적이며 이 메시지에 부응하는 사례들을 떠올렸다.

참가자 중 일부는 괴로운 시각적 경험을 보고하기도 했다. 서맨

사Samantha는 치즈 한 조각을 먹자마자 호출기가 울렸는데, 그 순간 자신이 사실과 다르게 뚱뚱해져 있는 모습을 머릿속에서 봤다. 상체와 팔이 무거워진 듯 느껴졌고, 이를 죄책감으로 받아들이며 '치즈를 먹지 않아도 됐을 텐데.'라는 소리 없는 생각을 떠올렸다. 이 순간을 뒤덮은 건 막연한 슬픔의 감정이었다.

이렇게 많은 것을 동시에 느끼고 생각할 수 있다는 것을 나는 상상조차 할 수 없다. 상관관계와 인과관계가 동의어는 아니지만, 문득 궁금해졌다. 내 내면이 조용하기 때문에, 특히 시각화 능력이 없었던 덕에 나는 지금껏 내 몸에 엄격한 잣대를 들이대지 않았던 걸까?

내가 지닌 이 장점을 주제로 평소에 깊이 생각해본 적은 없으나, 나는 내 외모에 유난히 신경을 쓰지 않는 편이다. 물론 나는 미국의 국민적 오락거리인 '뚱뚱하다고 놀리기' 문화의 한가운데서 자라왔다. 〈도전! 수퍼모델〉의 모든 방영분을 시청했으며 (유감스럽게도) 〈도전! FAT 제로〉도 몇 번 봤다. 오프라 윈프리Oprah Winfrey가 지방을 가득 실은 손수레를 끄는 모습도 시청했으며, 날씬해진 여성들을 시도 때도 없이 커버에 실으며 마치 노벨상이라도 받은 듯 그들의 다이어트 성공을 축하하는 잡지도 몇 권이나 구독했다.

그런데도 이 지독한 미의 기준, 지금까지도 내 많은 친구를 괴롭히고 있는 이 미의 기준은 내 내면에 거의 뿌리를 내리지 못했다. 지금까지도 나는 타인에게 내가 어떤 모습으로 보이는지 생각도 안 할 때가 많다.

이것이 아판타시아와 관련이 있을까? 나는 시각적 기억력이나 시각적 상상력이 없기 때문에 거울을 보지 않으면 내가 어떤 모습인지 모른다. 그리고 사람들이 나를 가리키며 비명을 지르지 않는 한 내 모습은 기본적으로 준수하거나 심지어 '꽤 괜찮아' 보일 것으로 여긴다.

가끔은 다른 사람들이 나를 평가하는 듯한 눈길로 바라본다는 증거와 마주할 때도 있고, 그런 시선이 늘 마음에 드는 건 아니다. 예를 들어 수영장이나 해변에 가면 때때로 낯선 사람들이 다가와 내가 자신들에게 "영감을 줬다."고 말하곤 한다. 사람이 많은 곳에서 뚱뚱한 여성이 수영복을 입고 있다는 사실이 '자기 몸 긍정주의'의 롤모델로 비친다는 뜻이라는 건 한참 후에나 깨달았다. 그러나 그들에게 따지지는 않았다. 그들 모두가 내 팬이라고 믿기로 했다.

운동하는 나를 보며 손뼉을 치는 사람들도 있었다. 언젠가는 언덕을 오르며 조깅하는 나를 향해 건설 현장의 모든 직원이 힘내라며 응원을 한 적도 있다. 나는 내 모습이 조깅을 하는 우리 동네 이웃들처럼 얼굴이 약간 붉어진 근육질의 날씬한 사슴 같은 모습일 거라고 생각했다. 하지만 예상치 못한 응원을 받은 뒤 거울을 보니 그 안에는 땀에 흠뻑 젖은 채 얼굴이 벌겋게 달아오른 한 여성이 있었다. 치료가 절실해 보였다. 여러분, 곧 심장마비가 올 것처럼 보이는 사람이 조깅하는 모습을 보거든 손뼉을 치지 말고 119에 신고를 하세요.

아판타시아의 잠재적인 밝은 면을 깨닫고 나니 최근에 점차 늘어가던 질투심을 대하는 데 도움이 됐다. 나는 독서를 좋아한다. 그러나 내가 읽은 내용을 뇌가 (킬리언 머피 Cillian Murphy 주연의) 영화로 만들어줄 수 있다면 더 좋겠다. 나는 외로움을 느낄 때가 많은데, 이때 내가 사랑하는 사람들의 모습을 떠올릴 수 있다면 외로움을 물리치는 데 도움이 될 것 같다. 그리고 제발이지, 열쇠를 어디에 뒀는지 기억할 수 있다면 내 삶이 크게 개선될 것 같다.

시각화하는 법을 배울 수도 있을 듯해서 선생님이 돼줄 수도 있을 몇몇 분에게 연락을 해뒀는데, 지금은 배우고 나면 무슨 일이 벌어질지 걱정이 된다.

내면의 경험 포착하기

나는 내면의 경험을 포착하는 기법인 DES를 시도해볼 수 있도록 호출기를 보내줄 수 있겠냐는 말을 꺼낼 수 있길 바라며 헐버트와 화상 통화 일정을 잡았다. 마음속에서 '일어나지 않는 일'이 무엇인지 점점 더 잘 알게 된 사람으로서 무슨 일이 '일어나고 있는지' 알아보고 싶었다. 아니, 내 마음도 그냥 놀고 있는 건 아니지 않겠나.

성성한 백발에 안경을 쓴 무뚝뚝한 얼굴의 헐버트는 지금껏 만난 교수들 중 가장 교수다운 인물이었다.

나는 내 뇌가 연구할 가치가 충분할 정도로 특이하다고 설득하기 위해 내가 지닌 얼굴인식불능증과 입체맹, 그리고 아판타시아를 겪고 있을 가능성을 모두 언급했다. 그는 별 감흥이 없어 보였다.

"사람들은 대부분 자신의 경험이 독특하다고 꽤 확신하지만, 모두 옳은 건 아닙니다." 헐버트는 말했다.

교수는 이 폭탄발언을 마치 1 더하기 1은 2라는 것처럼, 그리고 내가 내 빌어먹을 속도 모르는 사람이라는 얘기를 하는 게 아니라는 것처럼 말하고 있었다. 기분이 나빴지만 농담을 함으로써 애써 숨기려 했다.

"학술대회에서 강연을 할 때 '여러분 중 자신이 무엇을 생각하는지, 타인이 무엇을 생각하는지 아는 사람은 없습니다.'라는 말로 시작하시나요?" 내가 웃으며 물었다.

"시작부터는 아니지만 곧 그 주제로 이어지겠죠."

헐버트는 자신의 주장을 증명하기 위해 내게 호출기를 보내주겠다고 했다(만세!). 그리고 우리가 무엇을 발견하게 될지 예상해보라고 했다.

"저는 (마음으로) 늘 노래를 부르고 있어요. 아마 많은 감정이 있겠죠. 비표상적인 생각들도 있을 테고요. 그렇지만 저는 내적 독백은 거의 없는 것 같고, 시각화는 아예 안 되는 것 같아요."

100퍼센트는 아닐지 몰라도 나는 내가 어떤 사람인지 꽤 확실히 알고 있다.

호출기를 처음 착용하기로 한 날은 목요일이었지만, 나는 이것을 10대 소녀 켄드라Kendra와 줌 화상 통화를 하며 숙제를 도와주기 바로 직전인 저녁 7시까지 깜빡하고 있었다. 나는 호출기 이어폰 위로 헤드폰을 겹쳐 쓰고 내 생각을 기록하기 위해 잠시 자리를 비울 수도 있다고 켄드라에게 설명했다. 아이는 대수롭지 않게 받아들였다.

친구 데이브Dave가 이 자원봉사 프로그램에 참여해보라고 권했을 때, 그는 성적이 우수했던 적이 없다는 사실을 걱정하는 내 모습에 손을 휘휘 저었다. 9학년이 될 때까지 내 성적표는 C와 D로 가득했다. 고등학생이 되면서 성적이 크게 오르기 시작했고, 대학교에 진학해서야 제 궤도에 올랐다.

어떻게 반전을 이뤘냐고? 아무도 모른다. 이 불가사의한 질문은 지금까지도 나를 괴롭힌다. 가끔 다시 초등학생으로 돌아가 모든 과목에서 낙제하는 무서운 꿈을 꾸기도 한다. 나는 여전히 지도에서 주나 국가를 정확히 짚어내지 못하며, 맞춤법도 틀리고 암산도 잘 못한다. TV 프로그램 〈당신은 5학년보다 똑똑한가요?Are You Smarter than a 5th Grader?〉를 아는가? 확실히 말할 수 있는데, 열 살짜리면 누구든 내 코를 납작하게 할 수 있을 테고 대부분이 나보다 훨씬 더 똑똑할 거다.

그래서 딱한 켄드라는 매번 알아서 문제를 풀어야 했는데, 다행히 오늘 밤에는 글쓰기 과제를 가져왔다. 내가 완전히 쓸모없는 인간이 아니라는 걸 증명할 수 있어 무척 신났다. 글쓰기는 내가 할 줄 아는 두 가지 중 하나다(다들 알겠지만, 나머지 하나는 오랜 시간 꼼짝하지 않고 누워 있기다).

켄드라가 가져온 과제는 2020년 대선과 1876년 대선을 비교하는 에세이를 작성하는 것이었다. 먼저 우리는 각 선거를 다룬 신문 기사를 읽었다. 그리고 유사한 점과 다른 점에 관한 아이디어를 나눴다.

"이제 한번 써보자!" 내가 구글 독스Google Docs를 열며 말했다.

켄드라는 가만히 앉아 커서가 깜빡이는 걸 보고만 있었다.

조언을 해주고 싶지만 아무것도 떠오르질 않는다. 다들 글을 '어떻게' 쓸까? 내 경우에 글쓰기란 소화 과정과 비슷하다. 기사 마감 전날 밤에 메모를 훑어보고 인터뷰의 인용구에 강조 표시를 한 다음 잠자리에 든다. 다음 날 아침에 일어나면 커피를 마시고 기사를 배출한다. 간단한 일이다.

"그냥 떠오르는 걸 써봐. 누군가에게 이야기를 들려준다고 생각하고." 내가 말했다.

켄드라는 여전히 빈 페이지를 쳐다보고 있었다. 켄드라는 내가 무언가를 써주길 바라는 눈치였다. 나도 그러는 게 좋을 것 같았다. 재미있겠군!

"좋아. 지금 무슨 생각이 드는지 말해봐." 내가 물었다. 켄드라가 무슨 말인가를 했는데, 공교롭게도 그 순간에 스티브가 뭐라고 말했다. 내가 자기에게 말하는 줄 알았나 보다. 스티브는 냉장고에 무엇이 있는지 물었다. 냉장고를 여는 건 딱히 어려운 일도 아니니 자기가 직접 가서 확인해보면 될 텐데.

그때 '삐-' 하고 호출기가 울렸다. 내가 컴퓨터였다면 지금 모래시계 아이콘이 뜨며 '생각 중'임을 표시했을 거다.

"미안, 잠시만. 뭘 좀 적고 올게." 켄드라에게 말했다.

다음 날, 헐버트와 그의 동료인 알렉 크럼 Alek Krumm 과의 화상 통화에서 첫 번째 관찰 결과를 뿌듯하게 공유했다.

"목요일 저녁 7시 10분. 소리가 울리기 전, 저는 남편 스티브에게 짜증스러운 표정을 지었어요. 그리고 입꼬리가 아래로 내려갔죠. 짜증 난 얼굴을 하고 짜증 나는 감정을 느끼고 있었어요."

박수를 받기 위해 잠시 말을 멈췄다. 정확성부터 상세함까지, 나는 역대 가장 뛰어난 DES 참가자일 거다. 크럼의 예쁘고 각진 얼굴은 무표정했고, 헐버트는 생각에 빠진 듯 보였다. 둘 다 내게 질문을 던졌다.

"표정을 짓고 있다는 사실을 인지적으로 알았나요, 아니면 얼굴 근육이 당기는 걸 느끼고 자신이 찡그리고 있다고 추론했나요?"

"감정과 신체적 감각이 차례로 발생했나요, 아니면 동시에 발생했나요?"

"각 경험이 의식적 경험에서 차지하는 비율은 몇이었나요? 70대 30? 아니면 50대 50?"

"그리고 가장 중요한 건, 삐- 소리가 나기 '전에' 짜증 난다는 감정을 느꼈다고 확신하나요?"

"네, 그 소리 때문에 짜증이 더 심해졌어요." 내가 말했다.

어제 헐버트의 말을 듣고 기분이 나빴던 건 지금 느끼는 바에 비하면 아무것도 아니다. 헐버트와 크럼은 폭탄을 해체할 때나 필요한 수준의 세심함과 정확도로 내 인생에서 임의의 순간을 기억해내라고 하고 있었다.

무례하지 않게 이 말을 꺼낼 방법을 떠올리고 있을 때, 헐버트가 마음속에 무엇이 있는지 설명하는 건 많은 사람이 생각하는 것보다 훨씬 더 어렵다고 말했다.

"어떤 사람들은 화가 나면 '빨간색이 보였다.'라고 묘사합니다. 마치 빨간색 렌즈의 안경을 쓰고 있는 듯 정말 상세하게 말이죠. 반면 어떤 사람들에게 '빨간색이 보였다.'는 전적인 은유입니다. 그들 경험에 빨간색 특징은 전혀 없죠." 헐버트가 말했다.

인정하기 싫지만 그의 말이 맞다. 나는 대부분 사람이 말하는 '양 세기'가 무엇인지 모르는 채 40여 년을 살았으니까. 말은 드러내는 것만큼 숨기고 있는 것도 많다.

"그런데 우리는 일반적으로 (DES 분석의) 첫째 날 결과는 그냥 무시합니다. 실수를 할 가능성이 너무 크기 때문이죠." 헐버트가 말했다.

"그럼요. 당연하죠." 눈이 접시만큼 커진 내가 대답했다.

아무것도 없음

그렇게 우리는 7주를 더 관찰했다. 나는 매주 몇 시간씩 헐버트의 호출기를 착용하고 '삐-' 소리가 울리면 내면의 경험을 적었다. 생각하는 과정에서 내 마음을 더 잘 파악하게 됐다고 느껴졌다. 그 비결은, 소리가 들리는 '즉시' 내 의식 속 생각을 하나도 빼놓지 않고 아주 자세히 적는 것이다. 귀찮아서 건너뛰고 적지 않으면 나중에 기억할 수 없을 테니 말이다.

관찰 결과 내 인생에서 37개의 개별적인 순간을 포착하고 분석할 수 있었다. 그러나 마무리하기 전에 세 명이 모든 순간을 다시 검토하고 서로의 의견이 일치하는지 확인했다. 마지막으로 결과가 나오면 내게 전화가 걸려올 것이다.

내게서 발견되는 가장 흔한 의식적 경험은 '아무것도 없음'이다. 6분의 1 정도의 시간 동안 내 마음은 그저 텅 비어 있었는데, 헐버트는 이것이 꽤 드문 사례라고 말했다. 헐버트와 크럼은 여기에 만족하지 않았다. 나는 두 가지 다른 차원에서 '아무것도 없음'의 여섯 가지 변형을 경험했다. '나는 내가 생각을 하고 있다는 사실을 아는가? 그리고 내가 무슨 생각을 하는지 아는가?' 이 질문은 매우 구체적인 사고('막냇동생이 군복을 입은 모습에 다 컸다는 생각이 든다.') 부터 다소 모호한 사고('지금 생각은 하고 있는데 무언가에 관해 생각하는지는 모르겠다.'), 특히 더 모호한 사고('지금 어떤 것에 관해서도 생각하고 있지 않다는 사실을 알고 있다.'), 그리고 무의 경지('무엇을 생각하는지, 생각은 하고 있는 건지 전혀 모르겠다.')에 이르기까지 다양한 경험으로 정리됐다.

두 번째로 흔한 의식적 경험은 감각적 자각이었다. 예를 들면 흰 종이와 거기에 적힌 글자 사이의 선명한 대비를 알아차리거나, 빵 부스러기의 희디흰 색을 인지하는 것이다.

세 번째로 흔한 건 단어였는데, 미리엄의 내적 독백과는 전혀 다르게 의미 없는 개별 단어나 글자들이었다.

전반적으로는 내 말이 맞았다! 나는 내 마음속에서 무슨 일이 일어나는지 '알고' 있었다. 대부분 아무 일도 일어나지 않았다. 묘하게 이긴 듯한 기분이 들었다. 머릿속은 텅 비었을지 모르지만, 적어도 그 사실을 알고 있었으니까. 이 역시 지각 아닌가.

한편 나는 거대한 감정이 나를 덮칠 것이라고 예상했는데, 이는 틀렸다. 실수한 까닭은 내가 무언가를 느낄 때면 감정이 불쑥 튀어나와 나를 압도하기 때문인 것 같다. 다행히도 그런 일이 자주 일어나지는 않는다.

크럼과 헐버트는 한 편의 논문을 작성하고 있었다. 오롯이 나를 주제로! 특이하게도 텅 빈 내 정신에 관해 그들은 이렇게 적었다.

세이디가 사고의 내용을 파악하지 못한 채 직접적으로 사고의 경험을 파악한 것은 DES 참가자 중에서도 드문 사례다. 사고를 경험하는 대다수 사람은 사고의 '대상'을 경험한다. 사고의 '방법'이나 사고를 했다는 '사실'보다 (대개는) '대상'에 집중한다. 마찬가지로 의미가 있는 내용을 단어 또는 글자 단위로 경험하는 것 역시 DES 참가자들에게서 찾아보기 어려운 사례다. 대다수의 DES 참가자는 단어 자체에 특별히 관심을 두지 않으며, 단어는 의미 전달을 보조하는 수단으로 여긴다. 경험에 관한 한 사람들은 일반적으로 유의미한 표현을 (내적으로 또는 밖으로 소리 내어) 말하지, 일련의 단어를 말하지는 않는다. 단어에 대한 세이디의 경험은 개별 단어 자체에서 의미적 역할이 제거되거나 분리된 경우가 많았다. 물론 그녀는 유려한 말들로 구성한 의미 있는 문장을 말하고 (또는 대부분의 경우 읽고) 있었지만, 그녀의 경험은 의미에 관한 것이 아닌 단어에 관한 것이었다. 이는 상당히 독특한 사례에 해당한다.

크럼과 헐버트는 내 안면인식장애와 (아마도 겪고 있을) 아판타시아가 더 큰 심맹mind-blindness의 일부일 것으로 의심했다. 내 뇌의 나머지 부분이 무슨 일을 하는지 '내'가 모른다는 것이다.
이에 대해서는 다음과 같이 설명했다.

세이디의 경험에서 발견되는 주된 특징이자 매우 독특한 특징 중 하나는, 자기 생각과 감정적 내용을 파악하지 못하는 것이라고 할 수 있다. 즉 세이디는 종종 생각하고 있는 대상을 파악하지 못한 채 자신이 생각하고 있다고 인식하며, 단어들을 연결하는 의미를 직접적으로 파악하지 못한 채 자신이 단어들을 만들어내고 있음을 인식한다. 이는 얼굴을 보고도 그 얼굴이 누구의 얼굴인지 파악하지 못하는 세이디의 특성 중에서도 상위에 있는 특성이 아닐까?

그런 것 같기도 하다. 내가 놀란 점은, 이것이 모두에게 해당하는 건 아니라는 사실이다.

상상할 수 있는 가장 엄격한 자기 보고 프로젝트에 참여했지만, 자기 보고는 자기 보고다. 나는 무의식중에 멋쟁이 클럽에 들어가려고 계속해서 체중계에 오르고 있는지도 모른다.

아판타시아 환자들은 꽤 대단하다. 아판타시아 서브레딧(소셜 뉴스 웹사이트 레딧Reddit의 주제별 하위 그룹 - 옮긴이)에서 눈팅을 하다가 다들 얼마나 똑똑한지 보고 크게 감탄했다. 이 사람들은 자기가 알아서 모든 아판타시아 논문을 읽고 그것을 이해하려 노력했으며, 이들이 진행하는 토론은 특별할 정도로 협력적이고 정보도 풍부하다. 시각화를 하지 못하는 건 과학적 사고방식과 밀접히 연관된 듯 보인다.

그래서 나도 내가 아판타시아 환자에 속하는지 아닌지 객관적 증거를 찾으려 애쓰는 것 같다.

크레이그 벤터

아판타시아가 멋쟁이 클럽이라면, 클럽장으로는 크레이그 벤터 Craig Venter를 후보로 추천하고 싶다. '생물학계의 악동'으로 불리는 벤터는 회사를 창업해 인간 게놈의 염기서열을 해독하는 경쟁에서 자신의 전 직장인 미국 국립보건원을 이긴 것으로 유명하다. 이후 벤터는 요트를 타고 유유자적 돌아다니며 해양 미생물의 DNA를 수집하고 탄소를 먹으면서 바이오 연료를 뱉어내는 합성 생명체를 창조하고자 노력해왔다.

내가 그의 회고록인 『크레이그 벤터 게놈의 기적』을 집어 든 이유는 그 역시 아판타시아 동료라고 들었고, 아판타시아 자서전 작가가 되기라는 독특한 도전 과제를 어떻게 극복했을지 궁금했기 때문이다.

전반적으로 자서전은 줄거리에 초점을 맞추고 있었고 시각적인 묘사는 많지 않았다. 아주 없지는 않았는데, 베트남에서 벤터는 "폭탄으로 상흔이 남은 논과 폐허가 된 초가집 마을"을 본 기억을 떠올린다. 심지어 자신이 설계한 요트를 시각화했다고 주장하는 구체적인 사례도 실려 있다. "요트의 틀을 짰을 때, 그러니까 완성된 보트의 모든 상세한 부분을 상상력으로 채웠을 때가 이 프로젝트에서 가장 좋았던 부분이다. …… 완성된 보트가 제작 중에 머릿속에 그렸던 모습에 미치지 못하는 부분을 지금도 종종 발견하곤 한다."[4]

벤터는 실제로 시각화를 했던 걸까, 아니면 이는 그저 은유적인 표현에 불과한 걸까? 만약 은유적 표현이라면, 나도 할 수 있다. 12장에서 설명했듯, 나는 내 룸메이트를 창밖으로 던지는 상상을 하곤 했다. 하지만 이는 실제로 머릿속에 그린 게 아니라 개념적으로만 생각한 것이다.

시각적 기억력이 없으면 멋들어진 묘사를 하는 건 어렵다. 난 가끔 속임수를 쓰기도 한다. 〈아바타: 물의 길〉에 관해 쓸 때는 처음 10분을 다시 보면서 극장에서 3D로 봤을 때 어떤 느낌이었는지 떠올리려 했다. 내 기억과 영화를 본 직후 미리엄에게 남긴 정신없는 음성 메일을 대조해봤다. 내가 저장하고, 필사하고, 일기에 붙여 넣은 음성 메일이다. 그렇게 노력했음에도 이 책은 벤터의 책과 마찬가지로 감각에 기반한 세부 묘사는 부족할 것 같다. 그러나 (바라건대) 아이디어는 넘쳐난다.

내 책과 비교하면 벤터의 이야기는 액션으로 가득하다. 고등학교를 졸업한 뒤 그는 베트남 전쟁에 징병돼 다낭에 있는 해군병원의 응급실에서 복무했다. 고통을 잊기 위해 남중국해에서 수영을 하곤 했다. 어느 오후, 그는 발목에 이상한 감촉을 느꼈다. 손을 뻗어 의문의 물체를 집고 보니 독이 있는 바다뱀이었다. 놔주면 다시 물 것 같아 벤터는 맨손으로 뱀을 죽였다.

짧은 청바지를 입고 짝다리를 짚은 채 기다란 뱀을 휘두르며 해변에 서 있는 그의 사진을 보기 전까지 나는 그의 이야기를 아예 믿지 않았다. 벤터는 뱀 가죽을 보관했는데, 그 가죽은 그의 사무실에 지금도 걸려 있다.

벤터와 화상 통화를 하기로 약속한 시간이 20분밖에 남지 않았다는 걸 안 순간 나는 책을 덮었다. 그 대신 그를 과학보다 이익을 중시하는 병적인 자기중심주의자라고 비판하는 신문 기사 몇 개를 훑어보면서 남은 시간을 보냈다. 노트북에서 창을 새로 열었고 벤터가 화면에 나타났다. 그는 일흔여섯이라는 나이보다 훨씬 젊어 보였고, 정정하고 얼굴빛도 좋았다. 그의 뒤로 보이는 책장에는 범선 모형과 어니스트 헤밍웨이의 책이 놓여 있었다. 제목이 잘 보이지는 않았지만 『노인과 바다』일 확률이 높다.

"남들과 달리 시각화할 수 없다는 걸 처음 알게 된 건 언제인가요?"

"베트남전 이후였어요." 벤터가 답했다. 그와 그의 첫 번째 아내인 바버라Barbara는 함께 지역 전문대학에서 수업을 듣고 있었다. 바버라는 사진을 찍은 듯 정확히 기억하는 사진 기억력photographic memory을 지닌 덕분에 시험공부를 할 필요가 거의 없었다. 반면 사실을 기억하는 벤터의 기억력은 형편없었다. 그는 더 넓은 범위의 맥락에 맞는 대상만 기억할 수 있었으며, 세계에 대한 자신의 이해와 통합할 수 있어야 기억할 수 있었다.

"정말요? 저도 그래요!" 내가 말했다.

이 말을 하면서도 민망했다. 나를 벤터와 비교하는 건 말도 안 된다. 그는 당대 최고의 과학자 중 한 명이다. 나는 적당히 성공한 과학 작가일 뿐이고. 그렇지만 그의 설명은 내 경험과 '정확히' 일치했다.

"맞춤법은 잘 안 틀리세요?" 내가 물었다.

"7학년 때는 맞춤법 시험을 거부했어요. 수많은 단어를 외워서 다음 날 반복해야 하는, 세상에서 가장 멍청한 짓이라고 생각했거든요. 여전히 저는 맞춤법을 틀려요. 역사상 가장 어려운 맞춤법 시험인 인간 게놈 코드를 풀어낸 사람인데도 말이죠." 벤터가 말했다.

벤터에게는 말하지 않았지만, 나는 맞춤법 연새 살인마다(여기서도 나는 '맞춤법'과 '연쇄'를 잘못 썼다. 맞춤법 검사기를 개발한 사람은 아마 천국에 갔을 거다).

벤터는 고등학생 때 전 과목 평균이 D였다고 했다. "졸업도 '겨우' 했어요." 대학에 가서는 여러 이유로 성적이 올랐지만, 가장 큰 이유는 교수들이 그가 잘하는 것, 즉 개념을 이해하고 종합하는 능력을 높이 평가한 덕분이었다.

"대학 시절 평균은 B였는데, 특정 과목에서 B를 받은 적은 없어요. 대부분 A 아니면 C를 받았죠. 종합적 이해가 필요한 수업에서는 A를, 암기 위주 수업에서는 C를 받곤 했어요. 연구를 하기 시작하면서 제 개념적 사고 덕분에 동료들보다 앞서나갈 수 있다는 걸 깨달았습니다." 벤터가 말했다.

매우 익숙한 이야기다. 나 역시 고등학생이 되기 전까지는 D를 받던 학생이었다. 그러다가 갑자기 B+를 받기 시작했다. 벤터와 대화를 나누면서 그 이유를 알 것 같았다.

적어도 내가 다녔던 초등학교는 사실을 암기하고 선생님이 시키는 대로 암기한 내용을 써내는 것 위주의 교육을 했는데, 나는 맥락에서 벗어난 정보를 떠올리는 데 젬병이었다. 상식 퀴즈 팀에서 두 번이나 쫓겨난 적도 있다. 성인이 돼서도 맞춤법 실력은 여전히 나아지지 않았다. 어느 날은 글자 맞히기 보드게임을 하는 친구들에게 다가가 게임판을 세심히 살펴보다가 오류를 발견했다.

"'무릎'? '무릎'은 틀린 단어잖아!" 내가 말했다.

"맞는데?" 스티브가 말했다.

미국의 학교 시스템은 두뇌가 자연스레 세부 사항들을 파악할 수 있는, 즉 시각화 능력이 있는 사람들 위주로 돌아간다고 벤터는 생각한다. 한번은 전국에서 모인 고등학교 졸업생을 대상으로 졸업식 연설을 한 적이 있다면서 당시 얘기를 들려줬다.

"앉아 있는 친구들 중 몇 명이나 사진 기억력이 있는지 물었습니다. 98퍼센트 정도가 손을 들더군요. 자신이 아판타시아를 겪는다고 한 친구들은 2만 명 중 겨우 100명쯤 됐나 그랬을 겁니다. 제가 유전자 검사나 MRI 진단을 조기에 해야 한다고 주장하는 이유가 이것입니다. 그리고 아판타시아가 있는 사람들에게는 단순 암기와는 다른 교육을 제공해야 합니다." 벤터가 말했다.

암기보다 이해를 우선시하는 교육은 '모든 사람'에게 도움이 되지 않을까? 한편으로, 벤터가 말하는 유전자 검사는 결국 DNA로 운명을 결정짓는 영화 〈가타카〉 같은 미래를 불러오지는 않을까? 이 두 가지는 벤터에게 던지기 좋은 질문이지만, 답을 내기 그리 어려운 질문들은 아니다.

초등학교 시절에는 아판타시아가 커다란 단점이었지만, 큰 그림을 보고 사고하는 능력은 과학자이자 관리자로서 자신을 차별화하는 데 도움이 됐다고 벤터는 말한다.

"제 두뇌의 작동 방식은 제가 지닌 어떤 특성보다 제 성공에 크게 기여했을 겁니다. 단순히 그림을 보지 못하는 게 아닙니다. 세상을 바라보는 전체적인 방식 자체가 보통 사람들과 다른 거죠."

박쥐가 된다는 건
어떤 느낌인가

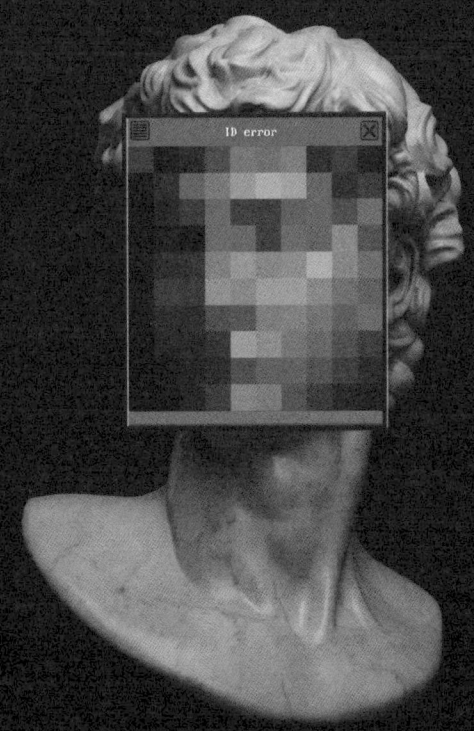

스페인 음식을 먹고 나면 드는 기분, 그 기분을 알지 모르겠다. 배는 부른데, 그것도 숨쉬기 힘들 정도로 부른데, 왠지 모르게 허한 느낌. 내가 대학 시절의 절반 내내 받았던 느낌이다. 모든 심리학 수업을 들었지만, 말로 할 수 없는 거대한 질문을 피해 가는 느낌이었다. '다른 사람이 된다는 건 어떤 느낌인가?'

다른 생명체의 주관적 경험을 이해하려는 내 욕심이 어딘가 잘못됐다는, 심지어 부끄러운 일이라는 느낌을 받았고, 나는 질문에 대한 답을 구하길 포기했다.

중년의 위기를 겪으며 이 질문이 다시금 절실히 수면 위로 떠올랐다. 세상 모든 사람은 기본적으로 타인 역시 자기처럼 생각한다고 여기는 것이 사실이지만, 이는 나처럼 독특한 정신을 지닌 이들에게는 더 큰 문제다. 우리의 특이성 탓에 타인의 행동을 오해하고 잘못 해석할 가능성이 더 크기 때문이다.

예를 들면, 나는 내 안면인식장애 탓에 내가 약간은 잘 알려져 있다고 늘 생각했다. 만난 적도 없는 사람들이 나를 아는 듯한 상황을 어떻게 설명할 수 있단 말인가?

또한 나는 대부분 사람에게는 있는 시각적 기억력도 없다. 그래서 다른 사람들이 내가 살이 좀 쪘다거나 새 원피스를 샀다면서 변화를 알아차릴 때 다소 소름 끼칠 정도로 나를 살핀다는 느낌을 받는다. 혹시 스토커는 아닐까!

세상에 드러나지 않은 신경다양성을 모두 이해하지 못한 탓에 내 가장 친한 친구들을 오해한 적도 있다. 미리엄은 자기가 원해서 과거에 집착하는 게 아니다. 나는 상상할 수 없는 방식이지만, 미리엄의 과거는 생각보다 현재에 가깝다. 시빌은 오븐을 켜놓고 나온 건 아닌지 걱정하면서 나를 짜증 나게 하곤 했는데, 집이 완전히 타서 잿더미가 되는 장면을 머릿속에서 생생히 상상한다는 사실을 알고 나니 이제는 그 염려를 더 공감할 수 있게 됐다. 스티브는 설거지하는 일을 '잊기로' 한 게 아니다. 진심으로 그냥 잊어버린 거다.

우리는 모두 각자 경험이라는 유리관에 갇혀 언어라는 가느다란 필라멘트로만 연결돼 있는 건 아닐까? 그렇다면 동물은 어떨까? 일테면 박쥐가 된다는 게 어떤 것인지 알 수 있을까?

철학자 토머스 네이글Thomas Nagel에 따르면, 답은 '아니요'다.

유명한 논문인 〈박쥐가 된다는 건 어떤 느낌인가?What Is It Like to Be a Bat?〉에서 네이글은 다른 생명체의 정신에 들어가는 것은 상상할 수 없다고 주장한다. 박쥐의 감각 능력을 배울 수는 있다. 박쥐가 시간을 어떻게 인지하는지, 어떤 장소에서 안전함을 느끼는지, 어떤 활동을 즐기는지 조사는 할 수 있다. 그러나 아무리 박쥐에 관해 박식해진다고 하더라도 '당신'이 박쥐가 된다면 어떤 느낌일지는 상상밖에 할 수 없다. '박쥐'가 박쥐가 된다면 어떤 느낌일지, 즉 태어날 때부터 박쥐였고 박쥐다움에 완전히 몰입한 삶을 살아온 '박쥐'가 박쥐가 된다는 것과는 완전히 다른 문제다.

이는 마치 내가 아무리 3차원으로 보는 법을 배우게 된다고 하더라도 평생 두 눈이 완전한 한 팀이 되어 살아온 사람들이 세상을 보는 법은 결코 경험할 수 없는 것과 비슷하다. 만약 당신이 한쪽 눈을 잃는다고 해도 내가 보는 것처럼 세상이 평평하고 밋밋하게 보이지는 않을 것이다. 당신의 뇌는 이미 3차원 세상의 모습을 알고 있으며, 나머지 세부 사항들을 채워나갈 것이기 때문이다.*

이런 한계가 있음에도 다른 생명체의 주관적 경험을 상상해봄으로써 얻을 수 있는 건 아직 많다. 인간은 시각에 의존하는 생명체이기에 시각적 비유를 사용하는 게 당연하다고 생각한다. 반면 개는 후각을 주로 사용한다. 냄새는 빛과 달리 잔존하므로, 개의 세상은 장노출 사진과 비슷할 것이다. 개들은 어제 인도에 떨어진 핫도그의 흔적을 '볼' 수 있다. 수많은 개가 오줌을 누고 간 나무 밑동에서 한 번만 냄새를 맡으면 누가 임신을 했으며 누가 우리 동네

---

* 올리버 색스에게 이와 같은 일이 벌어졌을 때 그의 시각적 세계는 이후 수개월에 걸쳐 차츰 축소됐다. 색스는 뇌졸중 때문에 색감을 인지하는 시각적 능력을 잃은 뒤 몇 년 동안 서서히 색에 대한 개념을 잃은 한 화가의 이야기도 들려줬다.

신입인지, 인간 아기가 태어난 탓에 뒷방 신세로 밀려나 스트레스를 받는 녀석은 누구인지 등 동네의 모든 소문을 파악할 수 있다.

다른 사람의 내면을 이해하려면 상당한 수준의 비약적인 상상력이 필요한데, 인간에게는 늘 그것이 부족하다. 하지만 시도한다는 사실이 중요하다. 그러지 않으면 알몸으로 쏘다니며 이상한 냄새가 나는 곳에 코를 박고 싶어 하는 개들에게 "우리 애기"라고 부르며 값비싼 인간 옷을 입히는 고문 같은 짓을 저지를 수도 있다.

인간은 자신들의 경험을 말로 설명할 수 있기 때문에 이해하기가 더 쉽지만, 모든 사람은 여전히 자기만의 개인적 경험이라는 유리관에 갇혀 있다. 이때 타인에 비해 내게는 조금 더 쉽게 다가오는 일이 무엇인지, 타인은 내가 잘할 것이라고 기대하지만 실은 잘하지 못하는 것이 무엇인지 잘 살펴보는 것이 도움이 된다. 대중문화가 여기에 유용할 수 있다. 영화는 보통 평균적인 사람을 대상으로 제작된다. 그렇기에 누가 누구인지 파악할 수 없는 탓에 줄거리를 따라가지 못한다면 안면인식장애를 가졌다는 강력한 단서가 될 수도 있다.

질문을 시작하고 더 세부적으로 파고들기를 두려워하지 않는다면, 놀라운 사실을 발견할 수 있다. 다들 아는지 모르겠다. 대부분 사람에게 왼쪽과 오른쪽은 위쪽과 아래쪽만큼 당연히 구별된다는 사실을 알고 있었는가?

당신이 신경전형인이라면 다음과 같은 삶을 살아온 내 인생을 이해하기 어려울 것이다. 눈을 뜨면 마치 그림처럼 평평해 보이는 세상이 펼쳐져 있다. 이 세상은 NPC non-player character, 즉 통제할 수 없는 플레이어로 가득하다. 누가 누군지 알 수가 없으니 말이다. 자동차는 소형차와 대형차 두 유형뿐이지만, 색상은 다양하다. 마음은 대개 평화롭지만 표면 아래서 들끓는 불안을 느낄 때도 있다. 무슨 생각을 하고 있는지는 말로 하거나 글로 적기 전까지는 알지 못한다. 답이 보이지 않는 상황에서는 산책에 나서거나 수영을 하며 결국 머릿속에서 답이 나오기를 기다리는 수밖에 없다.

내가 아직 모르기에 빼놓은 가장 큰 차이점이 있다. 정말로, 큰 차이점이다.

아판타시아 환자의 책 읽기

주관성에 대한 객관적 연구의 선봉에는 호주 뉴사우스웨일스대학교 조엘 피어슨Joel Pearson의 연구실이 있다. 한 연구에서 피어슨과 그의 연구진은 시각화가 가능한 사람과 불가능한 사람들을 모집해 이들에게 서로 다른 두 가지 영상을 보여줬다. 상어가 공격하는 무서운 사진들이 실린 영상과 상어가 공격한다는 무서운 이야기를 한 번에 한 구절씩 보여주는 영상이었다. 실험이 진행되는 동안 연구진은 감정적 각성을 보여주는 비자발적 지표로 참가자가 땀을 얼마나 흘리는지를 측정했다.

연구진은 피에 관해 읽는 것보다 물속에 퍼진 피를 보는 것을 더 두려워하리라는 가설을 세웠고, 그들의 가설은 사실로 드러났다. 시각화 가능자와 불가능자 모두 무서운 영상을 보는 동안에는 식은땀을 엄청나게 흘렸다. 반면 이야기를 읽을 때는 다른 현상이 나타났다. 시각화 가능자들은 머릿속으로 상어가 공격하는 장면을

상상했다고 보고했으며, 역시 식은땀을 흘렸다. 시각화 불가능자들은 느긋했고 땀을 흘리지 않았다.[1]

이어진 실험에서 연구진은 양안 경합binocular rivalry이라는 현상을 이용했다. 실험은 입체경을 활용해 양 눈에 각기 다른 이미지를 동시에 아주 짧게 보여준다. 참가자는 의식적으로 둘 중 하나의 이미지만 받아들인다. 피어슨과 제자들은 신경전형인의 경우 입체경을 보기 전에 이미지를 상상하게 하면 이미지 중 하나를 더 잘 본다는 사실을 발견했다. 그러나 이 방식은 아판타시아가 있는 참가자에게는 효과가 없었다.

이들은 동공 확장 반응을 활용한 또 다른 실험도 진행했다. 시각화 가능자들은 밝은색을 '상상하는' 것만으로도 실제로 밝은 빛을 바라보듯 동공이 수축했다. 이와는 대조적으로, 아판타시아가 있는 참가자들은 어떤 상상을 하든 동공의 크기에 변함이 없었다.[2]

이 일련의 실험들은 아판타시아가 내면의 경험을 전달하기 어렵기 때문에 발생하는 착각이 아니라 실재하는 현상이라는 증거를 제시한다. 내 동공과 땀샘도 '내' 자기 보고와 일치하는지 알아보고 싶어서 피어슨연구소의 박사후 연구원인 알렉세이 도스Alexei Dawes와 화상 통화 일정을 잡았다. 여유로운 태도와 서퍼 특유의 구릿빛 피부를 가진 도스는 내가 지닌 호주인에 대한 고정관념이 모두 사실임을 확인해줬다.

도스는 아판타시아 환자가 그 자체만으로도 흥미로운 존재이지만, 시각화의 작동 원리를 이해하고자 하는 연구자들에게 자연적인 '최고의knockout' 모델을 제공한다고 말했다.

예를 들어 상어 공격 연구의 결과는 언어보다 시각화가 감정에 더 강력히 연결돼 있다는 사실을 보여준다. 이를 고려할 때, 시각화 가능자의 기억이 아판타시아 환자보다 더 많은 감정을 불러일으키리라고 예상할 수 있다. 더불어 아판타시아 환자는 시각화 가능자만큼 책에 몰입하지 않으리라고 예상할 수 있다.

"책을 읽을 때 캐릭터와 장면을 상상하나요?" 도스가 물었다.

"아뇨? 전 그게 가능한지도 몰랐어요." 내가 대답했다.

전에는 좋아하는 책이 영화로 나온다는 소식에 열광하는 사람들을 이해할 수 없었다. 이제는 나도 알 것 같다! 좋아하는 책을 두고 머릿속으로 이미 배우를 캐스팅해놓고 의상을 입히고 배경을 상상해놨는데 감독이 다 망쳐버린다면, 속으로 저주를 퍼부을 거다.

"〈리딩 레인보우〉의 오프닝 장면 알아요?"

모른다는 그의 말에 설명해줬다.

"아이들이 책을 펼치면 마법의 성과 해적선이 나오면서 세상이 동화책처럼 변해요." 그러곤 노래를 시작했다. "하늘을 나는 나비보다 나는 두 배 더 높이 날 수 있죠. 한번 보세요, 책 속에 있어요. 리딩 레인보우 안에."

나는 지금껏 그 오프닝 영상이 멋모르는 애들을 속여서 책을 읽게 하려는 뻔한 수작이라고 생각하며 코웃음 쳤다. 이제는 그게 속임수가 아니었음을 알겠다. 많은 이에게 독서는 실제로 여러 감각을 활용하는 경험이었던 것이다.

통화를 마치기 전에 도스에게 실험 참가자가 더 필요하지는 않은지 물었다. 내가 원하는 건 심오한 과학적 통찰력을 얻는 것이라고 설명했다(호주로 휴가를 떠나면서 세금 공제까지 받을 기회라는 얘기는 빼고).

도스는 현재 데이터를 수집하고 있지는 않으니, 시카고대학교의 아판타시아 연구자인 윌마 베인브리지Wilma Bainbridge에게 연락해보라고 권했다. 그래서 연락을 취했더니 베인브리지는 고전적인 방식인 fMRI를 이용해 내 머리를 들여다보겠다고 제안했다.

너무 신이 난 나머지 오후에 집안일을 하는 내내 〈리딩 레인보우〉 주제가를 내 맘대로 바꿔서 불러댔다. 빨래를 다 개고 나니 가사가 이런 식으로 바뀌어 있었다.

> MRI 안에서는
> 거짓말할 수 없지
> 들여다보세요
> 내 뇌의 독특한
> 아판타시아를!

위치 시스템과 대상 시스템

3장과 9장의 내용을 기억한다면 시각 정보는 눈에서 시작돼 두개골의 맨 뒤로 전달된 다음 처리된다는 걸 알고 있을 것이다. 그 지점부터 코 쪽 방향을 향해 시각 영역 V1, 시각 영역 V2, 시각 영역 V3 등 넘치는 창의력으로 명명된 일련의 영역들을 따라 앞으로 향하며 정보가 처리된다.

약간의 설명을 생략했는데, 우리 뇌에는 두 개의 시각 처리 흐름이 있다. 각 흐름은 두개골 뒷부분에 닿을 때까지 별도의 경로로 진행된다. 코 쪽으로 돌아오는 길에 하나의 흐름은 위쪽 경로로, 다른 하나의 흐름은 아래쪽 경로로 이동한다. 배측 흐름이라고도 하는 위쪽 경로는 사물의 '위치'를 파악한다. 복측 흐름이라고 불리는 아래쪽 경로는 보고 있는 '대상'을 인식한다.

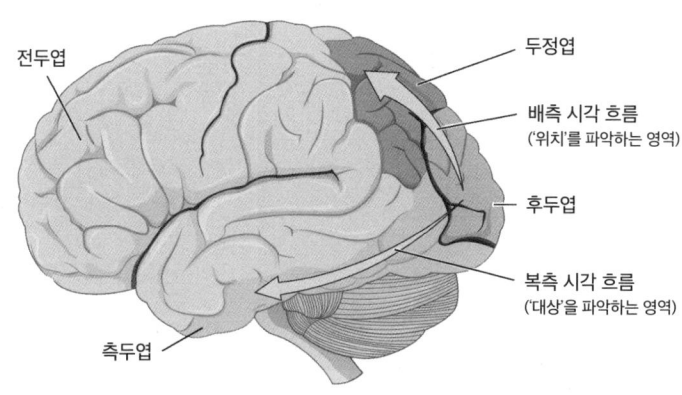

'위치' 시스템은 진화적으로 더 오래됐다. 색을 구별하지 못하며, 정보를 매우 빠르게 처리하는 대신 세부 사항은 잘 포착하지 못한다. 끈적거리는 혀로 파리를 잡아야 하는 생명체에게는 시각의 배측 흐름이 중요하다. '대상' 시스템은 비교적 최근에 진화했다. 더 느린 대신, 색을 구별하며 미세한 부분까지 포착할 수 있다. 이 복측 흐름은 사물을 식별하는 데 핵심 역할을 하며, 우리의 오랜 친구인 방추상얼굴영역을 포함한다.

시각화할 때도 우리가 무언가를 볼 때와 같은 시스템이 활성화

될 것 같지만, 실제 처리 과정은 반대로 진행되는 것으로 보인다. 즉 시각 처리는 뒤에서 앞으로 오지만, 시각적 상상력은 앞에서 뒤로 진행된다는 뜻이다. 아판타시아 환자의 경우, 시각화를 시도하면 '위치'를 담당하는 배측 경로가 활성화되지만 '대상'을 담당하는 복측 경로는 활성화되지 않는다는 증거가 나와 있다.

이 연구 결과의 출처는 베인브리지의 연구소다. 2021년 연구에서 연구진은 아판타시아 환자와 신경전형인에게 넉 장의 사진을 본 다음 기억을 더듬어 사진에 담겼던 것을 그리게 했다. 아판타시아 환자들은 대조군보다 더 적은 수의 사물을 그렸으며 색도 더 적게 사용했다. 하지만 기억하고 있는 사물들의 위치는 정확히 그렸다.[3]

신경전형인은 세부적인 사항을 더 많이 기억하는 반면 사진에 없는 사물을 그리는 경우도 더 많았다. 이 측면에서는 아판타시아 환자들의 정확도가 더 높았다. 본 것을 대부분 잊어버리지만, 일단 기억한다면 정확도는 더 높다.

이 역시 아판타시아 환자들이 과학을 좋아하는 이유 중 하나가 아닐까. 우리는 없는 것을 보는 것보다 있는 것을 못 보고 지나치는 게 더 낫다고 믿는다(이는 저널리즘에서도 마찬가지다).

나도 베인브리지의 그림 그리기 실험을 시도해봤는데, 다음에서 볼 수 있듯 많은 사물을 기억하지 못했고, 창문window, 싱크대sink, 찬장cabinets이라고 써서 표시했다. 아판타시아 환자들이 보이는 전형적인 증상이다. "아판타시아 환자들은 단어를 사용하는 걸 좋아해요." 베인브리지가 말했다.

또 식탁 중앙의 장식물을 와인을 마시는 요리사에서 맥주를 마시는 요리사로 바꾼 것도 눈에 띈다. 다시 말해, 해당 사진을 머리에서 정보화할 때 '와인'에서 '알코올음료'로 추상화의 수준을 한 단계 상향한 것이다. 그런 다음 개념에 기반한 내 기억을 구체적인 사물로 다시 변환하려 하자 엉뚱한 알코올음료를 선택하고 만 것이다.

사실 내 그림이 더 낫지 않은가? 이탈리아 셰프가 와인을 마신다니, 너무 뻔하지 않은가!

비행기를 타고 시카고로 날아가 다소 평범하게 생긴 건물의 거대한 로비에서 대학원생인 에마 메글라Emma Megla를 만났다. 우리는 인사를 나누며 위층으로 올라갔다. 메글라는 진료실처럼 보이지만 진료실이 아닌 방으로 나를 안내했다. 구석에는 모형 MRI 기계가 있었다. 뇌 스캔을 앞두고 불안해하는 사람들은 이 가짜 MRI 기계로 연습하며 거대한 자석에 익숙해지려고 노력한다.

"하지만 우리에겐 필요 없잖아요, 그렇죠? 전에 MRI 찍어본 적 있으시죠?" 메글라가 말했다.

"맞아요." 내 전적을 자랑하려던 그때, 아주 초보적인 실수를 했다는 걸 깨달았다. 스팽글 셔츠를 입고 온 것이다. 나는 셔츠에 달려 있는 반짝이는 원반들을 잡아당기며 메글라에게 물었다.

"이거 금속이에요, 플라스틱이에요?" 큰 키에 창백한 얼굴 위로 동그란 안경을 쓰고 있는 메글라는 소리 없이 지성을 발산하고 있었기 때문에, 나는 그녀가 알고 있으리라고 생각했다.

"병원 가운이 어디 있을 거예요." 조금 늦게 도착한 베인브리지가 말했다.

메글라가 노트북을 열고 사진으로 구성된 슬라이드쇼를 띄웠다. 내가 할 일은 이 사진들이 내게 얼마나 익숙하게 보이는지 평가하는 것이다.

누군가의 지저분한 방: 낯설다.
새까만 흑발에 미소 짓고 있는 여성: 낯설다.
우리 아빠: 완전 익숙하다!
내가 살던 아파트: 익숙하다.
내가 살던 동네에 있던 스타벅스: 그럼, 아주 익숙하지.

"이 사진들을 보냈던 걸 잊고 있었어요. 워싱턴 D.C.가 그리워지네요." 내가 말했다.

MRI 안에 들어가서도 같은 사진을 보지만, 이번 임무는 다르다.

각 사진을 본 다음 방금 본 것을 시각화해야 하는데, 시간이 단 몇 초밖에 주어지지 않는다. '몇 초'라니! 당신들은 언제든지 환각을 볼 수 있을 뿐만 아니라 아주 빠르게 환각을 떠올릴 수 있나 보네요.

나중에 교직원 식당에서 점심을 먹으며 베인브리지와 메글라에게 내가 시각화하는 법을 배울 수 있을지, 여기에 혹시 단점은 없는지 물었다. 적어도 물어보려고 시도는 했다. 카페인을 너무 많이 마신 탓에 내 질문은 거의 독백에 가까웠다.

"대규모 시력 치료 프로그램의 일부로 시각화하는 법을 가르치는 검안사를 찾아서 다음 주에 화상 통화를 하기로 했어요. 그런데 걱정이 되네요."

해로운 미의 기준으로부터 아판타시아가 나를 어떻게 안전하게 지켜주었는지에 대한 내 이론을 설명하기 전에 이렇게 운을 뗐다.

"제 말은, 물론 다른 사람들을 보면서는 그런 기준을 떠올리지만 저는 스스로를 볼 수 없기 때문에 내 외모에 신경 써야 한다는 걸 잊어요······."

두 사람은 너무 예의 바른 나머지 "아니에요."라고 말했지만, 지금의 내 외관이 내 이론을 뒷받침한다. 머리빗 챙기는 걸 깜빡해서 하나로 묶어 올린 포니테일이 새 둥지가 돼버렸다. 반면 베인브리지는 샴푸 광고에서 막 튀어나온 듯했다. 길고 웨이브 진 머리카락은 비현실적인 윤기로 찰랑이고, 그녀가 입고 있는 원피스에는 나와 달리 주름이나 먹다가 흘린 얼룩도 없다.

베인브리지는 내가 시력 탓에 원치 않는 일에 시달릴 가능성은 작다고 말했다.

"희미한 상이라도 보려면 정말 열심히 노력해야 할 거예요." 베인브리지가 말했다.

어쨌든 나는 과학을 위해, 그리고 경험을 위해 전진하기로 했다. 적어도 나머지 98퍼센트의 사람들이 어떻게 사는지 얼핏이라도 엿보고 싶었다.

"만약 성공하면 와서 다시 스캔해봐도 될까요?" 내가 물었다.

"물론이죠! 아마 그렇게 될 것 같네요."

나는 정말 무엇을 본 것일까

베인브리지의 연구소에 다녀온 다음 날, 일찍 일어난 나는 스타벅스에서 거대한 아이스티를 한잔 사서 마시고 무엇을 할지 고민했다. 오전 11시 일정까지는 아직 다섯 시간이나 남았기 때문에 약속 장소 방향으로 얼마나 갈 수 있을지 슬슬 걸어가 보기로 했다.

한 800미터쯤 걸었을까, 버락 오바마가 즐겨 찾던 아침 식사 식당이라는 쪽지가 붙은 식당을 발견했다. 내 눈에는 그저 작고 허름한 식당으로만 보였지만, 내가 누구라고 감히 전직 대통령의 판단력을 논하겠는가.

반쯤 마신 아이스티를 코트 주머니에 숨기고 식당으로 들어갔다. 종이 모자를 쓴 남자 직원들이 기다란 비말 차단막 뒤에 서서 플라스틱 접시에 음식을 담아내고 있었다. 나는 계란, 감자, 토스트를 주문하고 끈적이는 테이블에 앉았다.

식사를 하며 작은 기자 수첩을 꺼내 메모를 하기 시작했다. 마룻바닥은 거무칙칙한 갈색이고, 내 옆에 있는 사람들은 교회 갈 때 입을 법한 옷을 입고 그리스어로 들리는 외국어로 논쟁을 벌이고 있다. 커다란 유리창 위에는 아테네·뉴욕·시카고·런던의 시각을 표시하는 시계가 달려 있는데, 맞는 것이 하나도 없었다. 굉장히 인상적인 곳이다.

누가 보면 미식 평론가로 오해할 수도 있지만, 나는 심심할 때면 이렇게 수첩에 메모를 한다. 그냥 내가 재미있어서 사물이나 사람, 장면을 적곤 한다. 그 장면을 기억하는 것도 아니고 수첩을 잃어버릴 수도 있겠지만, 잘 적어놓으면 내 안에 오래 남기도 한다.

적는 데 몰두하다 보니 시간 가는 줄을 몰랐다(자주 일어나는 일이다. 아마 내 진단 목록에 '시간맹'이라는 단어도 넣어야 할까 보다). 이러다간 약속에 늦을지도 몰랐다.

식당을 나서는 길에 화장실에 들렀다. 그런데 마음이 급한 나머지 변기의 상태를 확인하지도 않고 앉고 말았다.

세상에, 이런 말도 안 되는 실수를 하다니. 웬 깊은 웅덩이 위로 엉덩이를 내렸는데 접촉의 충격으로 액체가 사방으로 튀었다. 바지를 타고 무언가가 흘러내려 속옷을 적셨다. 흰색이던 속옷은 녹슨 갈색이 됐다. 우웩, 진심으로 토할 것 같다. 나 지금 생리혈이 섞인 오줌 웅덩이에 앉은 거야?

바지와 속옷을 생물학적 위험 물질을 담는 수거함에 넣어버리고 싶지만, 상의가 허벅지까지 덮을 만큼 길지 않다. 이 토 나오는 옷을 입고 에어비앤비로 잽싸게 돌아가 갈아입어야겠다.

액체가 적어도 따뜻하지는 않아서 다행이다. 따뜻했다면……. 생각보다 차갑다. 응? 얼음장 같은데? 이상하다.

내 아이스티! 코트 주머니에 넣은 걸 깜빡했다. 변기 위에 앉을 때 뒤집혀서 음료가 사방으로 쏟아졌나 보다. 주머니를 뒤지면서 주변을 훑어봤다. 화장실 바닥에 흩뿌려진 얼음과 거의 빈 스타벅스 컵, 증거 확보. 엄청난 안도감이 몰려왔다. 그 덕분에 그날은 내내 기분이 좋았다.

택시에 탄 나는 택시 기사에게 이 모든 이야기를 들려줬다. 나는 끔찍하거나 이상한 일이 생기면 가능한 한 빨리 누군가에게 말하곤 한다. 내겐 다른 사람들처럼 혼자서 조용히 이야기를 끄적일 마음의 메모장이 없다. 소리 내어 말하거나 글로 써야 하는데, 그 과정에서 내가 겪은 모든 것을 이야기의 형태로 만들어야 한다. 이야기는 논리적이어야 하고, 무관한 줄 알았던 정보도 결국은 관련이 있는 내용이어야 하며, 사람들의 관심을 끌 정도로 흥미로워야 하고, 고전적인 전개-갈등-해결의 구도로 나눌 수 있어야 한다.

심리학자 댄 매캐덤스Dan McAdams에 따르면, 삶을 이야기화하는 것은 삶을 이해하는 좋은 방법이라고 한다. 서술적 구조가 없다면 삶은 그저 무작위로 발생하는 이해할 수 없는 사건들의 연속일 뿐이다. '우리는 차갑고 무심한 바다에 이리저리 치이는 선원이다.' 매캐덤스는 삶을 이런 식으로 보는 사람들에게 우울감이 나타나며 능력이 떨어지는 경향이 있다는 사실을 발견했다. 도전해서 승리하거나 졌지만 적어도 교훈을 얻은 '나'라는 이야기의 주인공이자 영웅으로 자신을 바라보는 편이 더 낫다. 엄밀히 따지면 무관심한 세상이라는 이야기가 더 정확할지 모르지만, 인간에게는 앞으로 나아갈 동기가 필요하다. 그렇지 않으면 그 자리에 멈춰 서 절망할

뿐이다.[4]

모든 사람이 이야기꾼이긴 하나, 나는 다른 누구보다 더 이야기에 집중하는 편이다. 대학 시절에는 친구들이 '이야기 시간Story Time'이라고 적힌 깃발을 만들어주기도 했다. 내 기억력이 너무 나쁘기 때문에 그런 건지, 아니면 그런 성향이 내 글쓰기 능력의 원천인지 궁금해진다.

이야기를 재잘대는 동안 날씨는 '아름다운 봄 날씨'에서 '겨울 같은 날씨'로 변했다. 택시 기사에게 안녕을 고하고, 진눈깨비를 뚫고 전력 질주해서 평범한 건물로 들어가 '플로트 식스티Float Sixty'라고 쓰인 문구를 따라갔다.

플로트 식스티는 감각 차단 탱크를 갖춘 소규모의 체인형 건강센터다. 대부분 사람은 스트레스 해소를 위해 이곳에 오지만, 나는 시각화 탐구를 위해 왔다. 어둠 속에서 체온과 비슷한 온도의 물 위에 떠 있다 보면 뇌가 너무 지루해진 나머지 어쩔 수 없이 어떤 이미지라도 떠올리지 않을까 하는 바람이다.

확률도 꽤 있을 것으로 보인다. 감각 차단을 시도하는 사람들은 대부분 환청이나 환시 등 정신병적 증상과 유사한 경험을 한다.[5] 일례로, 조 로건Joe Rogan은 정글에서 원주민들이 자신들의 모국어로 나누는 대화를 듣는 생생한 환각을 경험했다. 게다가 그는 영문은 알 수 없지만 그들의 대화를 이해할 수 있었다. "정말 극적이었어요. 비 냄새가 났죠. 공기 중의 습기도 느낄 수 있었어요. 제 주위를 둘러싼 나뭇잎이 보였고, 숲의 소리를 들었습니다."

물론 로건의 환각이 그저 감각 차단 탱크뿐만이 아니라 '약에 취한' 탓도 있다고 덧붙였을 때는 다소 실망스러웠다.

나는 (카페인을 제외하고) 어떤 약물도 사용하지 않을 거다. 비자발적 환각은 시각화가 아니기 때문이다. 많은 아판타시아 환자도 약을 이용하면 환각을 볼 수 있다. 우리 대부분은 시각적 표상의 형태로 꿈을 꾼다. 우리에게 부족한 건 의도적으로 시각화를 하는 일인데, 이는 전전두피질이 우리 두개골 뒤쪽의 시각 영역으로 명령을 보내려 하지만 메시지가 전달되지 않는 것과 같다. 하지만 뇌의 다른 영역에서 시각적 정보를 요청하면 시각 영역은 기꺼이 응답한다.

나는 개별실로 안내받았고, 축축한 옷을 벗고 따뜻한 소금물 욕조로 미끄러져 들어갔다. 조명에는 모션 센서가 달려 있어 곧 꺼질 것이다.

일단은 멍하니 있다가 무엇이든 보이는 게 있는지 살펴보려 한다. 이 방법이 통하지 않는다면 스트리밍이라는 방법을 활용해 마음의 눈으로 '보이는' 모든 것을 소리 내어 말해볼 작정이다. 먼저 눈을 가볍게 비벼 여러 색이 섞인 얼룩이 나타나게 한다. 부디 내 뇌가 이 로르샤흐Rorschach 검사지 같은 얼룩에서 무언가 흥미로운 걸 찾길 바란다.

심호흡을 하고 점진적인 이완 운동을 하며 감각을 통해 내 몸의 상태를 살폈다. 발가락부터 발목, 그리고…… 잠이 들었다. 나는 온몸에 경련을 일으키며 깼다. 기묘한 감각이 느껴졌다. 내 몸과 탱크 사이에서 파도치는 소금물 때문에 더 이상하게 느껴졌다. '여긴 어디지? 나는 왜 물에 떠 있는 거야?' 아, 맞다. 이제 기억났다.

이번에는 눈꺼풀 너머로 '보이는' 것에 주의를 집중한다. 대개 검은색 바탕에 녹색과 적색의 음영이 보인다. 잠시 후 오른쪽 눈에서 연한 녹색 빛이 깜빡인다. 왼쪽으로 요동치며 움직이는 녹색 빛을 나도 따라간다. 그러다가 다시 잠들었다.

잠에서 깬 나는 제발 집중하자며 자신을 다독였다. 최대한 눈을 크게 뜨고 탱크 속의 컴컴한 구석을 응시했다. 왼쪽 눈에 불그스름한 작은 점이 나타났고, 이를 더 선명히 보기 위해 오른쪽 눈을 가렸다. 점은 점점 커졌고, 중앙 부근이 어두워지면서 가장자리가 부채꼴 모양으로 변했다. 나는 태어나 처음으로 시각화를 하고 있었다! 만화책에 그려진 효과음 말풍선처럼 보였다(단, 펑! 쾅! 하는 효과음은 쓰여 있지 않았다).

솔직히 말하면, 기대보다는 별로였다. 다시 옷을 입고 안내 데스크로 향했다.

"어떠셨어요?" 직원이 물었다.

"흥미로운…… 경험이었어요." 내가 답했다. 직원은 기대에 찬 표정으로 다음 문장을 기다렸다. 머리를 쥐어짜서 한마디 더 했다. "무척 편안했어요."

일정을 마치고 나오는 길, 다시 화창하게 돌아온 날씨를 보고 감격했다. 친구를 만나러 가는 기차에 올라타며 내 경험에 의문을 품기 시작했다. 내가 '정말' 무언가를 본 걸까? 아니면 절박하게 무언가를 보고 싶은 나머지 안내섬광phosphene(안구에 가해진 물리적 압력으로 생기는 빛의 감각-옮긴이)을 보고 흥분한 걸까?

아판타시아에는 특히 타인이 확인할 수 없는 감각 경험을 의심하는 경향이 동반되는 걸까? 내 시력은 팅커벨 같은 것인지도 모른다. 믿어야만 존재하는.

감각 차단 탱크에서 본 희미한 환영은 플로리다주 게인스빌에서 보낸 이상했던 저녁을 떠올리게 했다. 3학년이 되기 전 여름, 나는 플로리다대학교에서 연구 조교로 일할 기회를 얻었다. 표면적인 목표는 대학원에 발을 담가보는 것이었지만, 진정한 동기는 남자친구 닐과 함께 여름을 보내고 싶어서였다.

닐의 룸메이트들과 어쩌다가 첫 단추를 잘못 끼웠는지 모르겠다. 아마 내가 DJ는 진짜 음악가가 아니라고 말했기 때문일 거다. 아니면 반복적이고 쿵쿵거리는 음악을 견디기 위해 파티용 마약 같은 걸 먹냐고 물었을 때였나.

"한번 해볼래?" 닐의 룸메이트 중 한 명인 대니엘Danielle이 내 도전을 받아쳤다.

"괜찮아." 나는 말하며 닐의 방으로 후퇴했다.

안타깝게도 그 마을에는 마약 말고는 할 일이 거의 없었다. 그래서 그곳에서 보내는 마지막 밤, 나는 해보겠다고 말하고 말았다. 대니엘은 젤 형태의 LSD 반 알을 건네며 혀로 녹여 먹으라고 했다.

"효과가 나타나려면 좀 지나야 할 거야." 그녀가 말했다.

사람들이 사전 파티에 도착하기 시작했다. 주로 나는 잠자리에 들고 나머지 사람들은 클럽에 가는 것으로 마무리되는 행사다. 도착하는 손님들은 여느 대학생이 그렇듯 얼빠진 얼굴들을 하고 있었다.

"경영학 전공이에요?" 잔뜩 긴장하고 있는 남자에게 물었다. "왜 그걸 택했어요? 무엇을 배우죠? 돈 버는 방법?"

"네. 바로 그거요." 남자가 대답했다.

졌군. 감자칩 봉지를 움켜쥐고 닐의 방으로 돌아가 책을 읽었다. 간식이 떨어졌을 때 다시 파티장으로 돌아갔다.

"아직 아무 느낌도 없어?" 대니엘이 물었다.

"아무 느낌도 안 나는데."

이렇게 될 줄 알았다. 심리학 전공자로서 배운 한 가지가 있다면, 사람들은 외부의 영향을 받기 쉽다는 사실이다. 술이라고 하면서 펀치(약간의 술을 섞은 과일 음료-옮긴이)를 주면 사람들은 술 취한 바보처럼 행동하기 시작한다. '내가 이럴 줄 알았어! 비싸게 팔아먹는 파티용 약은 모두 플라시보라고.'

"정말로?" 대니엘이 물었다.

"응, 정말로." 나는 눈을 굴리며 말했다.

대니엘이 이번에는 알약 하나를 통째로 주면서 한 시간 후에 다시 보자고 했다.

연기가 자욱한 아파트를 피해 밖으로 나간 나는 금세 길을 잃었다. 쿵쿵거리는 베이스 소리를 따라 끝없이 이어진 마당을 헤맸다. 잔디가 정말 많았다! 벽돌 건물도 많았다. 다리가 부러진 싸구려 플라스틱 현관 의자도 잔뜩 있었다. 나는 어느 정도 시간이 지나서야 내가 빙글빙글 돌고 있다는 사실을 깨달았다.

친절한 나방 한 마리가 나를 가엾이 여기지 않았다면 나는 아직도 그곳에 있을 거다. 커다란 털북숭이 나방이 내 어깨에 앉아 더

듬이를 흔들며 내게 따라오라는 신호를 보냈다.

'나방맨, 내 구세주이자 내 배트 시그널bat signal(《배트맨》 시리즈에서 제임스 고든이 배트맨을 부를 때 사용하는 탐조등 - 옮긴이). 내가 곤란할 때 나타난 날개 단 유령이여.'라고 나는 생각했다. 어쩌면 소리쳤을 수도 있다.

어떻게 아파트로 돌아왔는지는 모르겠지만, 어쨌든 잘 왔다. 그리고 내 자리인 소파로 돌아갔다. 대니엘은 이 가짜 약을 얼마에 샀을까? 분명 내게 약값을 받아 갈 테니 비싸지 않기를. 내 머릿속에는 칠칠히 못한 행동부터 시끄러운 음악을 틀어대던 것, 그런데도 나보다 더 섹시한 모습까지, 그해 여름 대니엘이 나를 짜증 나게 했던 모든 것이 떠올랐다. 하지만 방 반대편에서 대니엘을 바라보며 가장 짜증 나는 부분은 그녀의 소용돌이치는 페이즐리 문양의 눈동자라는 것을 깨달았다.

감자칩을 한 움큼 쥐려 했으나 그릇이 내 손을 피해 도망갔다. 어떤 여자가 내 옆에 앉았는데, 그녀의 머리카락에 뱀이 있다는 사실을 정중히 못 본 척했다. 여자는 내게 닐과 대니엘을 어떻게 아는지 물었다.

"글쒜에." 나는 내 의사를 확실히 전달했다고 생각한다.

산적한 증거가 있음에도 나는 내가 취하지 않았다고 굳게 믿었다. 이틀이 지나서야 나는 평소에 나방과 대화를 하거나, 샤워를 하면서 타일에 바르는 회반죽의 기적에 관해 45분 동안이나 생각하진 않는다는 사실을 깨달았다. 확실히 LSD 한 알 반은 '많은 양'이다.

기대가 현실을 만든다는 내 생각이 맞았다. 그 법칙이 내게도 적용된다는 사실을 잊고 있었을 뿐이다.

일화기억과 의미기억

켄트 코크런Kent Cochrane은 우리가 흔히 생각하는 온순한 캐나다인이 아니었다. 어렸을 때는 직접 만든 모래사장이나 사막용 사륜차를 탔다(가끔은 갖다 박기도 했다). 성인이 돼서는 오토바이를 타고 토론토 시내를 돌아다니며 밤늦게까지 술을 마셨고, 때로는 술집에서 싸움에 휘말리기도 했다. 이 모든 방탕한 생활은 1981년 갑작스레 막을 내렸다. 오토바이를 타고 가던 코크런이 고속도로 나들목에서 미끄러지면서 심리학의 역사 속으로 들어왔기 때문이다.

코크런의 뇌 손상은 광범위했다. 사고로 양쪽 뇌 모두 심하게 손상되면서 뇌 심부에 있는 해마 두 개가 파괴됐다.

그런데도 코크런은 인상적인 회복 속도를 보였고, 거의 정상으로 회복된 듯 보였다. 한 가지 눈에 띄는 문제만 제외하면 말이다. 코크런은 자신의 화려했던 삶을 기억하지 못했고, 새로운 기억도 형성하지 못했다.

그는 카드놀이를 하는 '방법'은 알았지만, 카드 게임을 즐겼던 기억은 전혀 떠올리지 못했다. 동생이 결혼했다는 '사실'은 알았지만, 복슬복슬한 파마머리를 하고 나타나 가족들을 놀라게 한 적이 있다는 기억은 떠올리지 못했다. 술집에서 싸움이 나서 팔이 부러진 적 있다는 '사실'은 알았지만 당시 사건에 관한 개인적인 기억은 없었다.

유명한 심리학자인 엔델 툴빙Endel Tulving이 코크런을 연구했고 그의 특이한 뇌 손상으로 일화기억episodic memory 능력, 즉 개인적인 기억을 회상하고 머릿속에서 다시 경험하는 능력이 사라졌다는 결론을 내렸다. 코크런의 의미기억semantic memory, 즉 사실에 관한 기억은 그대로 남아 있었다.

툴빙은 코크런의 사례를 통해 이 두 기억 유형이 서로 다른 뇌 구조에서 비롯된다는 사실을 보여줬다. 코크런의 사고 때문에 가장 큰 손상을 입은 해마는 일화기억을 생성하고 다시 불러오는 데 중요한 역할을 하지만, 사실을 기억하는 데는 불필요할 수도 있다.

해마에 일화기억이 저장되는 건 아니다. 해마는 특정 순간에 일어나는 모든 뇌 활동을 한데 묶어 경험의 다양한 요소를 연결해주는 중앙 허브 역할을 한다. 해마는 이 복잡한 정보망을 부호화해 각 사건에 고유한 '이름표'를 붙인다. 그리고 이 이름표가 해당 경험의 세부 정보가 저장된 뇌의 각 영역으로 전송된다. 기억을 불러오고자 할 때 해마는 이 이름표를 다시 활성화해 뇌 전체에 분산돼 있는 모든 요소를 불러와 퍼즐을 맞추듯 전체 기억을 재구성한다. 그렇기에 해마 자체에 기억이 저장되는 것은 아니지만 우리가 경험을 떠올리고 다시금 생각할 때 해마는 굉장히 중요한 역할을 한다.

과거를 복기하고 상상한 미래에 스스로를 투영하는 능력은 인간만이 가진 정신적 힘이라고 툴빙은 말한다. 코크런은 뇌 손상 탓에 실수로부터 배우거나 미래를 꿈꿀 수도 없이, 현재에 영원히 갇혀버렸다.

증거를 제시한 한 가설에 따르면, 인간 외의 동물들은 현재를 산다. 1998년 발표된 한 연구에서 짧은꼬리원숭이와 침팬지는 연구진이 그들에게 바나나를 다섯 개 주든 열 개 주든 상관하지 않는 듯 보였다. 몇 개를 주든 원숭이와 침팬지는 배를 채웠고, 이 영장류들은 언제 다시 배가 고플지 미리 생각하지 못하는 듯했다.

그러나 2007년 새로운 연구가 이 가설에 도전장을 던졌고, 나는 툴빙에게 전화를 걸어 그의 의견을 물었다. 어쩌다 보니 우리는 툴빙의 반려묘인 캐슈Cashew에 관해 이야기하게 됐다.

"동물들은 다윈의 사상을 아주 잘 따릅니다. 있는 그대로의 환경에 적응하죠." 툴빙이 말했다. "제 고양이는 여러 면에서 아주 영리합니다. 고양이는 수천만 년을 완벽히 생존해왔죠. 하지만 세상의 어떤 것도 바꾸지 않습니다."

고양이는 아마 현재에 갇혀 있을 테지만, 과학자들은 덤불어치, 유인원, 벌새, 심지어 실험실 쥐를 비롯해 많은 동물에게 일화기억이 있다는 증거를 발견했다. 예컨대, 한 쥐 실험에서는 쥐를 방사형 미로에 넣고 일부 구간에 인공 과일 향이 나는 간식을 놓았다. 그리고 한 시간 뒤와 여섯 시간 뒤에 쥐들을 다시 미로로 돌려보냈다. 한 시간 뒤에는 앞서 먹었던 간식이 없었다. 여섯 시간 뒤에는 마법처럼 간식이 다시 채워져 있었다.

쥐들은 여섯 시간이 지나야 과일 맛 간식이 채워진다는 사실을 깨달았고, 한 시간 후 미로로 되돌아갔을 때는 간식을 찾으려 애쓰지 않았다. 이 실험 결과는 쥐들이 어떤 사건과 관련해 장소(미로의 어느 구간에서), 대상(과일 맛이 나는 것과 나지 않는 것), 시기(한 시간 후 또는 여섯 시간 후)를 기억할 수 있음을 증명했다.[1] 이를 바탕으로 연구진은 동물에게도 일화기억이 있다고 주장했다.

툴빙은 이 모든 실험이 훌륭하지만, 동물이 정신적 시간 여행이라는 주관적 경험을 했다는 것을 증명하지는 못했다고 말했다.

"그렇지만 쥐가 주관적으로 느끼는 감정을 우리가 어떻게 알 수 있죠? 물어볼 수 있는 것도 아니고요." 내가 물었다.

"우리의 한계죠. 하지만 과학에는 어려워도 반드시 추구해야 하는 문제들이 있습니다." 툴빙이 대답했다.

그와 대화를 마친 뒤 나는 매우 혼란스러웠다. 정신적 시간 여행은 대체 무슨 말이지? 과거에 있었던 재미있는 이야기를 하는 걸 말하는 건가? 분명 그렇겠지?

자전적 기억 결핍

2006년, 수지 매키넌Susie McKinnon은 우연히 엔델 툴빙의 전기를 읽고 코크런을 대상으로 한 그의 연구를 접하게 됐다. 책에서 툴빙은 캐슈처럼 정신적 시간 여행을 할 수 없는 사람들, 즉 완벽하게 건강하고 지적이지만 과거의 삶이 남들과 다르다는 사실을 전혀 모르는 사람들이 세상에 있으리라고 가정했다. 매키넌은 툴빙의 설명에서 자신의 모습을 발견하고는 툴빙의 동료인 브라이언 레빈 Brain Levine에게 이메일을 보냈다.

"저는 쉰두 살이며, 아주 안정되고 만족스러운 삶을 살고 있고, 유머 감각도 뛰어난 사람이에요. 이메일을 보내는 건 제게는 아주 큰 (그리고 솔직히 말하면 두려운) 시도입니다. 도움을 주시면 감사하겠습니다."

로트먼연구소Rotman Research Institute 소속 인지신경과학자이자 토론토대학교 교수이기도 한 레빈은 자신이 흥미로운 신경학적 문제를 겪는다고 생각하는 수많은 사람에게 이메일을 받는다. 그중에서도 매키넌의 사례는 이상하고도 있을 법하다는 측면에서 눈에 띄었고, 그녀를 토론토로 초대해 뇌를 스캔하기로 했다.

이야기가 어떻게 흘러갈지 대충 감이 올 테니 테이프를 조금 빠르게 감아보겠다. 매키넌은 켄트 코크런과 마찬가지로 일화기억을 하지 못하는 것으로 드러났다. 그러나 뇌 손상은 없었다. 그녀는 어려서부터 과거의 어떤 순간을 다시 불러올 수 없었고, 다른 사람들이 자세히 기억한다고 할 때는 그저 지어낸 이야기라고 생각했다.

레빈은 매키넌 외에도 두 명을 추가로 불러 검사를 진행했다. 그들 모두 일화기억이 없다고 주장했는데, 레빈은 이 현상을 심각한 자전적 기억 결핍SDAM이라고 불렀다[2](안타깝게도 이들은 '발달성 기억 상실developmental amnesia'로 진단받았다*).

---

* 발달성 기억상실 환자들은 아주 어렸을 때 해마에 손상을 입은 사람들이다. 그 결과 심각한 학습 및 기억력 문제를 겪는다.

참가자들은 운동 능력, 실행 기능, 일반 지능, 작업기억, 시각기억 등을 측정하는 여러 검사를 받았으며, 매키넌 외 두 명은 기억을 통해 복잡한 그림을 그리는 것을 제외한 모든 검사에서 대조군 참가자들과 같은 결과를 보였다.

SDAM 참가자와 대조군 참가자는 자전적 기억력 검사에서 또 다른 주요한 차이를 드러냈다. 세 명의 SDAM 참가자는 놀랍게도 최근에 일어난 사건들의 세부 내용은 잘 기억했지만, 과거 몇 달 전으로 거슬러 올라가면 기억하는 세부 내용의 수가 급격히 줄어들었다. 대조군 참가자들은 오래된 기억에서 두 배 더 많은 세부 내용을 기억해냈다.

SDAM 참가자들의 뇌는 대체로 정상으로 보였으나, 레빈은 한 가지 미묘한 차이를 발견했다. 왼쪽 해마가 오른쪽 해마보다 더 큰 경향을 보인 것이다. 신경전형인의 뇌는 일반적으로 그 반대의 경향을 보인다.

오른쪽 해마는 기억의 시각적 측면을 통합하는 데 관여하는 반면 왼쪽 해마는 언어중추와 더 많이 연결된다. 이런 비대칭적 패턴은 신경전형인이 기억을 대부분 이미지로 저장하는 반면 SDAM을 겪는 사람들은 언어나 더 추상적인 과정을 통해 기억을 저장한다는 사실과 부합한다. 아판타시아 환자의 3분의 1가량은 SDAM도 겪는다. 나도 그 3분의 1에 속하는 듯해서 레빈과 화상 통화 일정을 잡았다.

"SDAM이라는 명칭은 어떻게 떠올리게 되신 거예요?" 내가 물었다.

레빈의 얼굴에 고통스러운 표정이 떠올랐다.

"끔찍한 이름이죠. 그렇게 명명한 걸 후회하고 있어요. 외우기도 어려울 뿐 아니라, SDAM에는 실제로 장점과 약점이 모두 있는 듯 보이는데도 결핍에만 초점을 맞추니까요."

레빈이 SDAM이라는 명칭을 택한 건 그와는 완전히 반대 현상인 고도로 뛰어난 자전적 기억highly superior autopiographical memory, HSAM과 균형을 맞추기 위해서였다. HSAM이 있는 사람은 거의 매일 무슨 일이 있었는지 기억한다. 아무 날짜나 던지면 그날이 무슨 요일이었고 날씨는 어땠는지, 아침에 무엇을 먹었는지 말한다. 놀라운 재능이지만, 단점도 있다. 무관한 정보에 압도된 이들은 세부적인 정보의 수렁에 빠져 과거에서 나아가지를 못한다. 이와는 반대로 SDAM이 있는 사람들은 큰 그림을 보며 사고하는 데 능하며 원한을 품는 일이 좀처럼 없다.

이 두 집단의 뇌는 완벽하게 건강하다고 레빈은 강조한다. 그저 기억의 스펙트럼에서 양극단에 있을 뿐이다. HSAM이 있는 사람은 일화기억에 모든 걸 거는 반면, SDAM이 있는 사람은 의미기억에 모든 걸 건다. 신경전형인은 이 둘 사이에서 균형을 유지하는 사람들이다.

일화기억은 특정 사건의 세부 사항을 포착하고, 의미기억은 공통적인 부분을 찾아낸다고 레빈은 말한다. SDAM과 HSAM 사람들이 함께 하이킹을 하다가 개에게 물린 사람을 발견했다고 가정해보자. HSAM의 경우 개의 종과 시각, 날씨, 소나무 냄새를 기억할 것이다. SDAM의 경우 이 모든 세부적인 정보는 잊는 반면, 개는 위협을 느낄 때 공격한다거나 겁에 질린 개가 보이는 특징적 행동과 같은 일반적인 원칙을 떠올릴 것이다.

그렇기에 SDAM이 있는 사람들은 암기식으로 정보를 외우는 데 어려움을 겪는다. 기억 스펙트럼에서 HSAM보다 SDAM 쪽에 더 가까운 사람들의 뇌는 더 큰 그림에 부합하지 않는 정보는 놓아 버린다. 크레이그 벤터의 말처럼, 우리에게 지름길은 없다. 우리는 기억하려면 이해부터 해야 한다.

통화할 때 벤터는 SDAM에 관해 들어본 적이 없다고 했지만, 나는 그가 알고 있다고 생각한다. 많은 아판타시아 환자가 그럴 것이다. 레빈은 SDAM과 아판타시아 사이의 관계는 명확하지 않지만, 과거의 사건을 생생하게 시각화하는 능력이 모든 세부 사항을 포착하는 데 중요한 역할을 하는 것으로 보인다고 말한다.* 어쩌면 SDAM은 애초에 시각 정보를 거의 부호화하지 않는 아판타시아의 극단적 형태에 해당할 수도 있다. 한편, SDAM이 없는 아판타시아 환자는 시각 정보를 저장할 수는 있지만 그것을 불러오지 못한다. 의식적으로 시각화할 수는 없지만 무의식상에서는 기억 속 세부 정보들을 활용할 수 있을지도 모른다.

또한 SDAM이 없는 아판타시아 환자는 다른 사람들이 이전 사건의 세부 내용을 얼마나 잘 떠올리는지 감이 오지 않을 수도 있다. 그러나 이들을 대상으로 검사를 하면 실제로 내적으로 저장된

---

* 정상 시력을 지닌 사람에 한해서다. 시각장애인을 대상으로 이 현상들을 연구한 사람은 아직 없다.

세부 사항이 부족할 것이라고 레빈은 말한다.

모든 설명이 내 이야기 같다. 나는 늘 다른 이들이 쓸모없는 세부적인 내용에 매달린다고 생각해왔다. 나는 모든 카페를 스타벅스로, 모든 진통제를 타이레놀이라고 부른다. 언젠가는 약국에서 엉뚱한 피임약을 주기 시작했는데 몇 달이나 알아차리지 못한 적도 있다. 책이나 영화에 나오는 등장인물들의 이름은 기억하지 못하지만(그러면 뭐 어떤가? 어차피 가공의 이름들 아닌가!), 전체를 관통하는 주제를 집어내는 데는 탁월한 능력을 보인다. 〈메멘토〉의 줄거리는 잘 기억나지 않지만, 흑백 장면은 객관적인 시각을 보여주며 컬러 장면은 주인공의 감정과 신념에 따라 색을 입혔다는 점은 알 수 있었다.

레빈을 만난 적은 없지만, SDAM에 관해 그가 하는 설명을 들으니 나를 잘 아는 사람처럼 느껴졌다. 그래서 고통스러울 정도로 부끄러운 질문을 할 용기가 생겼다.

내가 실험실 쥐처럼 훈련시켰던 남자친구 닐을 기억하는가? 나중에 알게 된 사실이지만, 그가 전화를 하지 않은 건 바람을 피우고 있었기 때문이었다. 그는 대학 시절 4년 내내 어떤 흔적도 남기지 않았고 내게 이 사실을 숨겼다. 그가 사는 곳에 갈 때마다 그 '친구'는 닐의 집 앞에 차를 세워두고 울곤 했다. 닐은 그와 내가 너무 많은 시간을 보내는 것에 그 친구가 질투를 한다고 모호하게 설명했다. 나는 "그 친구 우정이 넘치네."라고만 말했다.

드디어 사실을 알았을 때, 내 새어머니인 린은 한번 겪어봤으니 앞으로는 잘 알아차릴 수 있을 거라며 나를 위로해줬다. 그녀의 말은 틀렸다. 다음에 사귄 남자친구 이안Ian은 8개월 동안이나 바람을 피웠고, 나는 이번에도 전혀 몰랐다.

두 남자가 천재적인 카사노바였던 건 아니다. 그들은 흔적을 숨길 필요가 거의 없었다. 이안과는 동거도 했는데, 가끔 며칠씩 사라졌다가 돌아오면 늘 휴대전화를 잃어버렸다는 황당한 핑계를 댔다. 하지만 나 역시 의도치 않게 의외의 상황에 자주 부딪히고 휴대전화를 자주 잃어버리는 편이었기 때문에 이상하다는 생각은 하지 않았다. 게다가 각 사건은 내가 잊을 만한 충분한 시간 간격을 두고 벌어졌다. 막연한 불안감은 있었지만 이를 뒷받침할 구체적인 기억이 없었기 때문에 나는 내 감정을 근거도 없는 바보 같은 느낌으로 치부해버렸다.*

"제가 과거의 경험에서 교훈을 얻는 데 서툴다고 생각하시나요? 기억을 할 수 없으니까? 아니면 기억은 하지만 그것이 감정과 너무 동떨어져 있는 걸까요?" 내가 물었다.

레빈은 매우 정중하게 "아뇨, 세이디. 당신의 순수함을 SDAM 탓으로 돌릴 순 없어요."라고 대답했다. "그건 좀 더 복잡한 상황에서 발생하는 문제예요. 특정 사건을 기억하지 못하더라도 '이런 행동을 하는 사람은 피해야 한다.'라는 사실적 요소는 기억하잖아요."

"맞아요. 그렇네요……." 코끝이 시큰해졌다. 눈물이 쏟아지기 전

---

* 흥미롭게도 벤터는 직감을 믿는 게 중요하다고 강조했다. 모든 사람에게 도움이 되는 조언은 아닐 수 있으나, 분명 SDAM이 있는 사람들에게는 도움이 될 것이다.

에 서둘러 레빈에게 감사함을 전하고 전화를 끊었다.

특정한 대상 때문에 슬퍼진 게 아니다. 모든 것이 나를 슬프게 했다. 살면서 배신감을 느낄 때마다 들었던 감정이 한꺼번에 솟구쳐 올랐다.

사람들은 내가 지금 정신적으로 무너져 내린 건 처음에 내 감정을 제대로 마주하지 않고 제쳐놓았기 때문이라고 말한다. 어느 정도는 맞는 말이다. 하지만 신경전형인들은 부정적 감정을 가라앉히기 위해 노력을 해야 하는 반면, 내 감정은 그냥 증발해버린다. 비유하자면 그렇다.

이안의 비밀 생활에 관해 알게 됐을 때 나는 완전히 무너져 내렸다. 시빌의 아파트로 달려가 소파에 파묻혀 몇 시간이고 흐느껴 울었다. 그러고는 집으로 돌아와 내가 개발한 '이별하는 법 3단계' 절차를 밟았다. 이안의 전화번호를 삭제하고, 그의 사진을 옷장 뒤로 추방했다. SNS에서 그의 계정을 차단했고, 그가 갈 만한 장소는 피했다. 어떤 예고도 없이, 우리의 관계는 햇볕 아래 남겨진 폴라로이드 사진 한 장에 불과한 것이 돼버렸다. 그리고 나는 몇 달 만에 모든 걸 잊었다. 좋은 일인지, 나쁜 일인지.

피어슨의 연구에 참가한 시각화 가능자들이 상어가 공격하는 이야기를 읽으며 스트레스를 받은 반면 아판타시아 환자들은 그렇지 않았던 것을 기억하는가? 이 연구 결과는 심상이 단어만으로는 일으킬 수 없는 강력한 감정을 불러냄을 시사한다. 내 기억에는 이미지가 없기 때문에 관련한 감정이 쉽게 분리되는 것 같다. 불편한 감정을 유지하고 다시 불러오고 싶다면 내 경우에는 의도적으로 그 대상에 완전히 젖어 있어야 한다. 사진과 추억이 담긴 물건들을 꺼내 추한 흐느낌의 시간을 가져야 한다는 말이다. 이런 자기 학대는 내 성장을 가로막을 뿐 아니라 본성에도 정면으로 충돌하는 것이다.

그날 저녁, 나는 내 감정이 증발하도록 두는 것이 사실상 신경전형인이 자신의 감정을 억누르는 것과 같음을 깨달았다. 내 감정들은 여전히 사라지지 않고 주위에 있으며, 내가 어떤 교훈을 얻도록 돕는 대신 그냥 그 자리에 있으면서 어느 순간 터져 나와 내 하루를 망칠 기회를 기다리고 있는 것이다.

다음에 또 괴로운 일이 생기면, 그때는 젖어 있는 시간이 조금 더 적을지도…….

정신을 차리고 나서 레빈에게 연구를 위해 (추측건대) SDAM이 있는 사람이 더 필요하지 않냐고 이메일을 보냈다. 그렇다는 회신을 받았다. 내가 간다, 토론토!

로트먼연구소가 있는 베이크레스트는 은퇴한 유대인들이 머무는 주거 단지로, 병원과 연구소가 들어서 있다. 실내에 마련된 안뜰의 나무 아래 앉아 있는데 레빈이 나타났다. 곱슬거리는 금발에 개구쟁이 같은 웃음을 보니 영화배우 진 와일더Gene Wilder가 연상됐다.

우리는 위층으로 올라가 터무니없이 작은 방에서 몇 가지 검사를 진행했다. 그중 대부분은 영재교육 아니면 특수교육이 필요하다며 검사를 위해 선생님이 나를 학교 상담실로 보냈던 때를 어렴풋이 떠오르게 했다. 나는 일련의 숫자들과 단어들을 기억해야 했다. 그리고 숨겨진 규칙을 찾아야 하는 카드 게임도 있었다. 늘 그렇듯 내 점수는 지루할 정도로 중간을 기록했다.

레이-오스테리스 복합도형검사Rey-Osterrieth Complex Figure test를 시작하기 전까지는 원활하게 진행됐다. 나중에 알게 된 사실인데, 이는 2015년 레빈의 연구에서 SDAM 참가자들이 낙제한 검사였다. 레이-오스테리스 복합도형검사는 이렇게 진행된다. 피실험자는 약간의 장식이 달린 기하학적 도형들을 몇 분 동안 바라본다. 도형 내부 여기저기에는 점과 선이 있다. 몇 분 동안 그림을 바라보다가 기억에 의존해 다시 그린다. 나는 기본적인 윤곽선만 기억났는데, '평균'을 받은 사람들의 그림을 보기 전까지 나는 내가 꽤 잘 그렸다고 생각했다. 하지만 대부분 사람이 기억하는 세부 사항의 양은 솔직히 놀라웠다.* '다른 사람들은 정말로 머릿속에 그림을 저장하고 나중에 불러올 수 있구나.'라는 확신이 점점 더 커졌다.

검사를 마친 후 레빈의 연구실 직원 몇 명과 함께 베이크레스트 옥상에서 점심을 먹었다. 이들은 내게 궁금한 점이 많았다. 나도 이해한다. SDAM이 있다면 (나는 그렇다고 거의 확신한다) 내게는 일화기억이 거의 없을 것이다. 〈메멘토〉, 〈도리를 찾아서〉, 〈첫 키스만 50번째〉의 주인공들, 즉 매 순간 또는 매일 무엇을 했는지 기억하지 못하는 캐릭터들과 같은 상황에 처했다는 뜻이다.

사실 뇌 손상으로 일화기억을 잃은 사람들이 끊임없이 혼란스

---

* 이 검사를 만든 이들은 사람들이 미리 보고 검사를 통과할까 봐 이 책에 그림을 싣는 걸 허락하지 않았다.

러워하는 건 아니다. 이들은 어떤 일을 하고 있는 동안에는 그것을 기억할 수 있다. 예를 들면, 코크런은 장시간 체스를 둘 수 있었다. 그러나 특정한 활동에 몰두해 있지 않으면 15분 전에 있었던 일은 모두 잊었다.

그러나 SDAM이 있는 사람들에게는 같은 문제가 발생하지 않는다. 어려서부터 개발한 우리만의 해결 방법이 있다는 뜻이다.

실제로 레빈은 SDAM이 있는 사람의 '최근' 기억에 그가 '내부의 세부 정보'라고 부르는 정상적인 양의 정보, 즉 주변 환경, 사람들이 입고 있던 옷, 당시 느낀 감정 등 사건과 관련한 정보가 포함돼 있다는 사실을 발견했다. 그러나 일주일 정도가 지나면 이들은 정보를 빠르게 잊기 시작한다. 회상은 감각적 세부 정보를 통해 일어나므로, 결국 관련한 기억을 완전히 잃게 된다.

예를 들어 알츠하이머병으로 기억을 잃는 상황은 대부분 사람에게 생각조차 하기 싫은 공포스러운 일일 것이다. 기억은 우리의 성격과 정체성의 뿌리다. 기억을 통해 우리는 과거를 돌아보며 실수로부터 지혜를 얻는다. 기억이 없으면 미래를 상상할 수 없다는 증거도 있다. 툴빙이 코크런에게 1년 후 무엇을 하고 있을 것 같냐고 묻자 그는 아무 대답도 하지 못했다. 그 대신 이렇게 말했다. "호수 한가운데서 수영을 하고 있는 기분이에요. 몸을 지탱해주는 것도 없고, 할 수 있는 게 아무것도 없어요."[3]

이에 비해 SDAM이 있는 사람들은 건강하고 제대로 기능한다. 사실 우리는 부족한 일화기억을 보완하는 데 너무 능숙한 나머지 우리의 뇌가 일반인들과 근본적으로 다르다는 사실조차 깨닫지 못한다. 내 보완법 중 하나는 메모를 아주 많이 하는 일인 듯하다. 일과를 마칠 때마다 오늘 해낸 일과 내일 해야 할 일을 내일의 내가 볼 수 있도록 메모로 남긴다.

현대 기술도 큰 도움이 된다. 나는 모든 약속을 구글 캘린더에 기록한다. 그러지 않으면 기억할 가능성이 그야말로 0에 가깝기 때문이다. 사진도 많이 찍는다. 디지털 시대가 오기 전에는 사진을 현상해서 커다란 앨범에 꽂아 함께 찍힌 사람과 당시 상황에 관해 메모를 적어놓았다.

그러나 나는 내 핵심적인 보완법이 내 직업, 즉 이야기 전달하기에 있다는 생각이 들기 시작했다. 나는 일화기억 대신에 언어로 쓰인 이야기를 활용한다. 재미있거나 이상한 일이 생기면 가장 먼저 만나는 사람에게 이야기한다. 그리고 컴퓨터 근처에 가자마자 재미있는 이야기로 구성해 장문의 이메일을 친구에게 보내 사건을 기록하거나 내 일기에 적는다. 가끔은 이 이야기들이 잡지나 신문에 실리기도 한다. 그래서 나는 내 결혼식을 단 한 장면도 기억하지 못하지만, 《워싱턴 포스트》의 아카이브에 가면 내 결혼식에 관한 기사를 읽을 수 있다.

심리학 교수 댄 매캐덤스에 따르면, 인간은 혼란스럽거나 무작위적인 사건들을 이야기의 형태로 엮음으로써 자신의 삶을 끊임없이 이해해나간다고 한다. 앞뒤 맥락이 있고 인과관계가 명확한 일관성 있는 이야기를 하는 사람들은 회복탄력성과 삶의 만족도를 비롯해 심리적 행복을 측정하는 여러 지표에서 더 높은 점수를 내는 경향이 있다.[4]

연구에 따르면 행복한 결말이 있는 이야기를 하는 사람들이 더 행복한 경향을 보이나, 고난의 순간이 없다면 성장의 기회도 놓치게 된다. 한 연구에서 서던메소디스트대학교의 심리학 연구팀은 부모들에게 자녀가 다운증후군을 앓는다는 사실을 알게 된 과정을 들려달라고 요청했다. 행복한 결말로 마무리되는 이야기를 들려준 부모들은 이후 2년 동안 실제로 행복도가 더 높은 삶을 살았다. 즉, 그들이 들려준 이야기대로 산 것이다.[5]

그러나 이들 중 자아 발달로까지 이어진 부모는 일부에 불과했다. 자아 발달은 개인이 세상을 바라보는 복잡성과 숙련도를 보여주는 척도다. 이 부모들은 어떤 이야기를 들려줬을까? 그들의 이야기엔 고난과 갈등의 순간이 포함돼 있었다. 해피 엔딩으로 곧장 달려가지 않은 것이다.

테일러 스위프트Taylor Swift가 노래했듯, 나 역시 나이만 들지 현명해지지는 않는 것 같다. 내가 하는 이야기 때문인 것 같다. 나는 코미디 장르를 좋아한다. 주인공이 타고난 결점이 있음에도, 아니 어쩌면 그 결점 '덕분에' 성공하는 이야기를 좋아한다. 여기에 잘못된 건 없다. 그러나 나는 아주 현실적인 고뇌와 혼란의 순간들을 못 본 척 넘어가는 경향이 있다. 그래서 수십 년 동안 우스꽝스러운 모험을 수없이 해왔으면서도 아직 나라는 이야기 전체를 관통하는 주제를 보지 못하고 있는 걸지도 모른다. 지나치게 단순화된 내 이야기는 나에 관한 중요한 진실을 가려버렸다. 즉, 나는 신경전형인이 아니라는 것 말이다.

16장

다르게 보는 나도 나다

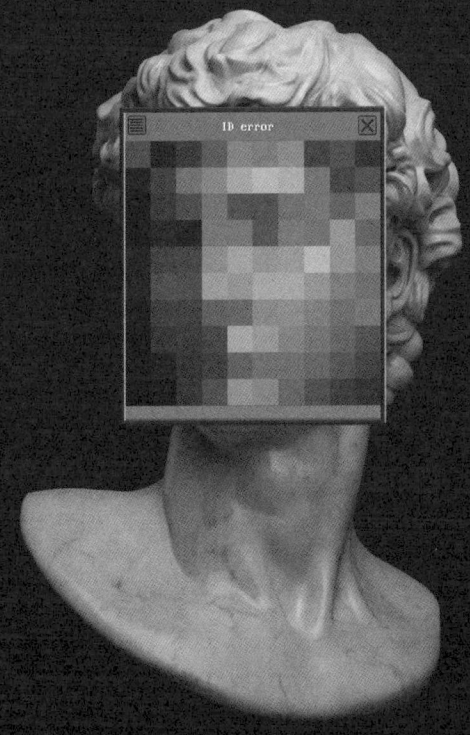

엔터프라이즈, 허츠, 에이비스, 버젯, 내셔널, 달러 스리프티……

나는 지금 탬파 국제공항에서 생애 첫 렌터카를 건네받으려 하고 있다. 내가 차를 예약한 회사 데스크를 찾을 수 있다면 말이다. 마지막 카운터까지 왔는데도 '에이스'는 보이지 않는다. 버젯 데스크 직원에게 도움을 요청했더니 길고 어두운 복도를 가리키며 그 끝에 있는 텅 빈 카운터를 알려줬다.

"아무도 안 계세요?" 허공에 대고 소리쳤다.

와이셔츠를 입은 한 남자가 책상 뒤에서 튀어나왔다.

"안녕하세요! 탬파는 처음이신가요?" 남자가 말했다.

"아뇨. 여기에서 자랐어요."

그도 이곳에서 자랐단다. 알고 보니 우리 둘은 라이벌 관계에 있는 고등학교를 같은 해에 졸업했다.

"무슨 일로 오셨나요? 부모님 뵈러 오셨어요?"

"네. 시과학회 Vision Sciences Society, VSS 학술대회에도 참석할 예정이지만요. 다행히도 아빠 집에서 10분 거리에 있는 해변 리조트에서 열리거든요."

"가는 길을 아는지는 묻지 않을게요." 남자가 싱긋 웃으며 말했다.

나도 씨익 웃었다. 그러나 내 웃음은 가짜였다. 나는 어려서 길이나 도로에 전혀 주의를 기울이지 않았다. 뭐 하러 신경 쓴단 말인가? 누군가가 늘 데려다 줬는데.

계속해서 남의 차를 타고 다니는 데는 몇 가지 큰 단점이 있었다. 우선 언제나 누군가의 일정과 음악 기호를 따라야 했다. 그리고 아무 생각 없이 타고 있으면 (실제로 아무 생각 없이 타고 다녔다) 홈디포(아빠가 운전할 경우)나 베스트바이(닐이 운전할 경우)에 원치 않는 동행이 돼야 했다.

배의 선장이 돼서 최적의 경로를 벗어나 아이스티 한 잔을 산 후 느긋하게 고향을 돌아보는 것도 재미있을 것 같다. 물론 조금 불안하긴 하다. 운전을 시작한 지는 1년이 넘었지만 대부분 인적이 드문 시골길에서 차를 몰았다. 템파는 복잡한 도로와 운전 실력이 형편없는 운전자들로 유명한 곳이다. 그러나 내게는 계획이 있다.

렌터카 회사 직원의 시야를 벗어나자마자 배낭에서 '초보 운전자'라고 쓰인 자석 두 개를 꺼내 차에 붙였다. 한 가족이 멈춰 서서 나를 쳐다본다.

"초보 운전자이기에는 나이가 좀 있어 보이시네요." 엄마로 보이는 여성이 말을 걸었다.

"저는 평생 초보 운전자일 거예요." 내가 대꾸했다.

할머니의 아파트로 향하는 길에 GPS에서 나오는 여성의 목소리가 전에도 여러 번 들어는 봤지만 한 번도 주의를 기울인 적 없는 거리 이름들을 읊어댄다. 케네디, 베이 투 베이, 데일 메이브리…….

내게 의미 있는 장소들이 불쑥불쑥 나타났다. 내가 졸업한 고등학교다! 내가 가장 좋아했던 베이글 가게네! 둘이 이렇게 가까웠다고 왜 아무도 말해주지 않은 거야?

할머니가 사는 실버 아파트 단지가 가까워지고 있었는데, 갑자기 웬 유료 도로가 나를 빨아들여서 마을 반대편으로 데려다 놓았다. 정신을 차리고 보니 좀비들이 일하는 조선소 같은 곳에 뜬금없이 서 있었다. 탬파 도시 계획자 여러분, 정말 일 잘하시네요. 시내와 황폐한 산업 현장을 이은 고속도로의 편리함을 시민 모두가 아주 높이 평가하겠어요.

나는 시내로 돌아가는 방법을 모르지만 내 스마트폰은 안다. GPS에 의지해서 운전하기 전에 사람들은 대체 어떻게 길을 찾았을까? 10대 때 운전을 배우지 않은 게 다행인지도.

드디어 할머니가 사는 아파트에 주차를 한 뒤 차에서 내려보니 제대로 지킨 주차선이 하나도 없다는 것을 발견했다. 주차를 다시 해야 하나? 에이, 됐다. '초보 운전자' 스티커를 보면 다들 이해해주겠지.

아파트를 올라가면서 '초보 운전자'라는 딱지가 의도치 않은 결과를 불러올 수도 있겠다는 생각이 들었다. 다른 사람들이 나에 대해 더 낮은 기준을 기대하게 함으로써 나 자신에게 더 못해도 될 여지를 주는 것이다. 내가 지금껏 모아온 다른 딱지들도 마찬가지일까?

할머니는 소파에 앉아 프랭크 시나트라Frank Sinatra에 관한 책을 읽고 계셨다.

"정말 흥미롭구나. 시나트라는 모든 집에 라디오가 보급되기 전에 태어났단다. 음악을 듣고 싶으면 라이브 쇼를 보러 가야 했지." 할머니가 말씀하셨다.

"어쩌다가 연예계에 발을 들여놓았대요?"

할머니는 잠시 생각하더니 부끄러워하는 표정으로 말씀하셨다.

"내 나이가 있잖니. 기억력이 예전 같지 않단다."

"무슨 말씀 하시는 거예요? 할머니 기억력은 평균 이상이에요. 할머니가 어려서 살던 집 주소 기억하세요?" 내가 물었다. 할머니는 조금의 망설임도 없이 뉴저지의 주소를 술술 외웠다.

"보세요. 엄청나잖아요. 전 못 외워요!"

할머니의 기억력이 감퇴하면서 가족들이 걱정하고 있지만, 나는 걱정하지 않는다. 나는 할머니의 기억력이 아흔넷이라는 나이가 무색할 정도로 '뛰어나다'고 생각한다. 옛날 사진들을 꺼내면 할머니는 거의 한 세기는 보지 못한 사촌들을 포함해 사진 속 모든 인물의 이름을 줄줄 왼다. 할머니는 매일 신문을 읽고 나보다 최신 소식을 더 많이 알고 계신다. 보청기는 잘 못 끼시지만, 그건 할머니 탓이 아니다. 너무 작잖아! 내 신경다양적인 뇌 덕분에 다른 사람들은 장애라고 여기는 것을 능력으로 볼 수도 있는 걸까.

할머니가 내 몽상을 깨면서 지금 읽고 있는 새 책에 관한 이야기를 들려줬다.

"프랭크 시나트라가 흥미로운 건, 그가 모든 집에 라디오가 보급되기 전에 태어났다는 점이란다."

"그거 '참' 흥미롭네요." 내가 말했다. "그가 어쩌다가 연예계에 발을 들여놓았대요?"

(내 착각일 수도 있다.)

알고 있다고 생각하는 모든 것은 바뀔 수 있다

나는 불안에 거의 덜덜 떨면서 시과학회 학회장에 들어섰다. 내 괴짜 중년의 위기에 꾀어 들인 대부분 사람이 이곳에 있을 텐데, 아마 아무도 알아보지 못할 가능성이 크다. 갑자기 이 모든 노력이 민망해지기 시작했다. 자서전을 쓴다는 건 너무도 자기중심적이고 쓸모없으며, 내가 정말 싫어하는 일의 집합체다. 내 삶은 평범해. 내 뇌가 정말 그렇게 특별하겠어?

레빈 연구실의 박사후 연구원인 모리아 소콜롭스키Moriah Sokolowski에게 같은 질문을 했을 때, 그녀가 흥미로운 논문을 하나 보내줬다.[1] 케임브리지대학교의 과학자들이 5~19세의 난독증, ADHD, 자폐증 등 신경발달장애를 진단받은 학생 347명을 대상으로 수집한 인상적인 데이터를 상세히 설명한 논문이었다. 대조군은 인근 학교의 학생 142명이었다. 이 아이들은 수많은 검사를 거쳤으며,* 구조적 뇌 스캔을 위한 MRI를 촬영한 아이들도 많았다. 이

---

* 여기에는 작업기억, 유동추론 및 결정추론, 음운 처리, 언어 및 시공간 기억, 독해, 수학적 유창성 검사가 포함됐다.

MRI는 뇌의 서로 다른 영역 간 연결을 추적하는 새 기법을 활용했다.

연구진은 모든 데이터를 머신러닝 알고리즘에 입력한 뒤 유사한 인지적 능력을 보유한 아이들과 유사한 뇌 구조를 지닌 아이들로 구성된 자연 발생된 그룹을 찾도록 명령했다. 해당 프로그램은 모든 변수 사이의 관계도 살폈다.

모든 정보를 처리한 뒤, 프로그램은 딱 두 개의 그룹을 찾아냈다. 신경전형인 그룹, 그리고 신경다양성 그룹. 딱 두 그룹만! 우리가 흔히 아는 난독증이나 자폐증, ADHD 등의 라벨과 연관된 그룹은 '어떤 것도' 찾아내지 못했다. 컴퓨터는 이 라벨들을 무의미한 것으로 분류했다.

뇌 구조 측면에서도 두 그룹 사이에는 눈에 띄는 차이가 발견됐다. 신경전형적 아이들의 뇌는 '허브 앤드 스포크hub-and-spoke', 즉 거점과 지부로 구성된 형태의 네트워크를 갖추고 있었다. 이 네트워크는 연결성이 높은 몇몇 허브 영역이 연결성이 낮은 수많은 영역을 이어주는 매우 효율적인 시스템이다. 신경전형인의 두뇌를 지닌 항공사라면 한 번만 경유해도 목적지에 갈 수 있다.

반면 신경다양인 아이는 '데이지 체인daisy-chain', 즉 고도로 효율적인 소수의 연결망과 수많은 비효율적인 연결망으로 구성된 네트워크 유형이 더 많다. 신경다양인의 두뇌를 지닌 항공사라면, 예컨대 마이애미에서 샌프란시스코로 가는 직항편은 좀 있겠지만 샌디에이고까지 가려면 몇 차례 더 경유해야 할 거다.

아마 이런 이유로 신경다양인들이 종종 왔다 갔다 하면서 당황스러운 인지적 측면을 보이는 것일 테다. 나는 음악을 들을 때 여러 명의 목소리를 문제없이 인지한다. 그런데 두 사람이 한꺼번에 말을 한다? 내게는 프랑스어 대화를 듣는 것과 같다.

신경다양인들이 별난 하나의 대가족이라는 생각은 내게 큰 의미가 있다. 현 시스템에서 우리 대부분은 여러 개의 이름표를 받는다. ADHD 아동의 40퍼센트 이상은 난독증이 있다.[2] 자폐 아동의 50~70퍼센트는 ADHD가 있다.[3] 자폐 아동의 37퍼센트가량에게는 안면인식장애가 있다.[4] 내게는 안면인식장애는 물론이고, 입체맹, 아판타시아, SDAM까지 있을 거다. 이뿐만 아니라 지형인식 불능증도 있고, 좌우맹에 (짐작건대) 약간의 청각 처리 기능 장애도 있다. 그러나 정신의학계의 바이블인 정신질환 진단 및 통계 편람 DSM에 따르면, 나는 완벽한 신경전형인이다.

소콜롭스키에 따르면, 신경발달(및 정신적) 장애를 분류하는 기존 시스템은 엉터리라는 증거들이 쌓여가고 있다. 사실 뇌를 어떤 범주로 뭉뚱그려 분류한다는 생각 자체가 이미 문제일 수도 있다. 얼굴인식 시스템이 작동하지 않는 원리는 무수히 많을 수 있고, 완전히 다른 두 원인으로 같은 결함이 야기될 수도 있다. 뇌에는 평균 2000개의 뉴런과 각각 연결돼 있는 860억 개의 뉴런이 있으며, 뇌의 전체 시스템은 우리가 아직도 이해하지 못하는 화학 물질의 바다를 통해 조절된다. 인간은 이 정도의 복잡성을 이해할 방법을 고안해내지 못했다. 머신러닝과 인공지능이 도움을 줄 수도 있겠지.

그렇지만 나는 내 신경다양인 친구들을 사랑한다! 지금까지 안면인식장애, 아판타시아, 입체맹, 그리고 SDAM을 지닌 동료들을 만나면서 정말 많은 것을 얻었다. 인간들 사이에서 어울리려고 애쓰는 외계인처럼 느껴질 때, 비슷한 어려움을 겪는 다른 외계인을 만나면 외로움이 훨씬 덜하다. 우리는 서로를 위로하고 이야기를 나누며 팁도 교환한다. 우리 같은 사람들을 위해 만들어지지 않은 세상에서 어떻게 버틸 수 있을지 함께 고민한다.

여기에서 멈추지 않고 우리는 모든 종류의 특이한 두뇌를 지닌 사람들이 살기 좋은 세상을 만들기 위해 노력한다. 세상에는 불필요하게 제약적인 사회적 규범이 너무 많다. 공공장소에서 왜 나 자신과 대화하고 있으면 안 되지? 감각 친화적sensory-friendly(감각 관련 장애나 감각적 민감성을 지닌 사람들이 편안하게 느끼는 것 – 옮긴이) 옷을 입고 출근하면 안 되는 이유는? 왜 애고 어른이고 할 것 없이 모두가 하루에 여덟 시간씩 책상 앞에 앉아 있기를 바라는 걸까? 더 유연하고 남을 재단하지 않는 세상은 누구에게나 이롭다.

그래서일까. 현재 급성장하고 있는 신경다양인 운동이 큰 틀에서의 철학을 발전시키고 있는 것 같다. 자신이 신경다양인이라는 '공식' 진단을 받을 필요는 없다. 병원비는 비싸고, 모두가 나처럼 다양한 연구에 접근할 수 있는 건 아니니까. 당신의 경험이 '정신질환 진단 및 통계 편람'의 설명에 완벽히 요약돼 있다고 느낄 수도 있다. 또는 당신의 인지적 측면이 편람에 있는 분류를 벗어난다고 느낄 수도 있다. 이런 분류가 유용하다고 생각하더라도, 예컨대 당신이 겪어온 자폐증은 다른 사람과 크게 다를 수 있다. 뇌는 복잡하고, 세상도 마찬가지다. 우리가 알고 있다고 생각하는 모든 것은 언제든 바뀔 수 있다.

나는 안면인식장애를 가졌다는 사실을 알게 된 후 상대방이 누군지 아는 척하는 일을 그만두었는데, 흥미롭게도 그 덕분에 남들이 하는 헛소리를 더 잘 파악할 수 있게 됐다. 예를 들어, 워싱턴 D.C.에는 분명 쥐뿔도 모르는 주제를 놓고 자신 있게 말하는 사람이 어딜 가나 발에 챈다.* 그리스어에서 원래 '아그노시아agnosia'는 '알지 못한다'는 뜻인데, 모두가 '아그노시아'에 조금만 더 호의적으로 군다면 세상은 훨씬 더 살 만한 곳이 될 거다. 내가 모른다는 걸 인정하는 것은 결국 그것을 알아가기 위한 첫걸음이다.

얼굴변형시증

그 유효성에 관한 우려가 커지는 것과는 별개로, 분류가 확실히 유용할 때도 있다. 특히 쉬지 않고 자신에 대해 설명해야 할 때 그렇다. 그래서 이번 학회를 위해 나는 직접 스티커를 만들어 왔다. 스티커에는 어리둥절해하는 골든 리트리버의 얼굴과 함께 이런 문구가 쓰여 있다. '저는 안면인식장애가 있습니다. 지금은 그냥 알아보는 척하고 있는 거예요.'

스티커는 곧장 인기를 끌었다. 첫 번째 세션에 들어가기 전에도 몇 사람이 내게 스티커를 줄 수 있냐고 물었다. "당신도 얼굴을 못 알아보나요?"라고 물었더니 "맞아요."부터 "아뇨.", "아마도요."까지

---

* 정말 쉽게 찾을 수 있다. 확정적인 어조로 말하는 사람들만 찾아보면 된다. 진짜 전문가들은 어떤 것도 확신하려 하지 않는다(나 같은 과학 작가에게는 심히 안타까운 일이지만).

다양한 대답이 돌아왔다. 어쨌든 모두가 내 스티커를 원했다. 내 기분이 정확히 어떤지는 모르겠지만, 이를 계기로 안면인식장애에 대한 인식이 전반적으로 개선되거나 적어도 모두가 서로에게 자신을 소개할 계기가 된다면 그것만으로도 만족한다.

내가 참석한 첫 번째 세션은 얼굴인식을 주제로 진행됐고, 세션장은 사람들로 꽉 차 있었다. 세 번째 줄에 앉았는데, 즉시 셀럽 한 명을 발견했다. 브래드 듀셰인. 발달성 얼굴인식불능증을 발견한 사람이다.

듀셰인의 제자인 대학원생 안토니오 멜로Antônio Mello가 첫 번째 발표를 시작했고, 나는 내용에서 눈을 뗄 수 없었다. 멜로는 'VS'라고 부르는 58세 남성과 연구를 진행하고 있다. VS는 일산화탄소 중독을 겪고 몇 달 뒤, 사람의 얼굴이 부풀거나 녹고 있는 듯 뒤틀려 보이는 전면 얼굴변형시증prosopometamorphopsia, PMO을 겪게 됐다 (2장에서 접한, 얼굴의 왼쪽이나 오른쪽이 일그러져 보이는 반측성 얼굴변형시증 사례를 기억할 것이다).

"모두가 악마처럼 보입니다. 기본적으로 얼굴 전체가 뒤로 당겨져 있어요. 눈은 더 가늘고, 귀는 크고, 뺨과 이마는 주름져 보여요." VS가 멜로에게 한 말이다.

흥미롭게도 이런 왜곡 현상은 VS가 3차원으로 보는 얼굴, 즉 실제로 보는 얼굴에만 나타난다. 화면이나 종이에 그려진 얼굴은 정상적으로 보인다.

멜로는 컴퓨터에 표시되는 사진을 조금씩 조정하다 보면 VS가 보는 모습과 정확히 일치시킬 수 있다는 것을 깨달았다. "주관적 경험을 사진처럼 생생하게 묘사해달라고 할 수 있는 경우는 흔치 않죠." 멜로는 말한다.

멜로와 동료 엘리자베스 리Elizabeth Li는 번갈아 가며 VS 앞에 앉아 컴퓨터 화면 속 이미지와 그가 실제로 보는 모습이 같아질 때까지 조정했다.

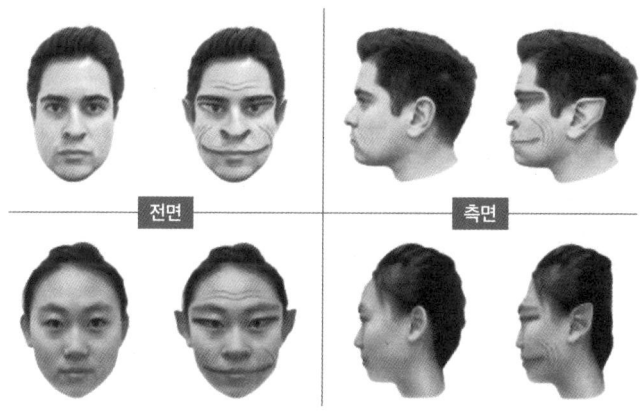

자료 | 안토니오 멜로, 다트머스 칼리지

VS의 왜곡 패턴이 여러 사람과 여러 시점에 걸쳐 높은 일관성을 보인다는 점은 정상적인 얼굴인식이 모든 얼굴을 표준화된 3차원 템플릿에 맞춘다는 이론을 뒷받침한다. 얼굴변형시증은 얼굴인식 과정의 해당 단계에서 발생한 문제가 원인인 것으로 보인다.

VS는 뒤틀린 얼굴을 보면 불편한 느낌을 받는다. 그러나 왜곡을 사라지게 할 방법을 찾았다. 초록색 렌즈의 안경을 쓰면 얼굴이 거의 정상적으로 보였던 것이다. 반면 빨간색 렌즈의 안경을 쓰면 왜곡 효과가 더 증폭됐다.

멜로와 동료는 이런 색 효과를 보고한 세 명의 얼굴변형시증 환자를 더 찾아냈고, 자신들의 연구가 이 희귀 질환을 앓는 사람들을 돕고 얼굴인식에 대한 이해를 제고할 수 있기를 희망하고 있다.

인간의 주관적 경험에 대한 연구는 흔하지 않다. 그래서 세션 후반부에 이를 주제로 한 또 다른 발표를 보고 무척 놀랐다. 이스라엘에 있는 하이파대학교의 대학원생인 마리사 하트스턴Marissa Hartston의 예비 연구에 따르면, 보통 자폐증 환자 중 얼굴인식불능증이 있는 사람들은 얼굴을 부호화하는 데 어려움을 겪지만 기억에서 얼굴을 불러오는 능력은 크게 손상되지 않은 것으로 보인다.[5]

듀셰인이 청중에게 질문이 있냐고 묻자마자 나는 손을 번쩍 들고 물었다. "자폐증 환자들에게도 얼굴이 다르게 보이나요? 주관적으로?"

당황스러운 표정이 듀셰인의 얼굴에 퍼졌다. 내가 뭘 잘못했나? '주' 자로 시작하는 그 단어를 쓰면 안 되는 거였나?

"정말 흥미로운 질문이군요. 확실한 답은 없지만, 제가 드릴 수 있는 답은 제가 베이징 한복판에 내리게 된다면 수많은 얼굴을 구분하는 데 어려움을 겪으리라는 겁니다. 그리고 제가 깨닫게 된 건, 자폐증이 있는 사람들도 우리가 서로 다른 인종의 얼굴을 보며 구별하려는 것처럼 모든 얼굴을 구별하려 애쓰며 매일매일을 보낸다는 거죠." 듀셰인이 말했다.

다음 질문을 들었을 때 나는 내가 어떤 실수를 저질렀는지 깨달았다. 다음 질문자의 목소리는 무척 컸다. 저 뒤에 마이크가 있고 사람들이 줄을 서서 기다리고 있었다. 나는 앞뒤 없이 청중석에서 외치며 질문 새치기를 한 것이었다.

질의응답이 끝난 후, 듀셰인이 내 옆으로 다가와 일러줬다. "다음에 질문이 있으면, 저 뒤에 마이크가 있거든요……."

"알아요." 움츠리며 말했다. "제 말은, 너무 늦게 발견했어요."

그의 평범하고 정중한 태도를 보니, 나를 알아보지 못하는 게 분명하다. 하! 나만 그런 게 아니었네.

희미한 이미지

그날 저녁, 개막 만찬에 참석해 대학원생들과 한 테이블에 앉았다. 학생들은 나를 반갑게 맞아주었지만 말이 별로 없길래 밖으로 나와 해변을 돌아다녔다. 아름다운 저녁이다. 석양이 하늘을 푸른빛과 오렌지색으로 물들이고 있었다. 파도 너머로 보이는 수평선은 유리처럼 매끈했다. 한 무리의 새 떼가 부리의 절반을 물속에 집어넣은 채 낮게 날아간다.

"갈매기다!" 허공에 대고 외쳤다.

제비갈매기 떼를 더 잘 보기 위해 바다로 뛰어들었다. 반짝이는 숭어 떼가 내 발목을 휘감고 지나간다. 작은 제비갈매기들이 머리 위를 맴돌다가 내 주변으로 다이빙하며 폭격을 퍼부었다. 자연의 아름다움에 흠뻑 젖은 기쁨에 가슴이 부풀어 올랐다. 그러나 한편으로는 아쉬움도 느꼈다. 이곳 근처에 살았던 적도 있는데 운전을 할 수 없어 집에만 있었기 때문이다.

한 관광객이 다가와 물었다. "여기에 상어가 없는 건 어떻게 아세요?"

"아, 상어는 당연히 있죠." 내가 대답했다.

상어가 공격하는 일은 드물지만, 만약 상어에게 물리고 싶다면 해 질 녘에 물이 허벅지에 닿을 정도의 깊이까지 들어가 물고기 떼 한가운데에 서 있으면 된다.

마침 레몬상어 한 마리가 지나간다. 작은 녀석이었지만, 우리 둘은 물 밖으로 나가야 한다는 신호로 받아들였다.

다시 학회장으로 돌아가는데 역겨운 무언가가 눈에 들어왔다. 어부가 버린 것으로 보이는 생선 대가리 세 개가 해변으로 떠밀려 올라온 것이다. 보기 싫지만, 부패 가스로 부풀어 오른 것으로 보이는 징그러운 눈들이 시선을 끈다.

내 안에 사는 DJ는 절대 이 순간을 그냥 지나치지 않는다. 생선 대가리 노래라고, 들어본 적 있는지? 이런 노래다. '생선 대가리, 생선 대가리, 오동통통 생선 대가리…….' 꽤 중독성 있다. 아마 이번 주 내내 머리에서 울리지 않을까.

이는 내게 아주 평범한 일이지만, 한 가지 이상한 점은 가끔 노래에 어떤 시각적인 이미지가 동반된다는 거다. 아주 희미해서 자세히 보려 하면 사라지지만, 이번만큼은 눈이 부푼 생선 대가리 세 개일 게 분명하다.

이런 게 시각화라는 건가? 만약 그렇다면, 생각보다 재미가 없네.

SDAM

학회가 진행되는 내내 나는 윌마 베인브리지나 브라이언 레빈에게 온 이메일은 없는지 계속해서 확인했다. 두 교수가 내 뇌를 스캔한 결과를 분석 중인데 조만간 내가 공식적으로 아판타시아와 SDAM 둘 중 하나를, 또는 양쪽 모두를 앓고 있는지 알려줄 것이다.

이유는 모르겠지만 아판타시아는 맞고 SDAM은 아니었으면 좋겠다. 하지만 이는 말이 전혀 되지 않는 게, 두 병증은 겹치는 부분이 많다. 두 범주는 심각도 면에서 차이가 있거나 일반적인 인지적 능력이라는 면에서 다를 수도 있다. 어쨌든, 아판타시아는 뭔가 쿨한 느낌이 드는 반면 SDAM을 앓는다는 건 비극처럼 느껴진다.

온라인 게시판에서 이런 태도를 배웠는지도 모르겠다. 레딧의 아판타시아 환자들은 시각화가 어떤 것인지 궁금해하지만 대체로 자신의 뇌에 만족스러워한다. 아판타시아를 '치료'하는 법에 관한 글이 올라오면 많은 비판의 댓글이 달리거나 투표를 통해 비공개 처리된다. 아판타시아는 장애가 아니며, 아판타시아가 상상력 스펙트럼의 한 극단에 있다면 반대쪽에는 하이퍼판타시아가 있는 것이라는 의견이 일반적인 여론이다. 물론 우리는 특이하지만, 그렇기에 우리는 특별하다.

반면 SDAM을 앓는 사람들은 눈에 보일 정도로 덜 낙관적이다. 서브레딧에서 그들의 상태를 해리 포터 시리즈에 나오는 '디멘터'에 비유한 게시물을 봤는데, 디멘터란 가까이 다가간 상대에게서 행복한 기억과 긍정적인 감정을 빨아먹는 존재다. 어떤 SDAM 환자는 "현재에 갇혀 나 자신과도 단절된 느낌"이라고 적었다. 이별을 너무 빨리 극복한 나머지 자신이 냉혈한은 아닌지 궁금해하며 "SDAM이 있는 사람이 전통적인 의미의 '사랑'을 하는 게 가능한가요?"라고 질문한 사람도 있었다.

SDAM이 있다는 사실을 알게 된 사람들의 반응은 뇌의 차이에 대한 구시대적이고 결핍에만 초점을 맞춘 사람들의 관점을 여실히 보여주는 듯하다. 그러나 아판타시아에 대한 반응은 뇌의 차이를 판단이 아닌 호기심의 눈길로 접근하는, 비교적 전향적인 관점을 보여준다. 그렇다. 다르다는 것은 때때로 삶을 힘들게 한다. 하지만 사회에 적응할 수 있도록 신경다양인의 뇌를 바꾸려 하기보다는 신경다양인의 뇌를 수용하도록 사회를 바꿔야 하는 게 아닐까.

학회 내내 이런 생각들이 내 머리를 가득 채웠고, 나는 분류의 힘에 대해 과학자들에게 경고할 준비를 하고 있었다. 사람들의 공감을 끌어낼 수 있는 신경다양성 질환을 발견한다면, 특히 남들과 다르다는 느낌을 받기 시작하는 순간을 명명할 수 있는 신경다양성 질환을 발견한다면 사람들이 열광할 겁니다. 어느새 여러분이 만든 단어를 중심으로 커다란 커뮤니티가 생성될 수도 있어요. 그러니 현명하게 결정하시길 바랍니다.

시과학 학회

나는 어려서 아빠와 함께 호텔 수영장에 몰래 들어가 노는 것을 좋아했다. 비결은 투숙객처럼 행동하는 거다. 특히 짐을 조금만 가져가야 한다. 절대로 집에서 수건을 가져가면 안 된다. 수건을 나눠주는 곳에 직원이 있어서 객실 번호를 물어보는 호텔이라면 의자에 버려진 타월을 하나 가져다 쓰면 된다.

"그럴 만한 계기를 제공하지 않는 한 사람들은 남에게 신경을 쓰지 않아." 아빠는 말했다.

나는 아마도 아빠의 '이 말'에서 내가 남들에게 보이지 않는다는 믿음을 얻게 된 것 같다. 그리고 나는 수도 없이 내가 속하지 않은 곳에 몰래 들어갔다가 무사히 도망쳐 나왔다.

시과학 학회에 같이 가자는 눈치를 계속 주는 걸 보니 아빠도 호텔 수영장에 몰래 들어가 놀던 때가 그리운 모양이다.

"진심이야? 눈알에 관한 강연을 듣고 싶다고?"

"네 친구들도 만나보고 싶고." 아빠가 말했다.

결국 나는 아빠를 '시연의 밤' 세션에 모시고 갔고, 참석자의 가족과 친지는 행사에 초대되지 않는다는 말은 굳이 하지 않았다.

드구티스 일행과 해변에서 바비큐가 준비된 저녁 식사를 마친 뒤, 아빠와 나는 회의실 책상으로 둘러싸인 한 방을 찾았다. 각 책상에는 시과학자가 한 명씩 배치돼 교육 도구나 착시 현상을 시연하고 있었다. 우리는 움직이지 않는데도 움직이는 듯 보이는 고리 영상을 보고 있는 사람들 틈에 끼어들어 갔다. 시각 효과는 꽤 미미했다.

"아빠는 뭐 좀 보여?"

"딱히." 아빠가 대답했다.

몇 차례의 시연을 더 보고 나니 아빠의 무릎이 삐걱거리기 시작했다.

"앉을 곳을 찾아야겠구나." 아빠가 말했다.

"알겠어. 나는 화장실에 다녀올게."

화장실로 향하고 있는데 한 교수가 나를 붙잡았다. 시연 책상을 세팅하는 데 늦은 그녀는 매우 짜증스러워 보였다. 내가 웃으며 말을 꺼내려 하자 교수는 내게 작은 착시 그림이 그려진 종이 석 장을 건넸다.

"이 그림들은 너무 작아요." 그녀는 숨도 쉬지 않고 말했다. "더 크게 만들어줄 수 있어요?"

"저는 직원이 아닌데요."

"해줄 수 있어요?" 그녀가 압박했다.

"알겠어요. 해볼게요." 나는 답했다.

복사기를 찾아 학회장 안을 돌아다니다가 문득 내가 유난히 남들의 말을 잘 따르는 사람이라는 생각이 들었다. 이 특성은 안면인식장애를 가지고 자란 결과일까? 그럴지도 모른다. 누군지 모르는 사람이 내게 지시하는 상황에 익숙해진 것일 수도 있다.

아니, 그렇지 않다. 나는 순종적이고 지시에 잘 따르는 사람이 아니다. 하지만 이상한 상황에 잘 뛰어드는 것으로 유명하긴 하다. 결국 재미있는 상황이 아니었더라도 훌륭한 이야깃거리가 되니까.

내가 지닌 다양한 신경발달장애에 관해 알아가는 건 내 삶을 더 또렷이 바라보는 데는 도움이 되지만, 그게 모든 것에 대한 설명이 되지는 않는다. 흥미로운 경험을 하고 그것을 이야기로 쓰는 내 평생의 사명은 얼굴인식불능증이나 입체맹, 아판타시아, 딩펠더 가문의 전통 덕분에 생긴 게 아니다. 내가 만들어낸 것이다.

주인이 없는 책상 뒤로 컴퓨터와 복사기가 있는 방을 발견했다. 공용 비즈니스센터일 수도 있지만 누군가의 사무실일 수도 있다. 누가 알겠나.

"아무도 안 계세요?" 방으로 들어서며 물었다. 대답이 없자 나는 착시 그림을 확대해서 커다란 종이에 복사했다. 나오는 길, 복사기에 신용카드 리더기가 붙어 있는 것을 발견했다. 아까는 뜻하지 않게 못 보고 지나쳤나 보다. 웁스, 죄송.

허점을 찾아내는 건 나의 또 다른 특기다. 아마 신경다양성 때문인 것 같다. 나와는 전혀 다른 능력을 지닌 사람들이 설계한 세상에서 그럭저럭 살아남으려면 적극적이고 창의적이어야 한다.

회의실로 돌아와 교수에게 포스터 크기만 한 착시 그림을 자랑스럽게 내밀었다.

"훨씬 낫네요." 매우 안도하는 목소리로 교수가 말했다.

그리고 그녀는 다른 교수와 나누던 대화로 돌아갔다. 감사 인사는? 보상은? 축하 팡파르는?

아직 담당 시연자가 나타나지 않은 빈 테이블에 아빠가 앉아 있었다. 그곳에는 아무것도 안 꽂혀 있는 멀티탭과 연장선, 그리고 '편광 대비 역치를 실험해봅시다!'라고 적힌 현수막이 있었다.

"대학원생이 되는 게 어떤 느낌인지 이제 알겠네요." 나는 말했다.

학생 두 명이 다가와 우리의 시연을 보고 싶다고 요청했다. 아빠가 빈 멀티탭을 가지고 뭔가를 하기 시작했다. "아직 모르겠어요?" 아빠가 말했다.

"무시하세요. 저희는 그냥 여기 앉아 있는 거예요." 내가 말했다.

잘 속아 넘어가는 사람으로서 아빠의 장난으로부터 순수한 학자들을 보호해야 할 의무를 느꼈다. 그러나 또 다른 사람들이 책상으로 다가와 내 어깨 너머로 뒤에 있는 빈 코르크 게시판을 바라보는 순간, 의무감은 빠르게 사라졌다.

"고정된 십자가 모양이 보이시나요?" 아무 곳이나 가리키며 내가 물었다.

학생들은 고개를 저었다.

"세이디, 그만 해." 아빠가 속삭였다.

쫓겨나기 전에 나가야겠다는 생각이 들었다. 컨벤션센터를 벗어나려는데 한 키 큰 여성이 나를 발견하고 달려왔다. 명찰을 보니 윌마 베인브리지 연구실의 에마 메글라였다.

"여기서 보다니, 반가워요." 내가 말했다. 5분 정도 잡담을 나누다가 결과가 나왔는지 물었다.

"아직요. 그렇지만 곧 나올 거예요." 메글라가 말했다.

학계에서 '곧'이라는 건 내일일 수도 있지만 영원히 안 나올 수도 있음을 뜻했다. 그래서 우리는 화상 통화로 분석 결과를 검토할 날짜를 정했다.

"정말 고마워요. 빨리 보고 싶네요!" 내가 말했다.

내 특별한 뇌에게

학회가 열린 지 한 달이 지나고 줌에서 메글라와 베인브리지를 만났다. 메글라가 준비한 슬라이드쇼는 나에 관한 내용으로 가득했다! 우리는 그림을 본 뒤 방금 본 대상을 시각화하려 할 때 뇌가 어떤 식으로 활성화되는지 알아보기 위해 내 뇌와 대조군의 뇌 이미지를 나란히 놓고 살펴봤다.

예상대로 사진을 볼 때는 두 뇌 모두 정상적으로 활성화됐고, 우리 둘 다 얼굴을 볼 때는 방추상얼굴영역이, 장소를 볼 때는 후

두장소영역occipital place area, OPA이 활성화됐다.

시각화를 시도할 때 차이가 발생했다. 내가 사물을 상상하려 할 때는 뇌가 아무것도 하지 않는 것처럼 보였다. 대조군 참가자가 시각화를 할 때는 그림을 볼 때처럼 선명하진 않지만 동일한 시각 처리 영역이 밝아졌다.

공식적으로 나는 아판타시아 환자가 맞다. 티셔츠를 주문할 때다. 깃발은 준비돼 있나?

"제가 가장 궁금했던 부분이 바로 이거예요. 제가 시각화를 하지 않는다는 말이 맞다는 걸 보여주는 최소한의 객관적 데이터이기 때문이에요." 내가 말했다.

"저희도 무척 흥미로웠어요. 사람들이 자신들의 심상을 이해하지 못하거나 타인의 심상을 과대평가하는 것이 아니라 실제로 시각화를 하지 못한다는 객관적인 증거니까요." 윌마가 말했다.

슬라이드를 몇 장 넘긴 뒤 메글라는 나의 내측두엽(해마가 있는 영역)과 나머지 뇌 사이의 기능적 연결도를 나타내는 그래프를 보여줬다. 대조군 참가자와 비교하면 내 연결도는 상당히 약했다.

"뇌간 같은 다른 영역들의 연결도는 정상이에요. 하지만 전전두엽, 측두엽 같은 영역들과 내측두엽 사이의 연결이 더 적은 것으로 나타났어요." 메글라가 말했다.

이 결과는 내가 앞서 언급한 백악관 대변인의 비유와 완벽히 맞아떨어진다. 나는 가끔 내 의식과 전혀 상관없는 결정들에 대한 설명을 만들어내고 있는 듯한 느낌을 받곤 한다.

"다른 영역들과의 추가적인 연결은 없나요?"

월마는 내측두엽과 내 뇌에서 의미와 지식 저장에 관여하는 영역들 사이에 추가적인 연결이 있을 것으로 예상되지만, 이는 외이도에 막혀 확인하기 어렵다고 말했다.

대화를 마치고 얼마 지나지 않아 브라이언 레빈에게서도 연락을 받았는데, 그의 연구 결과와 베인브리지의 분석 결과가 일치했다. 기억하겠지만 신경전형인은 일반적으로 왼쪽보다 오른쪽 해마가 더 크다. 내 경우에는 오른쪽보다 왼쪽 해마가 더 큰 비대칭성을 보인다. 게다가 내 뇌궁(해마와 뇌의 나머지 부분을 연결하는 섬유 다발)은 다소 얇은 편이었다. 둘 다 SDAM이 있는 사람에게서 흔히 발견되는 구조적 차이다.

이제야 내가 정말로 신경다양인이라는 확인을 받은 느낌이다. 내 뇌는 그냥 특이하게 구는 게 아니었다. '정말' 특이한 것이었다. 신경전형인의 뇌와는 배선이 달랐던 거다.

드디어 확인받았다는 감정에서 갑자기 당황스러운 깨달음을 얻었다. 나는 기억상실증이 있는 회고록 작가다! 안면인식장애를 겪는 기자보다 더 심하잖아.

목구멍을 타고 극심한 불안이 올라왔다. 내가 쓰고 있는 책은 이제 어떻게 되는 거지? 집필 프로젝트 전체가 취소될까? 계약금을 돌려줘야 하나? 이 부분만 뺄까······.

"다른 사람들보다 제 기억의 정확도가 떨어지나요?" 레빈에게 물었다. "SDAM을 앓는 사람이 쓴 회고록을 신뢰할 수 있겠어요?"

"세세한 부분은 많이 기억할 수 없을지 모르지만 당신은 다른 사람들만큼, 아니 그보다 더 정확히 기억할 수 있을 거예요." 레빈이 말했다.

그저 위로하는 말이 아니길 바랄 뿐이다. 레빈은 이제 내가 다시 내 사생활에 대해 떠들까 봐 걱정하는 표정을 지었다.

"아마 보완하는 나름의 방법이 있을 텐데요······." 그가 덧붙였다.

"있고 말고요!" 나는 사진을 찍고 인터뷰를 녹음하고 수도 없이 메모를 남긴다.

사실 나는 기자를 직업으로 삼기 훨씬 전부터 내 삶을 강박적으로 기록하는 사람이었다. 그러다가 괴짜 중년의 위기로부터 마지막, 어쩌면 가장 큰 깨달음을 얻었다. 나는 얼굴인식불능증, 입체맹, 아판타시아, SDAM을 '지닌' 게 아니다. 이것들은 나 '자신'이다. 이것들은 나라는 조개 속에 들어와 이리저리 괴롭히면서 '세이디스러움'이라는 진주를 만들게 한 모래알들이다. 안면인식장애는 내게 강한 친화력과 알 수 없는 대상을 두려워하지 않는 굳센 마음을 선물했다. 입체맹은 영원한 외부인으로서의 관점을 줬다. SDAM과 아판타시아는 내가 이야기꾼이자 작가가 되도록 이끌었고, 잊을 수도 있었을 중요한 순간들을 글로 남기도록 도왔다.

이 책을 누구에게 헌정할지 열심히 고민했다. 그리고 마침내 결정했다. 40년 동안 전적으로 신경전형인이라고 믿고 살게 한 내 특별한 뇌에 감사하며 이 책을 바친다.

부록 | 자녀에게 안면인식장애가 있다면

이 프로젝트를 진행하면서 전문가는 물론 안면인식장애를 겪고 있는 분들에게 내 개인적인 이야기를 통해 소개하기 어려운 실용적인 조언을 얻었다. 당신에게도 도움이 된다면 좋겠다.

■ **우리 아이에게 안면인식장애가 있을까?**
아이들에게 나타나는 얼굴인식불능증의 징후는 다음과 같다.

- 놀이터나 학교에 데리러 갔을 때 '길을 잃은 듯' 보인다.
- 멍하거나 사회성이 부족해 보인다.
- TV 프로그램이나 영화의 줄거리를 따라가지 못한다.
- 괴롭힘을 당해도 가해자를 알아보지 못한다.
- 스포츠 경기 중 같은 팀 선수를 따라가지 못한다.
- 낯선 사람들 사이에서는 극도로 수줍어하나 잘 아는 사람들 사이에서는 외향적이다.
- 과도한 집착을 보인다.
- 그룹에서 분리되는 경향을 보인다(학교 현장 학습 등에서).
- 적절한 명칭을 사용하지 않거나 소개를 하지 않는다.

- 익숙한 사람을 연관된 환경 밖에서 만나면 무시한다(슈퍼마켓에서 선생님을 만났을 때 등).

■ **부모 자신이나 아이를 위해 얼굴인식불능증 진단을 공식적으로 받아야 할까?**

결론부터 말하면, 아니다.

자세히 설명하자면, 국제질병분류ICD에서 얼굴인식불능증은 거의 언급되지 않는다. 선천적이든 후천적이든 기타 시각 관련 인식불능증과 묶여 있기 때문이다. 이와 더불어 얼굴인식불능증은 '정신질환 진단 및 통계 편람'에서 완전히 제외돼 있기 때문에 의학계에서는 해당 질환을 거의 없다시피 취급한다. 미국의 경우, 진단이나 치료에 대한 건강보험 환급을 받을 가능성이 거의 없다. 더불어 자녀가 학업적 어려움을 겪고 있지 않다면, 미국장애인교육법IDEA에 따라 특수교육이나 편의를 받을 자격이 없는 것으로 간주될 것이다(그런데도 해당 교육이나 편의가 필요할 수도 있다. 이 경우 변호사를 선임해 입증하기를 원한다면 시도해보라).

재정적·시간적 여유가 있다면 해당 분야에 정통한 신경과 전문의의 진단을 받아보는 것도 나쁘지는 않으나, 이 모두는 결국 자기이해를 위한 것이다. 더 저렴한 방법을 찾는다면 '케임브리지 얼굴 기억 검사'나 '유명인 얼굴 검사' 등 잘 알려진 검사를 받는 것도 좋다. 일부 검사는 온라인에서 무료로 받아볼 수 있으나, 연구에 자원해야 받을 수 있는 검사도 있다. 평균에서 편차 두 개 아래라면, 즉 하위 2.5퍼센트에 해당한다면 안타까운 소식이다. 당신은 안면인식장애가 맞다. 이보다는 높은 점수를 받았지만 안면인식장애가 의심된다면 추가 검사를 받거나 당신의 직감을 믿으라. 확인하는 방법은 여러 가지다. 세상에는 어떤 검사든 손쉽게 통과하는 사람들이 있다(검사, 연구와 관련한 링크는 내 웹사이트 SadieD.com에서 확인해보라).

■ **안면인식장애가 있는 자녀의 삶을 더 편하게 해주려면 어떻게 해야 할까?**

먼저, 자기 자신을 칭찬해주자. 당신은 지각력이 매우 뛰어난 부모다. 이제, 마음을 단단히 먹자. 우리는 미지의 영역에 들어섰기 때문이다. 안면인식장애가 있는 아동에 관한 연구는 거의 없으며, 이들을 돕는 방법에 관한 연구도 아직 시작 단계다. 지금까지의 연구에 따르면, 안면인식장애는 아이들에게 매우 큰 고통을 안긴다. 이런 아이들을 혼자 놔두면 사회적으로 겪는 어려움을 다른 사람의 탓으로 돌리고, 자신은 비호감이고 이상하거나 멍청하다고 믿으며 자라게 될 가능성이 크다.

아이가 잘 적응하는 듯 보여도 부모의 도움이 필요할 것이다. 다음은 장애인 교육자, 연구자, 그리고 얼굴인식불능증 환자들에게서 수집한 몇 가지 조언이다. 이 조언들은 제안에 불과하므로 자녀와 상황에 맞는 것을 골라서 적용하자.

- 발달에 적합한 방식으로 사실에 근거해 자녀에게 자신이 안면인식장애를 가지고 있음을 설명해주자. 비교적 흔히 찾을 수 있는 질환과 비교해 설명하면 좋다. 예컨대 안면인식장애는 난독증과 비슷하지만, 단어 대신 얼굴을 알아보지 못하는 것이라고 설명하

는 식이다.
- 가능하면 자주 사람의 이름을 불러주자. 예를 들어, "제니가 왔네. 탭댄스 수업 같이 듣잖아."라고 말하는 식이다.
- 소규모 그룹 놀이 약속을 정하자. 자녀가 이름을 기억하는 한두 명 정도의 아이들과 함께하면 더 편하게 놀 수 있다.
- 자녀가 스스로 해결할 수 있도록 가르치자. 예를 들면, 사람들에게 이름을 묻고 자신이 친구들을 알아보지 못할 수도 있다는 사실을 설명할 수 있도록 가르치자.
- 사람을 알아볼 수 있는 다양한 방법을 함께 생각하고 연습해보자. 예를 들어 체형이나 신체의 크기, 걸음걸이, 목소리 등이 있다(단, 사람들은 자신의 두드러진 특징에 민감하게 반응할 수 있으므로 모욕감을 주지 않도록 주의시키자).
- 교사와 행정 직원들에게 얼굴인식불능증이 무엇인지 인지시키자. 자녀가 허락한다면 선생님이 반 학생들에게 자녀의 장애에 관해 설명해달라고 요청하자.
- 교사에게 학생들의 좌석을 지정하고, 가능한 한 학생의 이름을 자주 불러달라고 요청하자.
- 자녀의 가장 친한 친구에게 특이한 액세서리를 착용해달라고 부탁해보자.
- 되도록 교복을 입지 않는 학교에 자녀를 진학시키자.

감사의 글

스티브는 내가 남편을 무슨 로봇처럼 써놨다고 말하지만, 어쩔 수 없었다. 자상하고 겸손한 내 천재적인 남편을 더 사실적으로 적어놓으면 너무 자랑하는 것처럼 들렸을 테니까. 이 책은 남편의 변함없는 지지와 격려가 없었다면 쓸 수 없었을 거다.

가족, 특히 부모님께 감사드린다. 정말 큰 일을 해주셨다. 그리고 내가 쓴 모든 글을 읽어주신 아델 할머니, 평생 무조건적인 사랑과 지지의 원천이 돼주신 에시 할머니, 자연을 사랑하라고 가르쳐주신 사이먼 할아버지, 책을 사랑하라고 가르쳐주신 멜 할아버지까지, 나를 늘 응원해주는 조부모님들께도 감사드린다. 내 동생과 올케는 언제나 내게 사려 깊은 조언과 새로운 아이디어를 제공해줬다. 생각이 깊은 우리 조카들은 시각화할 수 있다는 것, 3차원으로 본다는 것, 그리고 사람을 한눈에 알아본다는 것이 어떤 건지 이해하도록 도와줬다. 솔직히 큰 도움이 되지는 않았지만 깨물어주고 싶을 정도로 귀여운 우리 갓난아기 조카에게도 고마움을 전한다.

내 끊임없는 질문에 인내심 있게 대답해주고 그들의 머리 색깔처럼 틀린 부분이 있으면 잘 알려준 뛰어난 과학자들에게도 큰 빚을 졌다. 조 드구티스부터 브래드 듀셰인, 브라이언 레빈, 데니스 리바이, 수전 배리, 잉고 케너크네히트, 도리스 차오, 샤힌 나스르, 마거릿 리빙스턴, 낸시 캔위셔Nancy Kanwisher, 로드리고 키안 키로가, 엔델 툴빙, 토머스 파파토머스Thomas Papathomas, 크리스토퍼 타일러, 조시 데이비스, 데이비드 쿡David Cook, 브루노 로시온Bruno Rossion, 앤드루 오즈월드, 지안 딩, 레이철 베넷츠, 셰리스 코로, 피트 톰프슨, 마리스카 크렛, 배리 샌드루Barry Sandew, 애덤 제먼, 러셀 헐버트, 알렉 크럼, 알렉세이 도스, 윌마 베인브리지, 메이케 라몬, 윌리엄 폰 히펠, 티머시 웰시 H.Timothy Welsh, H., 모리아 소콜롭스키, 메리 T. 모스Mary T. Morse, 에마 메글라, 앨리스 리, 애나 스텀프스Anna Stumps, 마루티 미슈라Maruti Mishra, 힐러리 루, 안토니오 멜로, 리건 프라이Regan Fry까지. 이야기 치료 학자인 대니엘 R. 스펜서Danielle R. Spencer와 과학 사서 토니 스탠커스Tony Stankus에게도 감사드린다. 스미스 칼리지의 모든 교수님, 특히 빌 피터슨Bill Peterson과 데이비드 팔머David Palmer 교수님께 진심으로 감사드린다. 데번 프라이스Devon Price, 리릭 리베라Lyric Rivera, 그리고 네이. 신경다양성 운동에 관해 내게 설명해주어서 정말 고맙다. 내가 실수한 게 있다면 저들 탓이다. 오류가 있다면 전적으로 내 잘못이다.

이 프로젝트는 반밖에 완성되지 않은 내 아이디어를 포착한 눈썰미 좋은 에이전트 다라 케이Dara Kaye의 도움이 없었다면 결코 시작될 수 없었을 것이다. 지혜와 통찰의 무한한 원천, 천재 편집자

트레이시 베하르Tracy Behar와 그에 못지않은 탈리아 크론Talia Krohn에게도 감사하다. 어려운 질문을 던지고도 내 눈물에 겁내지 않던 전 편집자 이안 스트라우스Ian Straus와 데이비드 로웰에게도 감사의 빚이 있다.

트레이시, 조앤, 두 앤, 시빌, 미리엄. 함께한 경험을 기억할 수 있도록 도와준 모든 친구에게도 고맙다. 훌륭한 독자이면서 변함없는 정신적 지지를 보내준 시에렌, 리, 홀리, 톰에게도 고맙다. 보스턴에 초대해준 팸과 그녀의 파트너(데이비드…… 맞지?)에게도 고맙다. 오클랜드에 초대해준 히더와 리니아에게도 감사의 인사를. 그들이 아니었다면 찾지 못했을 정보를 공유해준 내 동료 저널리스트 존 베더John Beder, 케이티 드로슈Katie DeRoche, 마티네 파워스Martine Powers, 테드 멀둔Ted Muldoon에게도 큰 빚을 졌다. 릴리안, 앤절라, 샌디, 데일, 캐시, 베로니카, 린다, 피스, 샤메인, 앨리슨, 팻, 팸, 진, 엘리자베스, 메리, 우리 '개소리 그만No BS' 멤버들에게도 끝없는 고마움을 전한다.

유명하고 바쁜 분들이 시간을 내서 나와 대화를 나눠줄 때면 항상 놀라우면서도 깊은 감사를 느낀다. 이 책에 도움을 주신 존 히켄루퍼 상원의원, 스티브 워즈니악, 크레이그 벤터, 폴 풋, 앤디 포프, 마이크 네빌, 제임스 블라하, 엔드리 앙젤리, 글렌 알페린Glenn Alperin, 래리 케니Larry Kenney께 감사드린다.

참고 문헌

서문

1   L. Kay, R. Keogh, T. Andrillon, and J. Pearson, 〈아판타시아, 감각 및 현상학적 이미지 강도의 생리적 지표로서의 동공 빛 반응The Pupillary Light Response as a Physiological Index of Aphantasia, Sensory, and Phenomenological Imagery Strength〉, *eLife* 11 (2022): e72484, https://doi.org/10.7554/eLife.72484.

2   J. Fulford, F. Milton, D. Salas, A. Smith, A. Simler, C. Winlove, and A. Zeman, 〈시각 이미지 선명도의 신경 상관관계 - fMRI 연구 및 문헌 검토The Neural Correlates of Visual Imagery Vividness-An fMRI Study and Literature Review〉, *Cortex* 105 (2018): 26-40, https://doi.org/10.1016/j.cortex.2017.09.014.

3   M. Wicken, R. Keogh, and J. Pearson, 〈인간 감정에서 심상의 중요성: 공포 기반의 이미지 및 아판타시아에서 얻은 통찰The Critical Role of Mental Imagery in Human Emotion: Insights from Fear-Based Imagery and Aphantasia〉, *Proceedings of the Royal Society B: Biological Sciences* 288, no. 1946 (2021): 20210267, https://doi.org/10.1098/rspb.2021.0267.

1장 낯선 남자를 남편으로 착각할 수 있을까

1   Oliver Sacks, 〈안면실인Face-Blind〉, *The New Yorker*, 2010년 8월 23일, https://www.newyorker.com/magazine/2010/08/30/face-blind.

2장 언제든 알아볼 수 있어야 하는 사람

1   H. D. Ellis and M. Florence, 〈얼굴인식불능증에 관한 보다머(1947)의 논문Bodamer's (1947) Paper on Prosopagnosia〉, *Cognitive Neuropsychology* 7, no. 2 (1990): 81-105, https://doi.org/10.1080/02643299008253437.

2   I. W. R. Bushnell, 〈신생아의 엄마 얼굴인식: 학습과 기억Mother's Face Recognition in Newborn Infants: Learning and Memory〉, *Infant and Child Development* 10, nos. 1-2 (2001): 67-74, https://doi.org/10.1002/icd.248.

3   J. E. McNeil and E. K. Warrington, 〈얼굴인식불능증: 얼굴 특화된 장애Prosopagnosia: A Face-Specific Disorder〉, *Quarterly Journal of Experimental Psychology Section A* 46, no. (1) (1993): 1-10, https://doi.org/10.1080/14640749308401064.

4   M. Moscovitch, G. Winocur, and M. Behrmann, 〈얼굴인식의 특별한 점은? 시각적 물체 실인증과 난독증이 있으나 얼굴인식 능력은 정상적인 사람을 대상으로 한 19가지 실험What Is Special About Face Recognition? Nineteen Experiments on a Person with Visual Object Agnosia and Dyslexia but Normal Face Recognition〉, *Journal of Cognitive Neuroscience* 9, no. 5 (1997): 555-604, https://doi.org/10.1162/jocn.1997.9.5.555.

5   Bill Choisser, 〈얼굴을 알아볼 수 없다!: 1편Face Blind!: Chapter 1〉, 2014년 11월 11일 최종 수정, http://www.choisser.com/faceblind/.

6   Bill Choisser, 〈얼굴인식하기Recognizing faces〉, 구글 챗, 1996년 5월 12일 12:00:00 a.m., https://groups.google.com/g/alt.support.learning-disab/c/5k2SUd0Zs4k/m/_5GhR_Ez8UcJ.

7   Bill Choisser, 〈얼굴을 알아볼 수 없다!: 부록 AFace Blind!: Appendix A〉, 2022년 1월 1일 최종 수정, http://www.choisser.com/faceblind/research.html.

8   I. Kennerknecht, T. Grueter, B. Welling, S. Wentzek, J. Horst, S. Edwards, and M. Grueter, 〈비증후군성 유전적 얼굴인식불능증(HPA)의 유병률에 대한 첫 보고First Report of Prevalence of Non-Syndromic Hereditary Prosopagnosia (HPA)〉, *American Journal of Medical Genetics* 140A, no. 15 (2006): 1617-22, https://doi.org/10.1002/ajmg.a.31343.

3장 얼굴은 이상하다, 모두 다르다는 점에서

1   A. W. Young, D. C. Hay, and A. W. Ellis, 〈천 번의 실수를 유발한 얼굴들: 사람을 인식하는 데 일상적으로 발생하는 어려움과 오류The Faces That Launched a Thousand Slips: Everyday Difficulties and Errors in Recognizing People〉, *British Journal of Psychology* 76, no. 4 (1985): 495-523, https://doi.org/10.1111/j.2044-8295.1985.tb01972.x.

2   I. Minio-Paluello, G. Porciello, A. Pascual-Leone, and S. Baron-Cohen, 〈얼굴과 개인 인식: 자폐증의 잠재적 내적 표현형Face Individual Identity Recognition: A Potential Endophenotype in Autism〉, *Molecular Autism* 11, no. 1 (2020): 81, https://doi.org/10.1186/s13229-020-00371-0.

3   R. J. Bennetts, N. J. Gregory, J. Tree, C. D. Luft, M. J. Banissy, E. Murray, T. Penton, and S. Bate, 〈얼굴 특정 반전 효과는 발달성 얼굴인식불능증의 두 가지 하위 유형에 대한 증거를 제공한다Face Specific Inversion Effects Provide Evidence for Two Subtypes of Developmental Prosopagnosia〉, *Neuropsychologia* 174 (2022): 108332, https://doi.org/10.1016/j.neuropsychologia.2022.108332.

4   P. Thompson, 〈마거릿 대처: 새로운 환상Margaret Thatcher: A New Illusion〉, *Perception* 9, no. 4 (1980): 483-84, https://doi.org/10.1068/p090483.

5   N. L. Segal, A. T. Goetz, and A. C. Maldonado, 〈성인, 아동, 자폐증 스펙트럼 장애 아동의 흰자위에 대한 선호: 협력적 눈 가설의 시사점Preferences for Visible White Sclera

in Adults, Children, and Autism Spectrum Disorder Children: Implications of the Cooperative Eye Hypothesis〉, *Evolution and Human Behavior* 37, no. 1 (2016): 35-39, https://doi.org/10.1016/j.evolhumbehav.2015.06.006.

6   M. J. Sheehan and M. W. Nachman, 〈인간의 얼굴이 개인의 신원을 알리기 위해 진화했다는 형태학적, 인구 게놈학적 증거Morphological and Population Genomic Evidence That Human Faces Have Evolved to Signal Individual Identity〉, *Nature Communications* 5, no. 1 (2014): 4800, https://doi.org/10.1038/ncomms5800.

7   같은 논문.

8   T. H. Thelen, 〈소수자 유형 인간의 짝 선호Minority Type Human Mate Preference〉, *Social Biology* 30, no. 2 (1983): 162-80, https://doi.org/10.1080/19485565.1983.9988531.

9   Z. J. Janif, R. C. Brooks, and B. J. Dixson, 〈음의 주파수에 따른 남성 얼굴상에서 체모의 선호도와 변화Negative Frequency-Dependent Preferences and Variation in Male Facial Hair〉, *Biology Letters* 10, no. 4 (2014): 20130958, https://doi.org/10.1098/rsbl.2013.0958.

10 M. E. Kret and M. Tomonaga, 〈얼굴 처리의 기초 이해하기: 인간과 침팬지(판 트로글로디테스)의 얼굴과 뒷모습에 대한 종별 반전 효과Getting to the Bottom of Face Processing: Species-Specific Inversion Effects for Faces and Behinds in Humans and Chimpanzees (Pan Troglodytes)〉, *PLoS One* 11, no. 11 (2016): e0165357, https://doi.org/10.1371/journal.pone.0165357.

11 V. M. Reid, K. Dunn, R. J. Young, J. Amu, T. Donovan, and N. Reissland, 〈인간 태아는 얼굴과 유사한 시각적 반응에 우선적으로 반응한다The Human Fetus Preferentially Engages with Face-Like Visual Stimuli〉, *Current Biology* 27, no. 12 (2017): 1825-28.e3, https://doi.org/10.1016/j.cub.2017.05.044.

12 O. Pascalis, M. de Haan, and C. A. Nelson, 〈생후 1년 동안 얼굴 처리는 종 특화되는가?Is Face Processing Species-Specific During the First Year of Life?〉, *Science* 296, no. 5571 (2002): 1321-23, https://doi.org/10.1126/science.1070223.

13 D. J. Kelly, P. C. Quinn, A. M. Slater, K. Lee, A. Gibson, M. Smith, L. Ge, and O. Pascalis, 〈신생아는 아니나 생후 3개월 된 아기는 자기 인종의 얼굴을 선호한다Three-Month-Olds, but Not Newborns, Prefer Own-Race Faces〉, *Developmental Science* 8, no. 6 (2005): F31-36, https://doi.org/10.1111/j.1467-7687.2005.0434a.x.

14 G. Anzures, A. Wheeler, P. C. Quinn, O. Pascalis, A. M. Slater, M. Heron-Delaney, J. W. Tanaka, and K. Lee, 〈아시아 여성에게 매일 짧은 시간 동안 노출된 백인 유아는 아시아 얼굴에 대한 지각적 편협이 줄어든다Brief Daily Exposures to Asian Females Reverses Perceptual Narrowing for Asian Faces in Caucasian Infants〉, *Journal of Experimental Child Psychology* 112, no. 4 (2012): 484-95, https://doi.org/10.1016/j.jecp.2012.04.005.

15 J. DeGutis, B. Yosef, E. A. Lee, E. Saad, J. Arizpe, J. S. Song, J. Wilmer, L. Germine, and M. Esterman, 〈전 생애에 걸친 얼굴 인지에 대한 인식의 기복The Rise and Fall of Face

Recognition Awareness Across the Life Span〉, *Journal of Experimental Psychology: Human Perception and Performance* 49, no. 1 (2023): 22-33, https://doi.org/10.1037/xhp0001069.

16   J. Liu, J. Li, L. Feng, L. Li, J. Tian, and K. Lee, 〈토스트에서 예수님 보기: 얼굴 파레이돌리아의 신경 및 행동 상관관계Seeing Jesus in Toast: Neural and Behavioral Correlates of Face Pareidolia〉, *Cortex* 53 (2014): 60-77, https://doi.org/10.1016/j.cortex.2014.01.013.

17   D. Alais, Y. Xu, S. G. Wardle, and J. Taubert, 〈인간 얼굴과 얼굴 파레이돌리아 속 얼굴 표정을 위한 공유 메커니즘A Shared Mechanism for Facial Expression in Human Faces and Face Pareidolia〉, *Proceedings of the Royal Society B: Biological Sciences* 288, no. 1954 (2021): 20210966, https://doi.org/10.1098/rspb.2021.0966.

4장 얼굴인식에 특화된 초인식자들의 뇌

1   R. Russell, B. Duchaine, and K. Nakayama, 〈초인식자: 뛰어난 얼굴인식 능력을 지닌 사람들Super-Recognizers: People with Extraordinary Face Recognition Ability〉, *Psychonomic Bulletin and Review* 16, no. 2 (2009): 252-57, https://doi.org/10.3758/PBR.16.2.252.

2   A. K. Bobak, B. A. Parris, N. J. Gregory, R. J. Bennetts, and S. Bate, 〈발달성 얼굴인식불능증 및 '슈퍼' 얼굴인식 사례의 안구 운동 전략Eye-Movement Strategies in Developmental Prosopagnosia and 'super' Face Recognition〉, *Quarterly Journal of Experimental Psychology* 70, no. 2 (2017): 201-17, https://doi.org/10.1080/17470218.2016.1161059.

5장 우리 뇌의 로제타석: 뇌는 어떻게 얼굴을 인식하는가

1   R. Quian Quiroga, L. Reddy, G. Kreiman, C. Koch, and I. Fried, 〈인간 두뇌에서 뉴런 단일 요인에 의해 변하지 않는 시각적 표현Invariant Visual Representation by Single Neurons in the Human Brain〉, *Nature* 435, no. 7045 (2005): 1102-7, https://doi.org/10.1038/nature03687.

2   M. J. Ison, R. Quian Quiroga, and I. Fried, 〈인간 두뇌의 개별 뉴런에 의한 새로운 기억의 신속한 부호화Rapid Encoding of New Memories by Individual Neurons in the Human Brain〉, *Neuron* 87, no. 1 (2015): 220-30, https://doi.org/10.1016/j.neuron.2015.06.016.

3   L. Chang and D. Y. Tsao, 〈영장류 뇌 속 얼굴 식별 코드The Code for Facial Identity in the Primate Brain〉, *Cell* 169, no. 6 (2017): 1013-28.e14, https://doi.org/10.1016/j.cell.2017.05.011.

4   P. Bao, L. She, M. McGill, and D. Y. Tsao, 〈영장류 하측두피질 속 물체 공간 지도A Map of Object Space in Primate Inferotemporal Cortex〉, *Nature* 583, no. 7814 (2020): 103-8, https://doi.org/10.1038/s41586-020-2350-5.

5   C. Zhuang, S. Yan, A. Nayebi, and D. L. K. Yamins, 〈복측 시각 경로의 비지도 신경망 모델Unsupervised Neural Network Models of the Ventral Visual Stream〉, *Proceedings of the National Academy of Sciences* 118, no. 3 (2021): e2014196118, https://doi.org/10.1073/

pnas.2014196118.

6장 얼굴인식의 키, 방추상얼굴영역

1   M. K. Smith, R. Trivers, and W. von Hippel, 〈상대방을 쉽게 설득할 수 있게 하는 자기기만 기술들Self-Deception Facilitates Interpersonal Persuasion〉, *Journal of Economic Psychology* 63 (2017): 93-101, https://doi.org/10.1016/j.joep.2017.02.012.

2   S. C. Murphy, F. K. Barlow, and W. von Hippel, 〈과신에 대한 세 가지 이론의 종단적 테스트A Longitudinal Test of Three Theories of Overconfidence〉, *Social Psychological and Personality Science* 9, no. 3 (2018): 353-63, https://doi.org/10.1177/1948550617699252.

3   S. Bate, A. Adams, and R. J. Bennetts, 〈누구일까요? 얼굴을 통한 신원 식별 훈련은 일반 아동의 얼굴 기억력을 향상한다Guess Who? Facial Identity Discrimination Training Improves Face Memory in Typically Developing Children〉, *Journal of Experimental Psychology* 149, no. 5 (2020): 901-13, https://doi.org/10.1037/xge0000689.

4   I. Kennerknecht, N. Pluempe, and B. Welling, 〈선천적 얼굴인식불능증 – 인간에게 흔히 발견되는 유전성 인지기능장애Congenital Prosopagnosia - A Common Hereditary Cognitive Dysfunction in Humans〉, *Frontiers in Bioscience* 13, no. 8 (2008): 3150-58, https://doi.org/10.2741/2916.

7장 입체를 볼 수 없는 운전자, 도로로 나가다

1   R. Le Grand, C. J. Mondloch, D. Maurer, and H. P. Brent, 〈조기의 시각적 경험 및 얼굴 처리Early Visual Experience and Face Processing〉, *Nature* 410, no. 6831 (2001): 890, https://doi.org/10.1038/35073749.

2   R. Le Grand, C. J. Mondloch, D. Maurer, and H. P. Brent, 〈숙련된 얼굴 처리는 영아기 동안 우반구에 시각적 입력을 필요로 한다Expert Face Processing Requires Visual Input to the Right Hemisphere During Infancy〉, *Nature Neuroscience* 6, no. 10 (2003): 1108-12, https://doi.org/10.1038/nn1121.

3   G. Chatterjee, L. Germine, A. Novick, K. Nakayama, and J. Wilmer, 〈좌안 약시의 얼굴인식 능력 저하Poorer Face Recognition in Left-Eye Amblyopes〉, *Journal of Vision* 12, no. 9 (2012): 484, https://doi.org/10.1167/12.9.484.

4   M. Dombrow and H. M. Engel, 〈미국의 사시 수술 비율: 소아 안과의 인력 수요에 대한 시사점Rates of Strabismus Surgery in the United States: Implications for Manpower Needs in Pediatric Ophthalmology〉, *Journal of American Association for Pediatric Ophthalmology and Strabismus* 11, no. 4 (2007): 330-35, https://doi.org/10.1016/j.jaapos.2007.05.010.

5   E. E. Birch and J. Wang, 〈영아기 치료 및 조절 내사시에 따른 입체시력 결과Stereoacuity Outcomes Following Treatment of Infantile and Accommodative Esotropia〉, *Optometry and Vision Science*

86, no. 6 (2009): 647-52, table 1, https://doi.org/10.1097/OPX.0b013e3181a6168d.

6   M. S. Livingstone, R. Lafer-Sousa, and B. R. Conway, 〈입체시력과 예술적 재능: 미술 전공 학생과 기성 예술가 들의 부족한 입체시력Stereopsis and Artistic Talent: Poor Stereopsis Among Art Students and Established Artists〉, *Psychological Science* 22, no. 3 (2011): 336-38, https://doi.org/10.1177/0956797610397958.

7   J. A. Bradbury and R. H. Taylor, 〈사시 수술의 심각한 합병증Severe Complications of Strabismus Surgery〉, *Journal of American Association for Pediatric Ophthalmology and Strabismus* 17, no. 1 (2013): 59-63, https://doi.org/10.1016/j.jaapos.2012.10.016.

8   J. M. Baker, C. Drews-Botsch, M. R. Pfeiffer, and A. E. Curry, 〈약시 및 편측 시력 장애를 지닌 젊은 성인의 운전면허 취득률 및 자동차 사고율Driver Licensing and Motor Vehicle Crash Rates Among Young Adults with Amblyopia and Unilateral Vision Impairment〉, *Journal of American Association for Pediatric Ophthalmology and Strabismus* 23, no. 4 (2019): 230-32, https://doi.org/10.1016/j.jaapos.2019.01.009.

9   S. E. Kumaran, A. Rakshit, J. R. Hussaindeen, J. Khadka, and K. Pesudovs, 〈비사시성 약시가 성인의 삶의 질에 영향을 미칠까? 정성적 연구 결과Does Non-Strabismic Amblyopia Affect the Quality of Life of Adults? Findings from a Qualitative Study〉, *Ophthalmic and Physiological Optics* 41, no. 5 (2021): 996-1006, https://doi.org/10.1111/opo.12864.

10 A. L. Webber, 〈약시의 기능적 영향The Functional Impact of Amblyopia〉, *Clinical and Experimental Optometry* 101, no. 4 (2018): 443-50, https://doi.org/10.1111/cxo.12663.

8장 입체맹의 세계

1   Christopher Tyler, 『벨라 줄레스 1928~2003 전기 회고록Bela Julesz 1928-2003: Biographical Memoirs』 (Washington, DC: National Academy of Sciences, 2014), https://www.nasonline.org/publications/biographical-memoirs/memoir-pdfs/julesz-bela.pdf.

2   Jeremy Bernstein, 『영하 3도: 정보화 시대의 벨연구소Three Degrees Above Zero: Bell Labs in the Information Age』 (Cambridge, UK: Cambridge Univ. Press, 1984), 43.

3   A. B. Zipori, L. Colpa, A. M. F. Wong, S. L. Cushing, and K. A. Gordon, 〈자세 안정성과 시각장애: 사시 및 약시가 있는 아동의 균형 평가Postural Stability and Visual Impairment: Assessing Balance in Children with Strabismus and Amblyopia〉, *PLoS One* 13, no. 10 (2018): e0205857, https://doi.org/10.1371/journal.pone.0205857.

4   S. P. McKee, D. M. Levi, and J. A. Movshon, 〈약시의 시각적 결함 패턴The Pattern of Visual Deficits in Amblyopia〉, *Journal of Vision* 3, no. 5 (2003): 380-405, https://doi.org/10.1167/3.5.5.

5   E. Niechwiej-Szwedo, L. Colpa, and A. M. F. Wong, 〈약시의 시각 운동 행동: 결핍과

보상적 적응Visuomotor Behaviour in Amblyopia: Deficits and Compensatory Adaptations〉, *Neural Plasticity* 2019 (2019): 6817839, https://doi.org/10.1155/2019/6817839.

9장 7테슬라 MRI가 밝혀낼 비밀

1   Osea Giuntella, Sally McManus, Redzo Mujcic, Andrew J. Oswald, Nattavudh Powdthavee, and Ahmed Tohamy, 〈중년의 위기The Midlife Crisis〉 (작성 중인 논문 no. 30442, National Bureau of Economic Research, Cambridge, MA, 2022), https://www.nber.org/papers/w30442.

2   A. Weiss, J. E. King, M. Inoue-Murayama, and A. J. Oswald, 〈인간 행복의 U자형 그래프와 일치하는 유인원의 '중년의 위기'에 대한 증거Evidence for a 'Midlife Crisis' in Great Apes Consistent with the U-Shape in Human Well-Being〉, *Proceedings of the National Academy of Sciences* 109, no. 49 (2012): 19949-52, https://doi.org/10.1073/pnas.1212592109.

3   H. Liu, B. Laeng, and N. O. Czajkowski, 〈입체시력이 얼굴 식별 능력을 향상할까? 시선 추적 및 동공 측정 기능이 통합된 가상현실 디스플레이를 사용한 연구Does Stereopsis Improve Face Identification? A Study Using a Virtual Reality Display with Integrated Eye-Tracking and Pupillometry〉, *Acta Psychologica* 210 (2020): 103142, https://doi.org/10.1016/j.actpsy.2020.103142.

10장 양 눈의 정보를 한 이미지로 통합하는 일

1   S. Xiao, E. Angjeli, H. C. Wu, E. D. Gaier, S. Gomez, D. A. Travers, G. Binenbaum, R. Langer, D. G. Hunter, M. X. Repka, and Luminopia Pivotal Trial Group, 〈약시를 위한 복시 디지털 치료법의 무작위 대조 실험Randomized Controlled Trial of a Dichoptic Digital Therapeutic for Amblyopia〉, *Ophthalmology* 129, no. 1 (2022): 77-85, https://doi.org/10.1016/j.ophtha.2021.09.001.

2   O. Uretmen, S. Egrilmez, S. Kose, K. Pamukçu, C. Akkin, and M. Palamar, 〈사시 아동에 대한 사회의 부정적 편견Negative Social Bias Against Children with Strabismus〉, *Acta Ophthalmologica Scandinavica* 81, no. 2 (2003): 138-42, https://doi.org/10.1034/j.1600-0420.2003.00024.x.

3   S. M. Mojon-Azzi, A. Kunz, and D. S. Mojon, 〈아동의 사시와 차별: 사시가 있는 아동은 더 적은 생일 파티에 초대되는가?Strabismus and Discrimination in Children: Are Children with Strabismus Invited to Fewer Birthday Parties?〉, *British Journal of Ophthalmology* 95, no. 4 (2011): 473-76, https://doi.org/10.1136/bjo.2010.185793.

4   E. A. Paysse, E. A. Steele, K. M. B. McCreery, K. R. Wilhelmus, and D. K. Coats, 〈사시에 대한 부정적 태도가 나타나는 시대Age of the Emergence of Negative Attitudes Toward Strabismus〉, *Journal of American Association for Pediatric Ophthalmology and Strabismus* 5, no. 6 (2001): 361-66, https://doi.org/10.1067/mpa.2001.119243.

5   A. P. Akay, B. Cakaloz, A. T. Berk, and E. Pasa, 〈사시가 있는 자녀를 둔 어머니의 심리 사회적 측면Psychosocial Aspects of Mothers of Children with Strabismus〉, *Journal of American Association for Pediatric Ophthalmology and Strabismus* 9, no. 3 (2005): 268-73, https://doi.org/10.1016/j.jaapos.2005.01.008.

6   S. M. Mojon-Azzi and D. S. Mojon, 〈사시와 고용: 헤드헌터의 의견Strabismus and Employment: The Opinion of Headhunters〉, *Acta Ophthalmologica* 87, no. 7 (2009): 784-88, https://doi.org/10.1111/j.1755-3768.2008.01352.x.

7   S. M. Mojon-Azzi, W. Potnik, and D. S. Mojon, 〈사시를 지닌 피실험자의 파트너 찾는 능력에 대한 만남 주선 에이전트의 의견Opinions of Dating Agents About Strabismic Subjects' Ability to Find a Partner〉, *British Journal of Ophthalmology* 92, no. 6 (2008): 765-69, https://doi.org/10.1136/bjo.2007.128884.

8   A. N. Buffenn, 〈사시가 심리 사회적 건강과 삶의 질에 미치는 영향: 체계적 검토The Impact of Strabismus on Psychosocial Health and Quality of Life: A Systematic Review〉, *Survey of Ophthalmology* 66, no. 6 (2021): 1051-64, https://doi.org/10.1016/j.survophthal.2021.03.005.

11장 3차원으로 보는 방법

1   T. L. Ooi and Z. J. He, 〈실제 환경 속 사시를 지닌 관찰자의 공간 인식Space Perception of Strabismic Observers in the Real World Environment〉, *Investigative Ophthalmology and Visual Science* 56, no. 3 (2015): 1761-68, https://doi.org/10.1167/iovs.14-15741.

2   B. Bridgeman, 〈성인 입체시력 회복하기: 한 시각 연구원의 개인적 경험Restoring Adult Stereopsis: A Vision Researcher's Personal Experience〉, *Optometry and Vision Science* 91, no. 6 (2014): e135-39, https://doi.org/10.1097/OPX.0000000000000272.

3   Morgen Peck, 〈한 편의 영화는 어떻게 한 남자의 시력을 영원히 바꿔놓았나How a Movie Changed One Man's Vision Forever〉, Neuroscience, BBC Future, 2012년 7월 18일, https://www.bbc.com/future/article/20120719-awoken-from-a-2d-world.

4   J. Wirtz, 〈3D 속 창의성: 시인과 과학자 들이 발명으로 융합하다Creativity in 3D: Poets and Scientists Converge on Writerly Invention〉, *Interdisciplinary Science Reviews* 39, no. 1 (2014): 62-72, http://dx.doi.org/10.1179/0308018813Z.00000000068.

12장 아판타시아: 이미지를 상상할 수 없는 사람들

1   Martin Brookes, 『극단적 조치: 프랜시스 골턴의 명암Extreme Measures: The Dark Visions and Bright Ideas of Francis Galton』 (New York: Bloomsbury, 2004).

2   D. Burbridge, 〈골턴의 100: 프랜시스 골턴의 심상 연구에 대한 탐구Galton's 100: An Exploration of Francis Galton's Imagery Studies〉, *British Journal for the History of Science* 27, no. 4 (1994): 443-63, http://www.jstor.org/stable/4027625.

3   Karl Pearson, 『프랜시스 골턴의 삶, 편지, 그리고 노동(2)Life, Letters and Labours of Francis Galton vol. 2』 (Cambridge, UK: Cambridge Univ. Press, 1924), 194.

4   W. F. Brewer and M. Schommer-Aikins, 〈과학자들에게는 심상이 결핍돼 있지 않다: 골턴의 수정Scientists Are Not Deficient in Mental Imagery: Galton Revised〉, *Review of General Psychology* 10, no. 2 (2006): 130-46, https://doi.org/10.1037/1089-2680.10.2.130.

5   Carl Zimmer, 〈상상이 되나요? 안 되는 사람도 있습니다Picture This? Some Just Can't〉, *New York Times*, 2015년 6월 22일, https://www.nytimes.com/2015/06/23/science/aphantasia-minds-eye-blind.html.

6   New Scientist, 『당신의 의식: 인간 두뇌의 미스터리를 풀다Your Conscious Mind: Unravelling the Mystery of the Human Brain』 (London: John Murray Press, 2017).

7   Carl Zimmer, 〈뇌: 마음의 눈을 깊이 들여다보다The Brain: Look Deep into the Mind's Eye〉, *Discover Magazine*, 2010년 3월 22일, https://www.discovermagazine.com/mind/the-brain-look-deep-into-the-minds-eye.

8   New Scientist, 『당신의 의식: 인간 두뇌의 미스터리를 풀다』

9   A. Z. J. Zeman, S. Della Sala, L. A. Torrens, V.-E. Gountouna, D. J. McGonigle, and R. H. Logie, 〈시간-공간 작업 능력은 유지된 상태에서의 이미지 형상 능력의 상실: '눈먼 상상력'의 사례Loss of Imagery Phenomenology with Intact Visuo-Spatial Task Performance: A Case of 'Blind Imagination'〉, *Neuropsychologia* 48, no. 1 (2010): 145-55, https://doi.org/10.1016/j.neuropsychologia.2009.08.024.

10 M. Matsuhashi and M. Hallett, 〈움직이려는 의식적 의도의 타이밍The Timing of the Conscious Intention to Move〉, *European Journal of Neuroscience* 28, no. 11 (2008): 2344-51, https://doi.org/10.1111/j.1460-9568.2008.06525.x.

11 P. Johansson, L. Hall, S. Sikström, and A. Olsson, 〈단순 의사 결정 작업에서 의도와 결과 사이의 불일치를 감지하지 못하는 현상에 관하여Failure to Detect Mismatches Between Intention and Outcome in a Simple Decision Task〉, *Science* 310, no. 5745 (2005): 116-19, https://doi.org/10.1126/science.1111709.

12 J. B. Watson, 〈행동주의자가 바라보는 심리학Psychology as the Behaviorist Views It〉, *Psychological Review* 20, no. 2 (1913): 158-77, https://doi.org/10.1037/h0074428.

13 B. Faw, 〈상충하는 직관은 서로 다른 능력에 기반할 수도 있다: 심상 연구에서 얻은 증거Conflicting Intuitions May Be Based on Differing Abilities: Evidence from Mental Imaging Research〉, *Journal of Consciousness Studies* 16, no. 4 (2009): 45-68, https://psycnet.apa.org/record/2009-05537-003.

14 J. B. Watson, 〈행동 속 이미지와 애정Image and Affection in Behavior〉, *Journal of Philosophy, Psychology, and Scientific Methods* 10, no. 16 (1913): 423n3, https://www.jstor.org/stable/2012899?seq=4.

15   같은 논문, 424.

13장 시각적 기억을 배울 수 있을까

1   William James, 〈의식의 흐름The Stream of Consciousness〉 in 『심리학의 원리』 (Cleveland, OH: World, 1948), ch. 11.

2   C. L. Heavey and R. T. Hurlburt, 〈내적 경험의 현상The Phenomena of Inner Experience〉, *Consciousness and Cognition* 17, no. 3 (2008): 798-810, https://doi.org/10.1016/j.concog.2007.12.006.

3   Stephanie Doucette and Russell T. Hurlburt, 〈폭식증 환자의 내적 경험Inner Experience in Bulimia〉 in 『불안한 정서의 내적 경험 샘플링: 감정, 성격 및 심리치료Sampling Inner Experience in Disturbed Affect: Emotions, Personality, and Psychotherapy』 (New York: Springer, 1993), https://doi.org/10.1007/978-1-4899-1222-0_10.

4   J. Craig Venter, 『크레이그 벤터 게놈의 기적』 (New York: Viking Penguin, 2007), 27, 14. (국내에는 2009년 출간-옮긴이.)

14장 박쥐가 된다는 건 어떤 느낌인가

1   M. Wicken, R. Keogh, and J. Pearson, 〈인간 감정에서 심상의 중요한 역할: 두려움 기반 이미지와 아판타시아에서 얻은 통찰The Critical Role of Mental Imagery in Human Emotion: Insights from Fear-Based Imagery and Aphantasia〉, *Proceedings of the Royal Society B: Biological Sciences* 288, no. 1946 (2021): 20210267, https://doi.org/10.1098/rspb.2021.0267.

2   B. Laeng and U. Sulutvedt, 〈가상의 빛에 적응하는 눈동자The Eye Pupil Adjusts to Imaginary Light〉, *Psychological Science* 25, no. 1 (2014): 188-97, https://doi.org/10.1177/0956797613503556.

3   W. A. Bainbridge, Z. Pounder, A. F. Eardley, and C. I. Baker, 〈그림을 통한 아판타시아 정량화: 시각적 이미지가 없는 사람들은 사물 기억에는 결핍을 보이나 공간 기억에는 결핍을 보이지 않는다Quantifying Aphantasia Through Drawing: Those Without Visual Imagery Show Deficits in Object but Not Spatial Memory〉, *Cortex* 135 (2021): 159-72, https://doi.org/10.1016/j.cortex.2020.11.014.

4   Dan P. McAdams, 『이야기 심리학: 개인적 신화의 탐색과 재구성』 (New York: William Morrow, 1993). (국내에는 2015년 출간-옮긴이.)

5   C. Daniel and O. J. Mason, 〈감각 차단 중 정신병 유사 체험 예측하기Predicting Psychotic-Like Experiences During Sensory Deprivation〉, *Biomed Research International* 2015 (2015): 439379, https://doi.org/10.1155/2015/439379.

15장 일화기억과 의미기억

1   S. J. Babb and J. D. Crystal, 〈쥐의 유사 일화기억Episodic-Like Memory in the Rat〉, *Current Biology* 16, no. 13 (2006): 1317-21, https://doi.org/10.1016/j.cub.2006.05.025.

2   D. J. Palombo, C. Alain, H. Söderlund, W. Khuu, and B. Levine, 〈건강한 성인의 심각한 자전적 기억 결핍(SDAM): 새로운 기억 증후군Severely Deficient Autobiographical Memory (SDAM) in Healthy Adults: A New Mnemonic Syndrome〉 *Neuropsychologia* 72 (2015): 105-18, https://doi.org/10.1016/j.neuropsychologia.2015.04.012.

3   E. Tulving, 〈기억과 의식Memory and Consciousness〉, *Canadian Psychology/Psychologie Canadienne* 26, no. 1 (1985): 1-12, https://www.apa.org/pubs/journals/features/cap-h0080017.pdf.

4   L. Vanaken, P. Bijttebier, R. Fivush, and D. Hermans, 〈서사적 일관성으로 코로나19 팬데믹 동안의 감정적 안정을 예측하다: 2년에 걸친 종단 연구Narrative Coherence Predicts Emotional Well-Being During the COVID-19 Pandemic: A Two-Year Longitudinal Study〉, *Cognition and Emotion* 36, no. 1 (2022): 70-81, https://doi.org/10.1080/02699931.2021.1902283.

5   L. A. King, C. K. Scollon, C. Ramsey, and T. Williams, 〈삶의 전환에 관한 이야기: 다운증후군 자녀를 둔 부모의 주관적 행복과 자아 발달 이야기Stories of Life Transition: Subjective Well-Being and Ego Development in Parents of Children with Down Syndrome〉, *Journal of Research in Personality* 34, no. 4 (2000): 509-36, https://doi.org/10.1006/jrpe.2000.2285.

16장 다르게 보는 나도 나다

1   R. Siugzdaite, J. Bathelt, J. Holmes, and D. E. Astle, 〈발달장애의 초진단적 뇌 매핑Transdiagnostic Brain Mapping in Developmental Disorders〉, *Current Biology* 30, no. 7 (2020): 1245-57.e4, https://doi.org/10.1016/j.cub.2020.01.078.

2   G. J. August and B. D. Garfinkel, 〈클리닉에 의뢰된 아동의 ADHD 및 독해장애의 동반 질환Comorbidity of ADHD and Reading Disability Among Clinic-Referred Children〉, *Journal of Abnormal Child Psychology* 18, no. 1 (1990): 29-45, https://doi.org/10.1007/BF00919454.

3   C. Hours, C. Recasens, and J.-M. Baleyte, 〈ASD와 ADHD 동반 질환: 무슨 이야기를 하는 건가요?ASD and ADHD Comorbidity: What Are We Talking About?〉, *Frontiers in Psychiatry* 13 (2022): 837424, https://doi.org/10.3389/fpsyt.2022.837424.

4   I. Minio-Paluello, G. Porciello, A. Pascual-Leone, and S. Baron-Cohen, 〈얼굴과 개인 인식: 자폐증의 잠재적 내적 표현형〉

5   M. Hartston, G. Avidan, Y. Pertzov, and B.-S. Hadad, 〈지각 기반 변화에서 비롯되는 성인 자폐증 환자의 저하된 얼굴인식 능력Weaker Face Recognition in Adults with Autism Arises from Perceptually Based Alterations〉, *Autism Research* 16, no. 4 (2023): 723-33, https://doi.org/10.1002/aur.2893.

옮긴이 이정미
호주 시드니대학교에서 금융과 경영정보시스템을 공부했다. 읽고 쓰기를 좋아해 늘 책을 곁에 두고 살다가 바른번역 소속 번역가로 활동하고 있다. 옮긴 책으로는 『더 커밍 웨이브』, 『익스텐드 마인드』, 『7가지 코드』, 『신 대공황』, 『누구나 죽기 전에 꿈을 꾼다』, 『레고 북』 등이 있다.

옮긴이 이은정
번역하는 사람. 경희대학교에서 영어통번역학을 전공했으며, 바른번역 소속 번역가로 활동하고 있다. 옮긴 책으로는 『게으른 완벽주의자를 위한 심리학』, 『뇌의 흑역사』, 『0~3세 기적의 뇌과학 육아』, 『거인의 통찰』, 『거의 모든 것을 망친 자본주의』 등이 있다.

얼굴을 알아보지 못하는 사람들의 뇌

초판 1쇄 발행 2025년 2월 26일

지은이 세이디 딩펠더
옮긴이 이정미 이은정

발행인 이봉주　**단행본사업본부장** 신동해
편집장 김경립　**책임편집** 송보배　**편집** 공순례
디자인 최희종　**마케팅** 최혜진 이인국
국제업무 김은정 김지민　**제작** 정석훈

브랜드 웅진지식하우스
주소 경기도 파주시 회동길 20
문의전화 031-956-7358(편집) 031-956-7089(마케팅)
홈페이지 www.wjbooks.co.kr
인스타그램 www.instagram.com/woongjin_readers
페이스북 www.facebook.com/woongjinreaders
블로그 blog.naver.com/wj_booking

발행처 ㈜웅진씽크빅
출판신고 1980년 3월 29일 제406-2007-000046호
한국어판 출판권 ⓒ웅진씽크빅, 2025

ISBN 978-89-01-29344-8　03400

- 웅진지식하우스는 ㈜웅진씽크빅 단행본사업본부의 브랜드입니다.
- 저작권법에 의해 한국 내에서 보호를 받는 저작물이므로 무단 전재와 무단 복제를 금지하며, 이 책 내용의 전부 또는 일부를 이용하려면 반드시 저작권자와 ㈜웅진씽크빅의 서면 동의를 받아야 합니다.
- 책값은 뒤표지에 있습니다.
- 잘못된 책은 구입하신 곳에서 바꾸어 드립니다.